天然氢气形成富集
规律与资源前景

韩双彪 王成善 等编著

石油工业出版社

内 容 提 要

本书综合探讨天然氢气资源潜力、形成机制、分布特征、勘探与开发技术等内容；介绍了天然氢气的概念，强调了其在全球能源结构转型中的重要性；详细阐述了天然氢气的成因及其来源判识方法，进一步分析了全球天然氢气的分布规律，揭示了不同构造、地质条件对天然氢气富集的影响；通过全球典型天然氢气勘探案例研究，讨论了天然氢气探测技术与研究进展，并对天然氢气富集成藏、勘探开发和未来发展趋势进行了展望，提出了相关政策建议，以促进天然氢气理论研究与可持续发展。

本书可供油气地质、能源工程与新能源领域的研究人员使用，也可供能源行业高等院校大学生和研究生学习。

图书在版编目（CIP）数据

天然氢气形成富集规律与资源前景 / 韩双彪等编著.
北京：石油工业出版社，2025.2. -- ISBN 978-7-5183-7413-7

Ⅰ.P618.130.2

中国国家版本馆 CIP 数据核字第 20255YJ691 号

出版发行：石油工业出版社
　　　　　（北京市朝阳区安华里二区 1 号楼　100011）
　　网　址：www.petropub.com
　　编辑部：（010）64523602
　　图书营销中心：（010）64253633
经　　销：全国新华书店
印　　刷：北京九州迅驰传媒文化有限公司

2025 年 2 月第 1 版　2025 年 2 月第 1 次印刷
787×1092 毫米　开本：1/16　印张：14
字数：310 千字

定价：188.00 元
（如发现印装质量问题，我社图书营销中心负责调换）
版权所有，翻印必究

《天然氢气形成富集规律与资源前景》
编 委 会

主编：韩双彪　王成善

参编：王　缙　穆笑艳　霍梦霞　黄　劼
　　　　乔　钰　乔　良　张　虎

在全球范围日益关注低碳经济与绿色发展的背景下，天然氢气作为一种潜在的零碳清洁能源，其资源潜力逐渐受到重视。天然氢气生产和使用过程几乎不产生温室气体排放，这对于缓解全球气候变暖、实现可持续发展具有重要作用。天然氢气的深入研究不仅有助于深化对地球深部化学和物理过程的理解，而且对于开发新型能源资源、评估环境影响以及制定相应的开采策略具有科学意义。通过对天然氢气多维度的分析与研究，有望为未来的能源安全和转型发展提供新的解决方案。因此，加强天然氢气的研究与勘探，推动其产业化进程，已成为当前国际社会的共同选择。

本书围绕天然氢气这一新兴能源的多方面特性和潜力展开，深入探讨了其成因、分布、探测技术及其在全球能源转型中的重要地位。天然氢气被视为一种真正的零碳、无污染的绿色清洁能源，在含油气盆地、构造活动带、地热区及火山岩区均存在，其形成机制复杂多样，包括无机与有机成因两大类。通过对天然氢气成因机理（如地球脱气、水岩反应、生物作用和有机质热解等）的研究，分析了当前各国在勘探天然氢气资源方面的进展与挑战，强调了科学技术发展对加深这一领域认识的推动作用。结合天然氢气来源的判识，阐述了氢同位素及伴生气体的应用效果，汇集了富铁基性岩石和放射性岩石作为潜在氢源岩的研究进展，重点梳理了天然氢气的探测技术与方法，突出了遥感、地球化学勘探、地震勘探等多学科融合的勘探策略。当前，天然氢气成藏理论研究与勘探开发仍处于起步阶段，基于天然氢气的研究现状，呼吁加强国际合作，推动新技术的应用，以期在全球范围内实现天然氢气的更多勘探发现与突破。

本书共分为六章，第一章是天然氢气概述，由韩双彪、黄劼、王成善编写；第二章是天然氢气成因及来源判识方法，由韩双彪、穆笑艳编写；第三章是天然氢气富集成藏规律，由韩双彪、王缙、乔良编写；第四章是天然氢气勘探关键技术，由韩双彪、霍梦霞、乔钰编写；第五章是天然氢气勘探开发进展，由王缙、韩双彪、张虎编写；第六章是天然氢气成藏理论与勘探开发前景展望，由韩双彪、黄劼、王成善编写。全书由韩双彪、王成善统稿，由王亚龙、陈恺、杨国荣、许航、李登科、樊瑾岚、周际銮、刘俊晓、李珊、高洪涛绘图。本研究受到国家自然科学基金（42072168）、国家重点研发计划（2019YFC0605405）和中央高校基本科研业务费专项（2023ZKPYDC07）等项目支持。

本书编写过程中，编著者力求内容既具有学术深度，又具备实践指导意义，以满足不同层次读者的需求。无论是从事天然氢气研究的科技人员，还是对天然氢气感兴趣的普通读者，都能从中获得有价值的信息和知识。天然氢气的未来充满无限可能，希望通过专著的出版，能够为推动天然氢气研究的发展和勘探实践贡献力量，为实现可持续发展的能源未来添砖加瓦。

本书在编写过程中搜集并参考了大量文献和数据，在此一并表示感谢！书中难免有不当之处，恳请读者批评指正。

编著者

2024 年 12 月

目录

第一章　天然氢气概述 ·· 001
　　第一节　天然氢气概念与概况 ··· 001
　　第二节　资源分布 ··· 006
　　第三节　勘探开发历程 ·· 009

第二章　天然氢气成因及来源判识方法 ··· 015
　　第一节　天然氢气成因类型 ··· 016
　　第二节　天然氢气来源判识 ··· 040

第三章　天然氢气富集成藏规律 ·· 056
　　第一节　全球天然氢气分布区域 ··· 057
　　第二节　天然氢气系统 ·· 066
　　第三节　天然氢气动态聚集模式 ··· 087

第四章　天然氢气勘探关键技术 ·· 093
　　第一节　天然氢气地表检测 ·· 093
　　第二节　天然氢气实验测试 ·· 111
　　第三节　天然氢气钻井探测 ·· 116

第五章　天然氢气勘探开发进展 ·· 127
　　第一节　非洲 ·· 127
　　第二节　欧洲 ·· 134
　　第三节　澳大利亚 ··· 144
　　第四节　美洲 ·· 152
　　第五节　中东及东南亚地区 ·· 165
　　第六节　中国 ·· 169

第六章　天然氢气成藏理论与勘探开发前景展望 178

　　第一节　天然氢气成藏理论 178

　　第二节　天然氢气勘探开发前景展望 184

参考文献 190

第一章

天然氢气概述

天然氢气是一种真正零碳无污染的绿色清洁能源，通常蕴藏在沉积盆地、构造活动带、地热区及火山岩区等多种地质环境中，形成机制多样（Zgonnik，2020；Milkov，2022）。在追求低碳经济的大背景下，天然氢气的发现为全球能源结构转型提供了新的可能性，且随着科学技术的进步，人们对于天然氢气的认识逐渐加深，对其开发利用的兴趣也日益浓厚。目前，许多国家已经开展了一系列研究与勘探项目，旨在探索和评估天然氢气资源，并研究其经济性和商业化潜力。随着项目进行与勘探技术的发展，越来越多的天然氢源被发现，"寻找天然氢源的热潮"已被《科学》杂志列为2023年度全球十大科学突破之一，成为2023年最重大的科学发现、科学进展及未来趋势之一（Couzin-Frankel et al.，2023）。尽管如此，天然氢气的大规模商业开发仍处于起步阶段，面临着诸多挑战，如成藏理论的研究、勘探开发技术的提升、法律法规的完善等。展望未来，随着相关研究和技术的发展进步，预计天然氢气将在全球能源结构转型中发挥越来越重要的作用。一方面，它可能成为替代化石燃料的重要清洁能源之一；另一方面，其独特的性质也可能为氢能产业带来新的发展机遇。加强对天然氢气的研究与开发不仅有利于推动能源行业的可持续发展，还有助于构建一个更加清洁、低碳的未来社会。

第一节

天然氢气概念与概况

一、概念与特性

（一）概念

天然氢气，又被称为地质氢气，是指自然界中天然生成并赋存于地壳或地幔中的氢气。与通过化石燃料如天然气、煤炭或石油加工过程中提取制成的人工氢气（蓝氢、绿氢、灰氢）不同，天然氢气通常是在地质过程中自然形成的，也被称为金氢。天然氢气来源包括但不限于以无机反应为主的水岩反应、水的放射性分解、地幔脱气等，以及以有机反应为主的微生物活动与有机质热解等。在地质环境中，天然氢气通常与其他气体混合存在，例如甲烷、氮气、氦气或其他稀有气体，这意味着在开采时，除了氢气外，还可能获得其他有价值的副产品。天然氢气分布的地质环境与赋存状态多样，主要以游离态、吸附态、溶解态等分布在含油气盆地、大陆造山带、大洋中脊等不同地质环境中。

天然氢气的研究与开发近年来受到越来越多的关注，主要原因是其作为潜在的清洁能源的重要性。相比于其他形式的氢气生产，天然氢气的开采可能具有更低的环境影响，因为它不需要消耗大量的能源来产生。此外，天然氢气的利用通常不会伴随着温室气体的排放，因此被认为是更加环保的选择。尽管天然氢气作为一种清洁的能源形式前景诱人，但目前关于其全球分布、开采技术和经济性的研究仍然有限，天然氢气的勘探和商业化还面临一些挑战，比如定位含氢气藏的位置、评估储量大小等。随着技术的进步和更多研究的投入，天然氢气有可能在未来成为一种重要的替代能源，帮助世界向低碳经济转型。

（二）特性

氢气是一种轻质、无色、无味且易燃的气体，在自然界中极为常见。然而，在地球的大气层中它却含量极低，主要是因为其分子量小，极易逸散，且化学性质活泼，容易与其他物质发生反应而被消耗。

（1）密度：在标准条件下，氢气的密度约为 0.0899g/L，是所有已知元素中最轻的气体。由于天然氢气赋存深度及地质条件的不同，会受到温度、压力影响。当温度升高或压力降低时，氢气分子之间的距离增大，导致密度减小；当温度降低或压力增加时，氢气分子更加密集，密度会增大。此外，目前发现天然氢气是与甲烷、氮气等伴生气体共同存在的（Vacquand et al.，2018；Jacquemet and Prinzhofer，2024），那么混合气体的密度也会有所改变，这是因为这些气体的密度都高于纯氢气的密度。为了准确测量特定条件下天然氢气的密度，通常需要知道确切的压力和温度条件，并考虑到可能存在的其他气体成分。在自然环境中，还需要考虑实际气体效应以及其他因素的影响。

（2）熔点与沸点：标准大气压下氢气的熔点为 -259.14℃，沸点为 -252.87℃，这意味着它需要非常低的温度才能液化或固化。同样，其熔点和沸点也会随温度、压力发生变化。当压力增加时，物质的熔点和沸点也会升高，当压力减少时，熔点和沸点则会降低。

（3）溶解性：标准条件下，氢气在水中的溶解度较低，为 1.83%，这意味着在常温下，每 1L 水中可以溶解 1.6mg 的氢气，但可以通过高压条件提高其溶解度。天然氢气可以在较深地层中以大量溶解态存在。有学者认为，非洲马里已经成功进行天然氢气商业开发的区域中有大量天然氢气赋存于超过 800m 深度的水中,以溶解态存在。以 1m³ 纯水为例,地表可储气量约为 0.0214m³,而非洲马里 Bougou-6 井底可储气量约为 3m³(Maiga et al.,2023)。

(4) 导热性:氢气具有良好的导热性能。在气体状态下,氢气的导热系数大约是其他常见气体如氮气或氧气的数倍。具体数值上,氢气的导热系数在标准条件下大约是 0.17W/(m·K)。这使得它成为一些工业应用中的理想选择,如作为冷却剂使用。

(5) 扩散性和渗透性:由于氢气分子极小,能够轻易地穿过许多材料,包括一些金属,这种特性既为其应用提供了便利也带来了挑战。尤其对于天然氢气来说,这种极强的扩散性和渗透性对于理解天然氢气扩散运移机理及富集成藏带来了极大的困难与挑战。复杂多变的地质环境中温度及压力对其扩散性和渗透性影响极大,且目前缺乏对于天然氢气扩散运移及渗透的科学研究,这也将会是未来天然氢气成藏机理研究的一个重要方面。

(6) 压缩性:氢气在高压下可以被压缩成液体,这对于储存和运输非常重要。目前氢能产业发展中最为重要的就是氢气的储存,而氢气在高压下被压缩成液态是其最为重要的一种储存方式,尤其是在用于燃料电池车辆的情况下。

(7) 反应活性:虽然氢气在常温常压下相对稳定,但在一定条件下(高温、高压或催化剂存在时),氢气能与大多数非金属元素直接反应生成相应的氢化物。例如,与氧气反应产生水($2H_2+O_2 \longrightarrow 2H_2O$);与氮气反应生成氨($N_2+3H_2 \longrightarrow 2NH_3$)等。由于氢气分子在复杂地质环境条件下会受到高温高压影响,使得其具有极强的反应活性,容易与无机物、有机质及微生物发生反应而被消耗,也使得天然氢气成藏机理极其复杂,对其研究带来了困难。对于天然氢气反应消耗的研究也将会是未来天然氢气成藏理论研究的一个重要方向。

(8) 可燃性:氢气在空气中可以燃烧,产生强烈的火焰,并释放大量能量,其燃烧产物仅为水,因此被认为是一种清洁的能源载体。在土耳其 Chimaera 地表裸露的大面积蛇绿岩带中就发现有燃烧着的永恒火焰,通过检测发现燃烧着的主要气体中有氢气,主要成因为蛇纹石化,天然氢气含量介于 7.5%~11.3%。根据计算,其氢气排放量可以达到 3.5t/a(Etiope,2023)。

(9) 还原性:在化学反应中,分子氢通常作为还原剂参与,它可以夺取氧化剂中的氧原子来形成水或其他化合物。氢气可以与金属形成合金,某些金属如钯(Pd)、铂(Pt)等能够在特定条件下吸收大量的分子氢,形成所谓"金属氢化物",这一过程对于氢的储存技术研究具有重要意义。不同地质环境条件下的天然氢气主要由于其还原性而发生各种反应,如生成水、氨等。加氢反应中,会将不饱和化合物转化为饱和化合物。例如,在油脂加氢过程中,氢气可以将双键还原成单键,形成更加稳定的脂肪酸。

二、背景与概况

全球面临能源短缺、气候变暖及环境污染等巨大挑战,能源结构正在逐渐向低碳、无碳方向进行转变。氢能作为一种绿色无污染的可再生能源，是能源转型的重要方向。随着人类环境保护意识的增强以及对可持续发展路径的探索，氢能因其在使用过程中仅产生水而不排放温室气体和其他污染物的独特优势，成为世界各国政府和企业关注的焦点。自 20 世纪 70 年代以来，科学家们就已经开始研究利用氢气作为能源的可能性。然而，由于当时的技术限制和高昂的成本问题，这一领域的发展一度陷入停滞。直到近年来，随着科技进步与创新，特别是可再生能源发电成本的大幅下降，使得大规模生产"绿色"氢气成为可能，氢能产业才迎来了新的发展机遇。绿色氢气是指通过电解水的方式制备而成的氢气，其电力来源于风能、太阳能等可再生能源，因此整个过程几乎不产生碳排放。这种环保型氢气不仅有助于减少化石燃料消耗，缓解气候变化压力，还能促进经济结构调整，为人类社会带来更加清洁、安全、可持续的未来。

目前，全球氢能产业发展势头强劲，2050 年氢能的需求将占终端能源消费的 10% 以上，许多行业对于氢能的需求也会越来越高（图 1-1）。国际氢能委员会与管理咨询公司麦肯锡联合发布的分析报告《氢能洞察 2023》显示，随着全球氢能产业强势增长，到 2030 年全球氢能直接投资额有望达 3200 亿美元。中国产业发展促进会氢能分会发布的《国际氢能技术与产业发展研究报告 2023》预测，2050 年全球氢能需求将增至目前的 10 倍，届时氢能产业链产值将超过 2.5 万亿美元。世界上许多国家和地区都在积极制定相关政策，推动氢能技术研发和基础设施建设。例如，欧盟推出了"欧洲绿色协议"，计划到 2050 年实现碳中和目标。中国也提出了"十四五"规划，强调要加强氢能等新型能源体系建设。国家发展改革委、国家能源局 2022 年 3 月联合印发了《氢能产业发展中长期规划（2021—2035 年）》，文中要求：到 2025 年，形成较为完善的氢能产业发展制度政策环境；到 2030 年，形成较为完备的氢能产业技术创新体系、清洁能源制氢及供应体系；到 2035 年，形成氢能产业体系，构建涵盖交通、储能、工业等领域的多元氢能应用生态。2024 年中国《政府工作报告》指出："加快前沿新兴氢能、新材料、创新药等产业发展，积极打造生物制造、商业航天、低空经济等新增长引擎"，这是中央在全国年度经济发展规划方面首次指出要加快氢能产业的发展。这些举措和报告无疑将进一步加速氢能技术进步及商业化应用进程。总之，面对日益严峻的环境挑战和不断增长的能源需求，发展氢能已成为必然趋势。

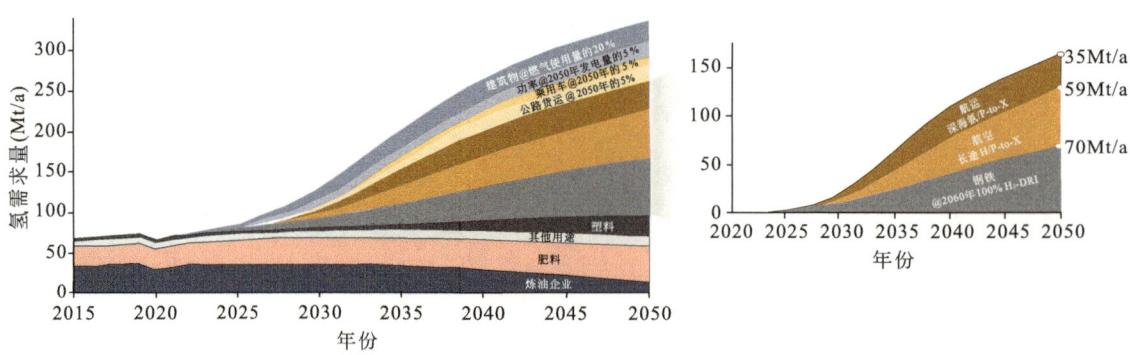

图 1-1　全球不同行业的氢需求分析（据 Rystad Energy）

据澎湃新闻,当前可再生能源生产的"绿氢"成本约为 0.75~3.25 美元/kg,是主流"灰氢"(化石燃料来源,如甲烷蒸汽重整制氢)成本的接近两倍多。此外,据国际商报,美国能源部(DOE)推出"氢能攻关计划",提出了全球最具雄心的绿氢降本目标——到 2035 年降至 1 美元/kg。然而,氢能产业发展中目前的制氢方法,无论是刚刚提到的"绿氢",还是"灰氢""蓝氢"(图 1-2),其制氢过程都会产生较多的温室气体,且部分技术成本较高,严重制约了氢能行业发展。天然氢气的生产成本比上述成本更加低廉,是一种成本相对更低、更加零碳的清洁能源气体(图 1-3)。目前唯一进行商业开发的非洲马里,得益于其较浅深度和较高氢气纯度,天然氢气生产成本可能低至 0.5 美元/kg 且基本不存在温室气体的排放。同时,2021 年的全球首届天然氢气峰会上,天然氢气领域专家表示天然氢气的成本在 0.5~1 美元/kg。

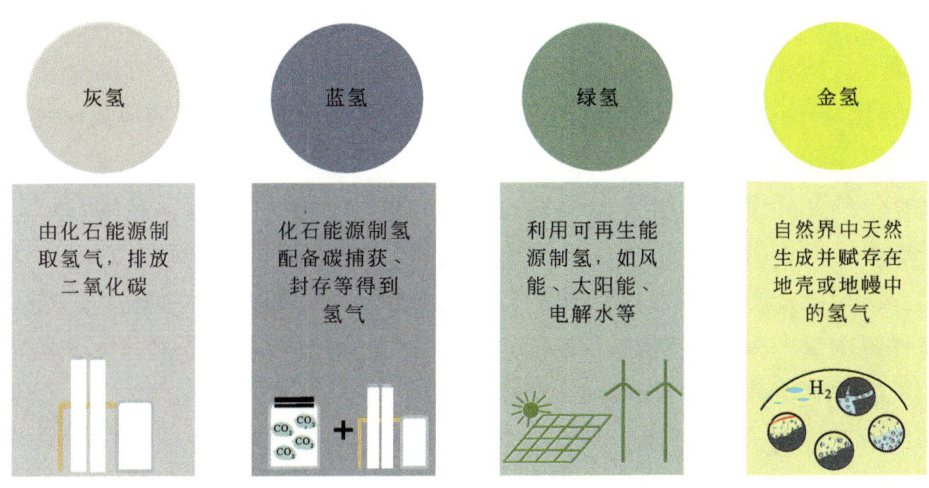

图 1-2 基于不同工艺的氢能分类

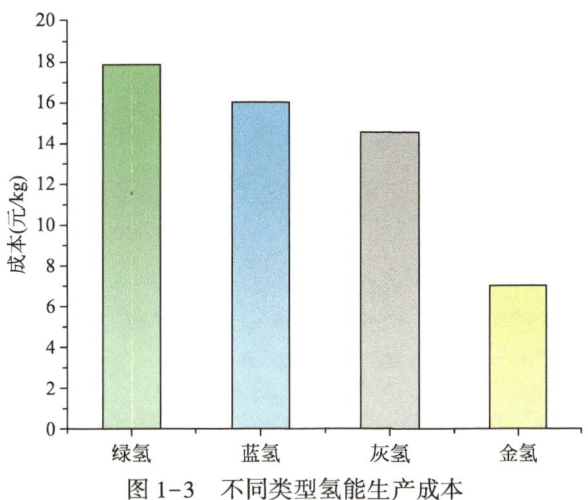

图 1-3 不同类型氢能生产成本

在此背景下,天然氢气因其独特的性质和广泛的潜在应用,成为实现这一目标的关键之一。低廉的氢气开发成本与成功的案例也将天然氢气的勘探热潮带到最高点,全球多个国家或组织开始尝试在世界各地寻找氢气渗漏点。澳大利亚、法国和美国等国家在立法规范和国家层面部署方面已走在前列，为全球天然氢气产业发展树立了标杆。

澳大利亚是较早将天然氢气纳入已有资源勘查法律体系的国家之一。早在2021年2月，南澳大利亚州政府便将氢气纳入《石油与地热能法案》，将其列为"受监管物质"，为天然氢气勘查许可审批提供了法律依据。澳大利亚联邦科学与工业研究组织作为该国在天然氢气资源领域研究、项目资助和国际合作的主要政府机构，目前已设立了十余个项目，涵盖天然氢气长期监测、勘查开发、经济技术评价等多个领域，为澳大利亚天然氢气产业发展提供了强有力的科技支撑。

法国是全球最早开始天然氢气勘查开发研究的国家之一。2022年4月，法国在法律上正式承认天然氢气为一种能源资源，并开放独家研究许可证或勘探许可证申请，为天然氢气勘探开发提供了政策保障。2023年12月，法国总统马克龙在纪念"法国2030"投资计划实施两周年的活动中宣布，该计划将提供大量资金支持天然氢气研究，进一步推动了法国天然氢气产业的发展。2024年4月，法国石油研究院受法国能源与气候总局委托，组织相关领域专家开展了法国天然氢气资源潜力评估，为法国天然氢气资源开发提供了科学依据。

美国在天然氢气资源勘探开发领域也积极布局。2024年2月，美国参议院举行天然氢气听证会，邀请美国能源部高级研究计划局、美国地质调查局和Koloma公司相关人员参加，旨在推动美国天然氢气产业的发展。美国地质调查局根据自身职能，正在开发天然氢气资源潜力预测模型和成藏系统模型，并计划发布全球天然氢气资源潜力分布图和美国天然氢气勘探开发有利区分布图，为美国天然氢气产业发展提供科学指导。此外，美国地质调查局于2024年2月宣布与科罗拉多矿业学院设立天然氢气合作研究计划，该计划由多家全球知名油气、固体矿产企业及天然氢气初创企业参与，将进一步推动美国天然氢气产业的科技进步。

第二节

资源分布

由于天然氢气的形成原因多样，人们在多种地质环境中均发现了一定含量的氢气。陆上火成岩区为富氢天然气提供了广泛的环境，包括蛇绿岩、裂谷带、火山热液、间歇泉等；金伯利岩裂缝可以赋存天然氢气；火成岩和沉积岩环境中铁、金、铀、汞、铜等多种金属矿石中赋存天然氢气；蒸发硫酸盐和蒸发钾岩等蒸发岩也是氢气良好的密封储层；油气田一般氢气含量较低，部分油气田中的高含量氢气可能与石油天然气的形成有关；氢气以流体包裹体形式束缚在大洋裂谷带岩体中；前寒武纪基底以及其上的克拉通盆地是天然氢气的主要产区。考虑到氢气的成因与特性，按照目前全球天然氢气赋存的地质环境与条件划分，目前主流观点认为天然氢气主要分布范围为蛇绿岩带、克拉通盆地及裂谷等。

一、蛇绿岩带

蛇绿岩带主要由火成岩（地幔橄榄岩、堆晶岩、辉长岩、辉绿岩、玄武岩等）和沉积岩（深海远洋沉积）两部分组成，可以形成于洋中脊、弧后盆地、弧前盆地、岛弧、板块俯冲带或活动大陆边缘等构造环境。最初认为蛇纹石化反应一般发生在大洋中脊，因为大洋中脊是目前壳幔相互作用最直接的地点，为以基性—超基性岩石为载体的幔源流体上涌提供了通道及蛇纹石化作用发生所需的温度条件。但现在也有证据证明低温条件下也可以发生橄榄石的蛇纹石化反应，使得蛇绿岩带中的氢气赋存范围变广。

全球范围内与蛇绿岩带相关的天然氢气普遍具有较高的含量，超过90%的样本氢气体积分数超过30%。尤其是在阿曼，发现的与蛇绿岩相关的天然氢气数量最多，许多样本中氢气体积分数超过60%，最高可达97%到99%（Zgonnik et al., 2019）。这一现象主要与板块俯冲带的地质环境有关。在沉积岩层中，切穿蛇绿岩的大断裂为橄榄石提供了多种不同盐度和酸碱度的地下水，这种环境促进了蛇纹石化的过程，进而形成了富含氢气的天然气藏。菲律宾Luzon岛的西北部Zambales蛇绿岩体是该地区温泉和气藏中氢气的主要来源，气体同位素分析结果表明氢气的来源是蛇绿岩与水在深部发生的蛇纹石化作用，这一过程具有深源成因的特征（Abrajano et al., 1988）。菲律宾地区的多条断裂系统为水的循环提供了通道，使得地下水能够将溶解的气体带至更深的地层，这为蛇纹石化创造了有利条件。地处澳大利亚—印度板块与太平洋板块碰撞带的新喀里多尼亚，分布着已知的最大陆上超基性岩体的蛇绿岩，形成于始新世时期的板块碰撞。橄榄岩体推覆体西侧拥有丰富的含天然氢气温泉，温泉中的氢气可能与较浅含水层中含有二价铁离子的矿物氧化有关，这显示了低温蛇纹石化的影响。生成的氢气沿着橄榄岩推覆体的断层和裂缝系统向上迁移，最终以气泡形式释放到大气中（Deville and Prinzhofer, 2016）。土耳其Chimaera地区位于非洲板块与欧亚板块的碰撞带，展现出明显的岩性分界，北侧为白垩系蛇绿岩，南侧为三叠系碎屑岩。该地区存在少量氢气和甲烷气藏，甲烷的来源既包括三叠系碎屑岩中有机质的热解，也包括蛇绿岩通过蛇纹石化作用生成的甲烷（Etiope, 2023）。

蛇纹石化过程的不同阶段导致了氢气和甲烷的形成：初期阶段，富含二价铁离子的矿物与水反应生成氢气；随后，氢气与水中溶解的二氧化碳相互作用，生成甲烷。这一过程并不能完全消耗氢气，因此形成了高浓度的天然氢气藏。在阿曼，广泛分布的蛇绿岩蛇纹石与晚白垩世时期阿拉伯陆壳的俯冲有关，这些蛇绿岩镶嵌在阿拉伯陆壳上，其氢气含量通常在60%到80%之间，主要集中在温泉中，氢气被认为是蛇绿岩在低温条件下发生蛇纹石化的产物（Zgonnik et al., 2019）。法国比利牛斯山脉莫雷昂地区拥有多个超基性露头，揭示出多个蛇纹石化阶段的存在，在高氢气含量的区域下方通常存在橄榄岩等基性或超基性岩石（Lefeuvre et al., 2022, 2024）。哥伦比亚则展现出两个俯冲带的活动构造特征，太平洋沿岸以西，Nasca板块正在俯冲消减；而太平洋沿岸以北，加勒比板块则向南—东南斜向俯冲。哥伦比亚Ginebra蛇绿岩质地块由超镁铁性和基性岩石组成，位于 Cordillera 山脉的西侧，东临 Guabas-Pradera 断层，西临 Palmira-Buga 断层，在哥伦比亚 Cauca-Patía 山谷中，发现了 23 个"仙女圈"，所有土壤气体样本均检测到氢气（Bayona et al.，2008；Ramirez et al.，2023）。以上这些例子均显示出蛇绿岩与氢气的密切关系。

二、克拉通

前寒武纪克拉通环境普遍表现为缺氧富铁，这种特征在全球范围内广泛存在，并直接导致了条带状铁建造（BIF）的形成，这种富含铁的沉积岩占全球铁矿产量的 90% 以上。令人惊讶的是，许多已发现的天然氢气与这些古老的富铁地层之间存在密切联系，如游离态氢气含量与基底埋深之间存在一定的相关性，基底埋深越小，氢气含量往往越高。除了游离态氢气之外，前寒武纪的岩石包裹体中也检测到了高含量的氢气，其浓度比年轻基底岩石中的氢气高出一个数量级。此外，全球多个盆地的钻井勘探结果显示，无机成因的氢气通常与前寒武纪的富铁地层相关，前寒武纪的富铁地层是氢气的一个重要来源。地下古含盐裂缝水也为氢气的生成提供了另一重要途径，这些地下水在漫长的地质历史中，停留时间从数百万年到数十亿年不等，具有充足的时间来生成氢气。在多个前寒武纪古老地盾区的地下水中，氢气的存在得到了验证，这些氢气的成因通常与水的放射性分解和水岩反应有关。例如，加拿大地盾 Kidd Creek 矿区 2072～2100m 深处地下水检测到氢气（Warr et al.，2019）；南非 Witwatersrand 盆地的前寒武纪地盾岩石地下水中氢气的最高含量可达 11.5%（Фридман，1970；Sherwood Lollar et al.，2007）；芬兰斯堪的纳维亚前寒武纪地盾的水溶气中氢气含量最高可达 30.4%（Zgonnik，2020）；美国堪萨斯州钻遇前寒武纪基底的钻井中天然气中的氢气含量最高可达 91.8%（Guélard et al.，2017）。因此，前寒武纪克拉通不仅是地球早期地质演化的重要见证者，也是全球天然氢气的重要来源和分布区域。

三、裂谷

在洋中脊等裂谷环境中发现了大量的天然氢气，在多个"黑烟囱"中已经检测到高含量的氢气，最具代表性的是大西洋中脊彩虹热液田中氢气的体积分数可超过 40%，且洋中脊的岩石中也显示出高含量的天然氢气（Charlou et al.，2002；Nobu et al.，2023）。大陆裂谷环境虽然也具备形成富氢流体的地质条件，但有关氢气的检测相对较少。在美国艾奥瓦州西北约 100km 的两口钻井 Willey 1 井及 Hofmann 3 井中分别检测到体积分数分别为 33.7% 和 96.3% 的氢气，这些氢气的成因被认为与北美中陆裂谷相关（Coveney et al.，1987）。

北美堪萨斯盆地是最为典型的例子，该地区高含量氢气的发现引发了学术界对该地区氢气成因和分布的广泛关注。高含量氢气主要集中在 Morria 郡 Scott 井、Grary 郡 Heins 井以及周边多个探井。这些探井位于 Humboidt 断裂带西侧的 Nemaha 背斜上。

Humboidt 断裂带切穿了堪萨斯古生代地层至前寒武纪基底，被认为是北美陆内裂谷系统的一部分。早期研究表明，Scott 井和 Heins 井的氢气含量分别在 29%～37% 之间和 25%±5% 之间，另外还包括氮气、烷烃气体和少量二氧化碳（Newell et al.，2007）。然而，近期研究显示，Scott 井的氢气含量呈下降趋势，至 2008 年降至 18%，而 Heins 井的氢气含量则保持稳定。此外，距这两口井约 85km 的 Duroche-2 井中氢气含量自 2012 年施工以来逐渐降低，至 2014 年已难以测得，主要成分为氮气。该地区最北端 Brown 郡 Wilson-1 井钻至 427m 前寒武纪基岩时，在其返回至地表的钻井液中发现大量气泡。通过对基岩进行洗井和射孔后取得的气样分析，这些气体中含有 17% 的氢气、34.6% 的氮气和 45.1% 的甲烷，以及少量的氦和氩等（Guélard et al.，2017）。长期以来，学者们对堪萨斯盆地高含量氢气的成因也进行了深入研究。Scott 井中的氢气主要来源于前寒武纪基底至石炭系密西西比亚系和宾夕法尼亚亚系的砂岩及泥质砂岩，氢气的形成主要是由于密西西比亚系和宾夕法尼亚亚系中含有的二价铁离子矿物与水的反应，这些氢气随后被地下水携带至富集区。尽管有研究认为该地区氢气的形成与深大断裂及其引起的地幔脱气效应密切相关，但根据地层水与氢气的氢同位素组成推算出的氢气形成温度约为 25℃，这一结果与地幔脱气作用下的高温效应显著不符。通过对堪萨斯盆地 Scott 井区天然气中氦的同位素组成进行研究，利用幔源及大气中的氦作为混源氦的端元，结果显示来自幔源的氦约占 15%（Guélard et al.，2017）。因此，虽然该井附近的深大断裂对气体的聚集具有一定的影响，但是否促进氢气的形成仍需进一步研究。

第三节 勘探开发历程

自 1888 年开始就记录了天然氢气的存在（Zgonnik，2020）。直至今日，人类对于天然氢气领域的理论研究与勘探开发主要可以划分为三个阶段（图 1-4），即早期发现（1888 年至 1997 年）、初步勘探（2002 年至 2017 年）、快速发展（2018 年至今）。需要注意的是，由于部分文献资料时代久远，无法获取，个别时间指的是文献记录和发表时间。

一、早期发现

早在 1888 年，俄国化学家门捷列夫就记录了乌克兰一处煤矿裂缝中的气苗中含有 5.8%～7.5% 的氢气（Менделеев，1888），这或许是人类最早关于天然氢气的文献记录。1933 年，在澳大利亚约克半岛南部的斯坦斯伯里盆地的 Minlaton 石油钻孔钻探过程中，研究人员发现油气井中的钻井液抽至地表后会剧烈冒泡，可以用火柴点燃气泡，火焰瞬间蔓延至整个钻井液表面，这些气泡中含有高达 84% 的氢气（Ward，1933）。继 1888 年门捷列夫记录在乌克兰煤矿发现氢气后，澳大利亚是人类再次认识到地下天然气中存在着高含量氢气是其主要组成成分的可能。此后，世界各地陆续发现了天然氢气的踪迹。

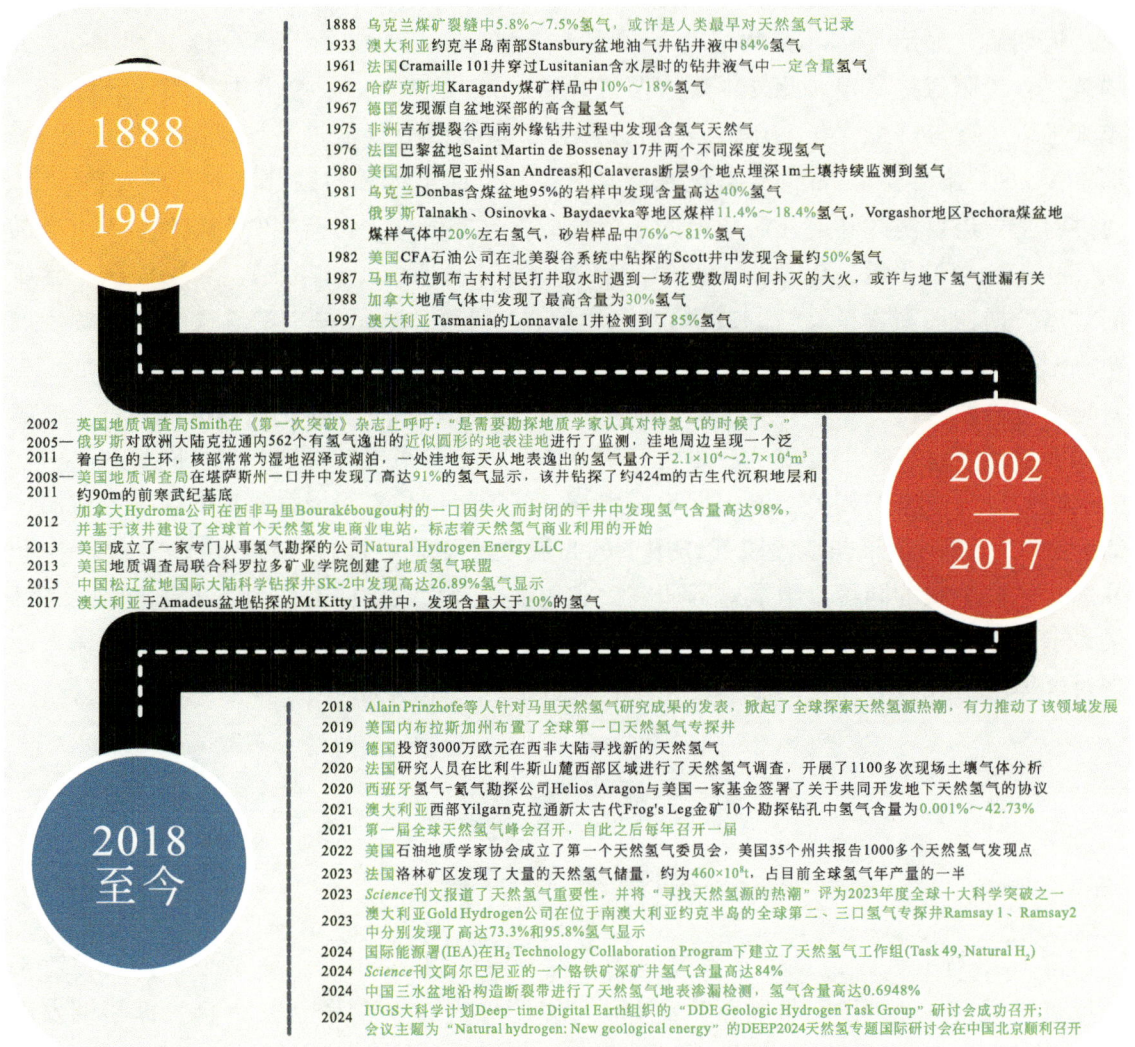

图1-4　全球天然氢勘探开发历程

1961年，法国的Cramaille 101井在穿过Lusitanian含水层时，钻井液气中检测到了一定含量的氢气（Lefeuvre et al.，2024）。1962年，哈萨克斯坦Karagandy煤矿中，40%的煤样氢气含量高达10%，80%的岩石样品含有高达18%的氢气（Зингер，1962）。1963年，法国Betz 101井和Eumont 1井分别检测到3%~6%和不同深度钻井液气中的氢气（Lefeuvre et al.，2024）。同年，德国也发现了源自盆地深部的高含量氢气。1967年，澳大利亚维多利亚州Gippsland盆地的Golden Beach 1钻井中测得38.2%氢气。1972年，法国Longueil 1井在3个不同深度返至地表的钻井液气中检测到氢气。1976年，在法国巴黎盆地Saint Martin de Bossenay 17井两个不同深度检测到氢气（Lefeuvre et al.，2024）。1980年12月至1984年，有研究人员沿着美国加利福尼亚州中部圣安德烈斯和卡拉维拉斯断层布置了 9 个观测点，于土壤埋深 1m 左右的位置持续监测到氢气（Sato et al., 1986）。

1981 年，乌克兰 Donbas 含煤盆地 95% 的岩石样品中发现了含量高达 40% 的氢气（Молчанов, 1981）。俄罗斯 Talnakh、Osinovka、Baydaevka 等地区煤层样品氢气含量 11.4%~18.4%，Vorgashor 地区 Pechora 煤盆地煤样的气体中检测到 20% 左右的氢气，砂岩样品中氢气含量介于 76%~81%（Молчанов, 1981）。1982 年，法国分别在巴黎盆地 Connantre 2 井和 Grandville 109 井 Dogger 含水层和不同深度钻井液气中检测到氢气（Zgonnik, 2020）。同年，美国 CFA 石油公司在北美裂谷系统中钻探的 Scott 井发现了约 50% 的氢气含量。1987 年，西非国家马里的布拉凯布古村村民在打井取水时，遇到一场花费数周时间才扑灭的大火，这或许与地下氢气泄漏有关（Couzin-Frankel et al., 2023）。同年，加拿大前寒武纪地盾气体中发现了最高含量为 30% 的氢气（Warr et al., 2019）。1997 年，澳大利亚塔斯马尼亚的 Lonnavale 1 号检测到了 85% 的氢气（Burrett and Tanner, 1997），再次印证了地球深处存在着丰富的天然氢气资源。

从 1888 年天然氢气第一次在文献资料里出现，到 20 世纪末，全球各地已经出现了与天然氢气相关的钻井记录和发生的事件。然而，受限于时代的认识与测试方法的局限性，人们普遍认为氢气虽然可以在地下形成，但不会在地下条件中富集成藏，因此不会特意利用一些实验手段检测天然气中氢气的含量。其结果是有关天然氢气在很长一段时间内仅仅以天然气气体组成的一部分出现在与天然气研究的数据表格之中。但令人兴奋的是，到了 20 世纪 80 年代，美国等国家已经开始针对存在氢气异常的断裂发育区与油气钻井周边的地区进行土壤氢气含量检测，这标志着人类对天然氢气的研究进入一个新的阶段。

二、初步勘探

21 世纪初，全球天然氢气勘探与研究迈入了一个新的阶段。2002 年，英国地质调查局的 Smith 便在《第一次突破》杂志上呼吁："是需要勘探地质学家认真对待氢气的时候了。"这一呼吁如同一声号角，唤醒了人们对天然氢气的关注，开启了新一轮的勘探热潮。不再局限于几十甚至一百年前的资料，人们开始尝试在各类钻井、矿井或者构造发育区中寻找氢气。在这股热潮中，与天然氢气相关的各类公司或组织也应运而生。2005 年至 2011 年间，俄罗斯对欧洲大陆克拉通内 562 个有氢气逸出的近似圆形的地表洼地进行了监测，发现这些近似圆形的地表洼地直径从 100m 至数千米不等。通常，这些洼地周边呈现一个泛着白色的土环，洼地的核部常常为湿地沼泽或湖泊。根据近地表土壤气体的成分估算，一处洼地每天从地表逸出的氢气量介于 $2.1×10^4$~$2.7×10^4 m^3$（Larin et al., 2014）。几乎在同一时期，美国地质调查局对堪萨斯州的一口井进行了取样。该井钻探了约 424m 的古生代沉积地层和约 90m 的前寒武纪基底，其中最高的氢气含量达到 91%（Guélard et al., 2017）。这些发现进一步证实了天然氢气的广泛存在，也为天然氢气可能进行成功商业化开发提供了坚实的理论基础。

2012 年，加拿大 Hydroma 公司对西非地区马里布拉凯布古村的一口因失火而封闭的干井进行了检测，发现其中氢气含量高达 98%，并基于该井建设了全球首个天然氢气发电商业电站，标志着天然氢气商业利用的开始。通过对距地表 1m 深的土壤进行氢气检测，发现直径超 8km 范围内均有较高含量的氢气显示。目前在该区域内已累计完钻 24 口井，共发现 5 个氢气储层。不同途径的制氢成本与对环境的影响存在大量差别（Prinzhofer et al.，2018）。2013 年，美国成立了一家专门从事氢气勘探的公司 Natural Hydrogen Energy LLC。同年，美国地质调查局（USGS）联合科罗拉多矿业学院（Colorado School of Mines）创建了天然氢气联盟，并吸引了多个大型能源公司加入。2015 年，Natural Hydrogen Energy LLC 在美国许多地方发现了大型氢气流。同年，位于中国松辽盆地国际大陆科学钻探井中发现了高含量的天然氢气显示（Han et al.，2022）。自 2016 年以来，吉布提共和国对其裂谷环境中 20 世纪的钻井中进行了进一步调查。相关调查结果令人振奋，在菲亚莱火山口周围的地热井和富热孔中也都发现有氢气的存在，在内缘和轴向火山带也发现了一些新的具有潜力的天然氢气井（Doubre and Peltzer，2007；Turk et al.，2019）。2017 年澳大利亚阿玛迪斯盆地钻探的 Mt Kitty-1 试井中发现较高含量的氢气（>10%）（Leila et al.，2022）。

三、快速发展

2018 年针对马里天然氢气井商业开发的研究在 *International Journal of Hydrogen Energy* 杂志进行了发表（Prinzhofer et al.，2018），为人们寻找天然氢气提供了一定的理论指导，天然氢气相关的勘探研究数量大幅增加。同年，有学者在巴西圣弗朗西斯科盆地放置了七台连续气体监测分析仪，以监测氢气并评估"仙女圈"的氢气泄漏，并发现天然氢气的泄漏与"仙女圈"有关（Prinzhofer et al.，2019）。2018 年 12 月，澳大利亚 COAG 能源委员会承诺在 2019 年 12 月之前制定国家氢气战略。次年，澳大利亚昆士兰州政府制定了旨在推动氢气工业发展的战略文件（Feitz et al.，2019）。澳大利亚的 Gold Hydrogen 公司于 2019 年在美国内布拉斯加州 Geneva 附近针对天然氢源钻探了全球第一口 3400m 深的天然氢气专探井。德国将天然氢气的勘探目光瞄准在西非大陆，认为西非大陆的天然氢气产业将具有相当大的潜力，于 2019 年投资 3000 万欧元在西非大陆寻找新的天然氢气。

随着全球对清洁能源的需求日益增长，天然氢气作为一种潜在的清洁能源，其研究与勘探活动也日益增多，天然氢气的勘探手段也趋于多样化。航磁遥感、土壤渗漏检测、地震磁法勘探等多种手段的结合，使得新的天然氢气渗漏点与天然氢气勘探寻找活动如雨后春笋般涌现。2020 年，中国胶东半岛东南部的牟平—即墨断裂带的温泉中发现了一定含量的氢气，为中国的天然氢气勘探增添了新的发现（Hao et al.，2020）。同年，法国研究人员在比利牛斯山麓西部区域进行了天然氢气调查，在研究区内开展了 1100 多次现场土壤气体分析，大致判识了莫雷昂盆地北部一带的几个较高氢气含量的重点区域（Lefeuvre et al.，2022）。同年 7 月，法国 45-8 能源公司在这些区域获得的结果表明，比利牛斯山麓西部区域存在明显的氢气异常和可能存在的活跃渗漏，从而证明法国存在天然氢气。该能源公司也正在寻找地下共存的氦气和氢气，已确定了整个欧洲的各种天然氢气高潜力区域，并已申请勘探许可证，目标在2023年前进行首次试采，但目前还没有相关数据披露。西班牙氢气—氦气勘探公司Helios Aragon与美国一家基金签署了关于共同开发地下天然氢气的协议。Helios Aragon公司在西班牙北部拥有$8.9\times10^4\text{km}^2$的天然气勘探许可证，准备通过最初为油气勘探而钻探的油井来勘探地下的天然氢气。

2021年，澳大利亚伊尔冈克拉通新太古代Frog's Leg金矿的10个勘探钻孔中氢气的含量在0.001%~42.73%之间（Boreham et al.，2021），显示了该地区天然氢气的丰富潜力。此外，Gold Hydrogen公司取得了澳大利亚的袋鼠岛（Kangaroo）和约克半岛（Yorke）的氢气勘探活动许可证，初步评估了勘探区内天然氢气的潜在资源量约为$130\times10^4\text{t}$，商业开发潜力巨大。同年，澳大利亚珀斯盆地发现了高含量氢气渗漏，经估算渗漏的氢气含量高达$7.1\times10^{-9}\sim9.9\times10^{-9}\text{ mol}/(\text{m}^3\cdot\text{a})$（Frery et al.，2022）。2021年年底，Buru Energy公司宣布在Canning盆地的Rafael-1和Currajong-1油井中发现了氢气，氢气浓度从Rafael-1的4.9%到Currajong-1的6%，进一步证实了澳大利亚在天然氢气勘探领域的巨大潜力。2022年，美国石油地质学家协会（AAPG）成立了第一个天然氢气委员会，为天然氢气研究提供了更专业的平台。截至2022年，美国35个州共报告1000多个天然氢气发现点。当前美国地质调查局致力于完善天然氢气系统预测模型，计划发布全球资源潜力和初步天然氢气资源分布图。

2023年年初，巴西国家石油公司在其研究中心举办了首届天然氢气研讨会，汇聚巴西和全世界的相关专家，推动了天然氢气研究的国际合作。美国Natural Hydrogen Energy和澳大利亚HyTerra公司于2023年在美国内布拉斯加州完钻全球第1口氢气专探井Hoarty NE3并成功钻取氢气流，标志着全球首个专门针对天然氢气勘探的钻井项目取得成功。2023年9月，La Française de l'énergie公司宣布在法国洛林矿区发现了大量的天然氢气储量，据估计，天然氢气储量约为$600\times10^4\text{t}\sim2.5\times10^8\text{t}$，占目前全球氢气年产量的一半，这一发现为法国的天然氢气开发提供了巨大的潜力。同年，美国地质调查局（USGS）在雪佛龙和英国石油公司的资助下启动了一个研究联盟，美国能源部也启动了一项价值2000万美元的天然氢气研发计划，为天然氢气研究提供了重要的资金支持。2023年11月，澳大利亚Gold Hydrogen公司宣布在位于澳大利亚约克半岛的全球第二口氢气专探井拉姆齐1号（Ramsay 1）于240m深处发现含量高达73.3%的天然氢气，并在1005m处发现了氢气从深处来源迁移至浅层区域至关重要的裂隙系统。该公司迅速宣布了天然氢气试点项目计划，随后又在附近第二口勘探井中检测到天然氢气，显示在201m处含量很高，表明很可能存在天然氢气的富集地。芬兰地质调查局于2024年设立了多学科交叉的地下天然氢气研究小组，启动岩石储氢地质调查和地下天然氢气相关研究，为天然氢气研究提供了更深入的理论基础。2024年2月8日，阿尔巴尼亚的一个铬铁矿深矿井中冒出巨大的氢泉，氢气含量高达84%，尽管可能无法做到商业化开采，但这种惊人的高流量氢气仍然会引起人们对新兴天然氢气领域的兴趣（Truche et al., 2024）。2024 年 5 月，拉姆齐 2 测井结果表明，在测试的 7 个区域中，250~1000m 的地层均发现了一定浓度的氢气，其中氢气的最高浓度为 95.8%。Gold Hydrogen 公司将继续在澳大利亚南部约克半岛的天然氢气田进行第二轮油井测试，为天然氢气的商业化开发奠定基础。澳大利亚大部分天然气都检测到了天然的氢气，尽管这些气体中的氢气浓度很低（即低于 0.01%），但也存在一些高含量的氢气（即高于 0.10%），表明澳大利亚拥有丰富的天然氢气资源。2024 年，中国三水盆地断裂发育处也发现最高含量为几千毫升每立方米的天然氢气渗漏，表明天然氢气在全球范围内的广泛分布（Jin et al., 2024）。2024 年 10 月，在中国北京召开了由国际地质科学联合会（IUGS）大科学计划"深时数字地球"（Deep-time Digital Earth）组织的"DDE Geologic Hydrogen Task Group"研讨会，大会上对于"DDE Geologic Hydrogen Task Group"的科学目标、工作任务及可行性等进行了讨论交流。同样是在 10 月，由中国地质调查局、国家自然科学基金委主办的 DEEP2024 天然氢气专题国际研讨会在北京顺利召开，会议主题为"Natural hydrogen: New geological energy"。会议主要围绕着天然氢气的成因来源、赋存机理、分布预测及资源勘探等目前天然氢气发展前沿领域问题进行了深入探讨，国内外知名学者分享了目前最新的研究成果并对天然氢气领域的发展趋势及方向进行了展望，为未来国际天然氢气相关研究合作奠定了基础。

1987 年，在西非马里的布拉凯布古村钻探寻找水源时的意外爆炸，使加拿大 Petroma 公司（后更名为 Hydroma）通过 2011 年后的大量钻探工作发现了纯度高达 98% 的氢气，并于 2012 年实现了商业开采和小规模发电。澳大利亚于 2023 年 10 月和 12 月先后完钻拉姆齐 1 和拉姆齐 2 天然氢气钻探井，在不同深度地层钻获气体和流体样品中分别测量显示高含量氢气和氦气异常，但氢气纯度较马里的钻探发现尚有较大差距。

第二章

天然氢气成因及来源判识方法

近年来，全球环境形势日益严峻以致对清洁能源的需求日益增大，氢气作为连接无机与有机生烃学说的重要纽带，同时也作为一种极具前景的清洁能源，逐渐引起学术界的广泛关注。天然氢气的成因相对复杂多样，根据其反应机理分为无机成因和有机成因两大类，无机成因以地球脱气、水岩反应、水的放射性分解和高温分解为主，而有机成因以生物作用和有机质热解为主（韩双彪等，2021）（图2-1）。多年来地质学家研究认为地球脱气、水岩反应和水的放射性分解等无机作用可能是产生天然氢气的主要非生物作用。有机作用是通过有机质热解、微生物的光解及发酵和厌氧分解等作用生成天然

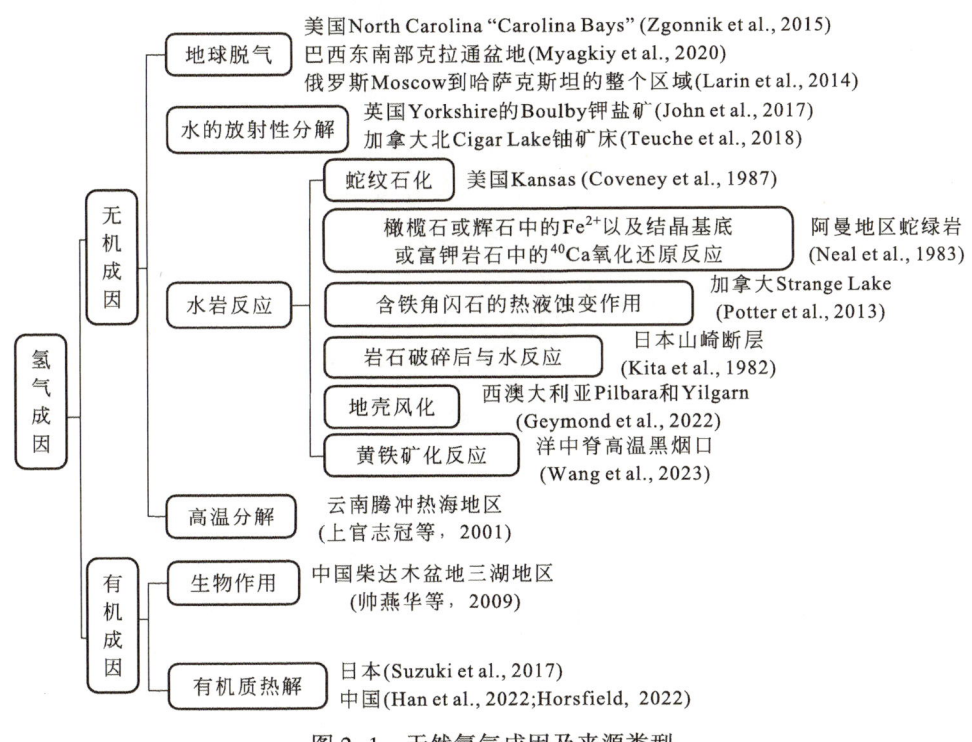

图2-1 天然氢气成因及来源类型

氢气的（刘全有等，2024）。除上述生氢机制外，天然氢气可能存在不同的氢源，而且不同地质环境的产氢机理也不一致，并没有一套明确判识天然氢气来源的方法。目前全球关于氢气来源的判识，主要通过利用氢同位素以及氢气的伴生气体对氢气的来源成因进行判别。

第一节 天然氢气成因类型

一、无机成因

目前地球上天然氢气以无机成因来源为主，但天然氢气的无机成因类型各有不同，其中地幔脱气、蛇纹石化以及水的裂解是现阶段发现氢气的主要来源。氢气来源的地层条件主要有超基性岩石、富铁克拉通基底以及含铀岩石（Gaucher，2020）。洋壳以及断裂带和俯冲带附近广泛分布超基性岩石，是发现氢气溢出的重要场所；在北美、南美、非洲、东欧、西亚、印度、中国华北及澳大利亚等氢气渗漏板块均分布富铁克拉通基底（Bendall，2022）；分析各地区生产资料，发现各类矿产以及油气田中也广泛存在天然氢气。综合全球发现的已知或未知成因的天然氢气及其分布，可以看出天然氢源广泛分布在各大板块、造山带边缘和洋壳中，且以深层氢源为主。最终将氢气的无机成因分为地球脱气、水岩反应、水的放射性分解及高温分解四种类型。

（一）地球脱气

深层氢气是从地核和下地幔释放出来的，学者们通过研究地幔流体在成矿过程中的作用，认识到氢气对于脱气过程意义重大，后提出了幔源脱气。氢的同位素研究表明，测量到的氢的 δD 值较轻（氘较少），与太阳系的原始 δD 值相似，因此推断地幔含有氢气，并向地壳岩石（即表层岩石）提供氢气。多年的研究证明地球脱气是氢气的重要来源之一。关于天然氢气是如何在地核中产生的一直众说纷纭，在讨论氢源时，一些学者提到了"原始氢气"的流动，假设自地球形成以来原始氢气就一直存在于地球中，即大量的氢气是地球在形成过程中在地下积累的（Gilat et al.，2005；Gilat et al.，2012；Walshe，2006；Walshe et al.，2005）。研究表明，在地球演化的早期阶段，氢气可能被掺入铁中（Rumyantsev，2016；Iizuka-Oku et al.，2017）；而 Vladimir Larin 发现的元素电离势与其在太阳系中的分布之间的关系，对其进行计算表明原始地球的成分富含氢气，于是提出了地球可能在其内部储存了一部分氢气，并在多年后发展成为对原始富氢地球的基础研究（Ларин，1991；Ларин，2005）；Toulhoat 等使用统计物理学的方法确认了地球的初始体积成分是富氢的，并认为地球内部可能含有大量的氢元素，以氢化物的形式处于键合状态（Toulhoat et al.，2022）。直到 Bindi 在 2019 年的研究中发现了天然氢化物，证明了地幔中存在以氢为主的流体。然而，在关于地球内部溢出氢气的成因这一讨论中，也有学者提出"次生氢"的说法，称此部分氢气是地幔或地核中通过不同化学反应形成的；有学者则提出铁与水的反应生成氢气并产生氧化铁和氢化铁的单独相（Yagi et al.，1995；Fukai，1984；Fukai et al.，1986；Okuchi，1997；Mao et al.，2017）；Mao 等发现每年有 $1×10^{12}$ kg 水参与深部地幔 H_2O-Fe 反应，地幔深部反应产生的游离氢气上升富集并维持氢循环，沿深大断裂或伴随岩浆活动上涌进入上部地层富集或逸散（图 2-2）。

$$Fe+2H_2O \longrightarrow FeO_2+2H_2$$

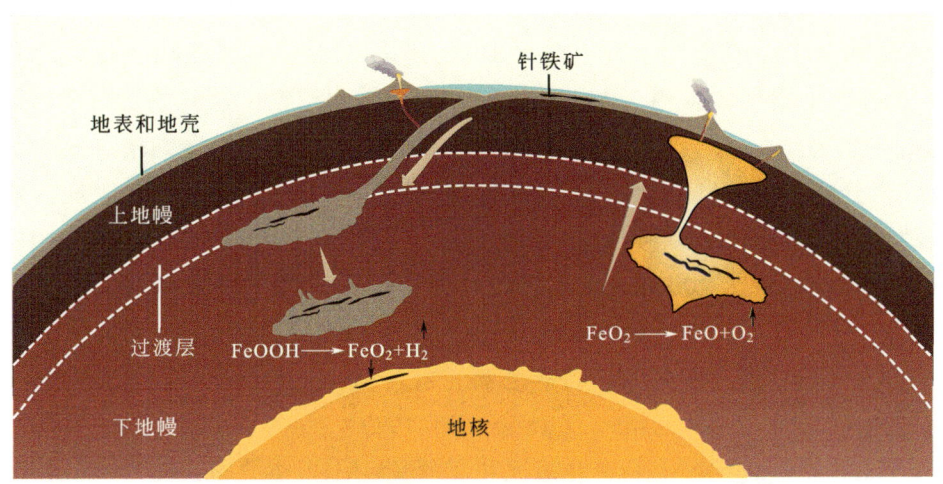

图 2-2　深部地幔来源氢气（据 Yagi et al.，2016，修改）

地球脱气被认为是地球大气的重要来源（Хитаров et al.，1985；Tian et al.，2005），而深部流体是地球脱气作用的主要物质基础，深部流体的挥发成分和幔源、壳源岩石的热释气是氢气运移的重要载体。地球脱气作用往往伴随较大规模的构造运动，因此深部流体活跃区域，尤其是火成岩发育区，通常是氢气富集的有利区且浓度变化极大。Williams 在 2001 年对深层氢进行了总结分析，发现可能以铁氢化物的形式存在于地核中的氢比水圈多 100 倍。Ikuta 在 2019 年关于氢气的研究中表明，地核的氢含量可能是海洋中所有氢质量的 80 倍（Ikuta et al.，2019）。Murphy 在对氢化铁的各种性质进行分析时，显示内核的 $FeH_{0.14}$ 成分与地震观测结果有一定的一致性（Murphy，2016），这更证明地球释放的氢气来自地核。

地球深部脱气的主要方式包括火山喷发、地震活动和断裂活动等，其中火山喷发和地震活动为现代地球深部脱气的主要形式。天然氢气在火山气中的含量仅次于 CO_2 和 H_2O，在火山口以及与火山活动相关的温泉和热液流体中均存在着高含量氢气。地震活动也会造成大量深部氢气的释放，通过对地表土壤中氢气的检测发现，在地震发生前、后的短时间内，土壤中氢的含量表现出明显异常，这种含量的急剧变化程度甚至可达到 10^6 倍，且在平面上的响应范围最高可达到数百万米。此外，由地壳运动或地震形成的活动断层也是地幔脱气的重要通道，研究发现，相比于非活动断层，与地震相关的活动断层周围的氢含量明显更高，稀有气体和同位素地球化学分析也表明活动断层周缘的氢气具有深部来源。

1. 火山和热液系统

氢气是仅次于水和二氧化碳的第三大火山喷发物，虽然氢气是一种很活泼的气体，很容易被空气中的氧气或与某些矿物结合的氧气氧化而产生水蒸气，但分析不同文献中有关氢气的检测，发现火山环境中氢气的含量远远多于火山环境中流体或岩石的氧化能力（Zgonnik，2020）。许多学者研究公布了火山气体中含有氢气的事实，Cruikshank等对夏威夷火山燃烧气体的光谱研究表明，火焰是由空气中氢气燃烧产生的（Cruikshank et al.，1973）；Smith从冰岛的Surtsey火山取样的气体含有1.7%~3.1%的氢气（Smith，2002）；Sato和McGee在美国圣海伦斯火山喷发期间，对一个"非喷气孔"地点的氢浓度进行了连续的土壤气体监测，火山爆发前几天，地表空气中氢气浓度突然增加，在地震和火山事件发生后的几个小时内，土壤中的氢气浓度仍被观察到增加（Sato et al.，1981）；综合分析加那利群岛加拿大火山口土壤气体中的氢气浓度图，发现在特内里费岛最近爆发火山的地方发现了异常的氢气含量，分析后证明其分布模式与火山构造地貌有关（Hernández et al.，2000）。热液系统也是检测到氢气的一大场所，冰岛等富氢热液系统具有最高的热值，高达1×10^8 kcal/s，温度也非常高，达到350℃，富氢热液系统中氢气发挥很大的价值；在美国加利福尼亚的索诺玛、萨尔瓦多的阿瓦查潘和日本多地的热液系统中也观察到类似的情况（Кононов，1983）。

目前全球有关氢气在火山及其热液系统中含量的因素主要取决于熔岩的性质，因为前人在研究火山系统时证明火山气体的组成与熔融岩石处于热平衡状态。早在多年前，Arnorsson在500℃左右的平衡温度下，利用FMQ（辉绿岩、磁铁矿、石英）缓冲液做实验，得到其中的氢气浓度预计为1%；学者还发现在地热流体系统中，200℃时氢气的摩尔分数$x(H_2)$通常低于1×10^{-3}。对比许多火山气体和热液系统中的氢气溶度会发现，大多数氢气浓度会高于上述实验证明的理论浓度，综合分析氢气的产生可能存在其他来源。许多研究表明，氢气是火山活动的起源，但若氢气的生成只是由于火山气体中水的简单热分解是不太合乎实际，因为水的简单热分解反应只有在非常高的温度下才对氢气生成有利，其他条件下水的分解反应是非自发的，但即使在1000~1500℃时，热解水的比例也很低，在2000~3000℃的高温和低压条件下，水分解反应才开始变得明显。种种证据表明氢气可能本身就存在于地幔或地壳深层，通过火山喷发出来。据估计，南极洲最活跃的火山埃里伯斯火山的氢气流量0.001t/a，欧洲埃特纳火山的氢气流量为0.00065t/a。同位素研究表明，大洋中脊热液系统释放的氢气是火山成因；利用东太平洋隆起热液中甲烷与二氧化碳共存的$\delta^{13}C$数据表明，这些气体只有在550~750℃之间才可能处于同位素平衡状态，在这样的高温下，橄榄石或顽辉石的水解既不能产生甲烷，也不能产生氢气，因为这些矿物的水解产物在热力学上是稳定的。因此，高温热液喷口中的溶解气体是熔融或淬灭的玄武岩岩浆在FMQ缓冲区氧化状态下脱气的产物，但综合前述证实的氢气产量，这些氢气也可能来自更深部的深层起源。

火山和热液系统产生氢气的成因有以下几种：

(1) 当岩浆中碳-氧-氢-硫（C-O-H-S）系统的平衡反应有利于生成氢气时，火山活动和热液喷口释放氢气（Holland，2002）：

$$CO+H_2O \Longleftrightarrow CO_2+H_2$$

$$H_2S+2H_2O \Longleftrightarrow SO_2+3H_2$$

$$SO_2+2H_2O \Longleftrightarrow H_2SO_4+H_2$$

(2) 氢也存在于碳-氧-氢（C-O-H）岩浆系统中：

$$2H_2O+CH_4 \Longleftrightarrow 4H_2+CO_2$$

在岩浆温度下（~1200℃），这种平衡向右强烈移动，表明氢气可能是岩浆的一个组成部分（Apps et al.，1993）。爆发岩是具有异常高气体含量的洋中脊玄武岩（MORB），在喷发前被认为是没有脱气史的熔岩。早期的大西洋中脊（MAR）样本在进行分析之前，样本碎片发生爆裂，碎片中溶解气体含量为 0.881mL/g，其中氢气含量为 26.7%（Sarda and Graham，1990）。

(3) 海水与挤压熔岩的相互作用生成氢气：

$$2FeO+H_2O \Longleftrightarrow Fe_2O_3+H_2$$

其中 FeO 为岩浆，H_2O 为海水，确定熔岩—海水相互作用的程度是具有挑战性的，但海水与喷流表面相互作用，这一点可以从破碎和硬化的地壳中得到验证。

(4) 在结晶后期，岩浆中溶解水和氧化亚铁反应生成氢气：

$$3FeO+H_2O \Longleftrightarrow FeO \cdot Fe_2O_3+H_2$$

2. 地震活动

地震可以激活地壳断层，从而导致在地下裂缝和断层中产生天然氢气，许多实验测试结果显示在活动断层的表面氢气浓度很高（Suzuki et al.，2014；Hirose et al.，2011）。在 1970 年达吉斯坦地震（$M=6.7$）期间，观测到氢气浓度增加了 20 倍，达到了比大气中正常氢气浓度高 5~6 个数量级的值；1982 年，学者们也发现在地震事件期间氢气浓度的增加更为剧烈，并分析主要原因可能是构造应力使岩石释放被吸收和吸附的氢气（Войтов，1982）；达吉斯坦 Zuramakent 温泉的氢气浓度在地震后增加了 3 个数量级；Ito 等在日本中部的约罗伊势湾断裂带，对氢气浓度进行了为期一年的连续监测，在地震前，局部微震和半径 25km 范围内的中大型地震处记录的氢气含量都有所增加（Ito et al.，1998）；许多学者在土库曼斯坦的两个地点（阿什哈巴德附近和土库曼斯坦北部）连续监测了近一年的土壤氢气浓度，在 1994 年，监测地点 100km 半径范围内发生了两次地震，这两个地点的氢气背景浓度在地震发生前的几个月里每天持续增加，在地震发生后，氢气浓度急剧增加了数倍，在余震之前，氢气浓度也会增加，但每次新的余震之后，氢气浓度的增加越来越不明显；Wiersberg 和 Erzinger 在加利福尼亚州圣安德烈亚斯断层沿线的微震震源附近获得的钻探岩心发现了高浓度的氢气（Wiersberg and Erzinger，2008）；此外，学者通过研究发现与旧的非活化断裂相比，新传播的地震诱发断裂具有更大的氢气含量（Sugisaki et al.，1983；Fang et al.，2018）；中国汶川地震断裂带科学钻探项目显示所研究的井中存在氢气。康健等（2020）对松辽盆地内部扶余—肇东断裂、绥化—蒙古山断裂进行氢气浓度检测，均发现氢气含量异常现象，通过对比扶余—肇东断裂和绥化—蒙古山断裂各测线氢气异常衬度，发现扶余—肇东断裂背景浓度、异常阈值、峰值浓度均明显高于绥化—蒙古山断裂，推测与扶余—肇东断裂近年来地震活动显著活跃有关。依兰—伊通断裂北段氢气测点浓度与地震分布相结合，发现氢气浓度高低与现代地震活动水平强弱一致，证明断层氢气可以反映断层构造活动状态（图2-3）。研究表明土壤氢气浓度峰值异常可能与区域构造活动增强有关。

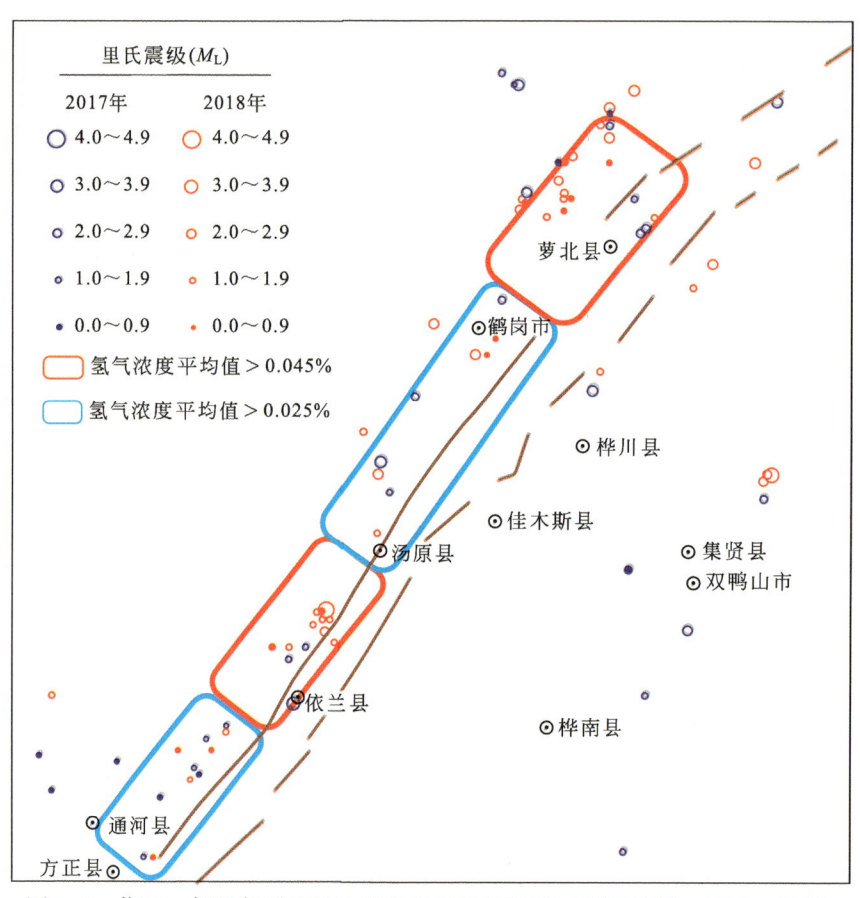

图2-3 依兰—伊通断裂北段地震分布与氢气浓度（据康健等，2020，修改）

世界多地区地震期间氢气浓度突然增加的现象难以计数，许多研究人员通过分析地震期间溢出的气体提出了地球脱气的想法，他们认为氢气在地震机制方面有着非常重要的作用。Гуфельд在分析了大量深层地震与氢气的关系后，提出可以用深部氢气浓度的急剧变化来解释深层地震，研究人员检查了控制地震前兆过程与低震级和高震级地震活动发生的地球化学和地质因素，发现导致地震发生的主要因素有氢的脱气（和较小程度的氦）和岩石圈块体的相互位移。前人还发现大多数地震区域逸出的氢气成因是地震构造过程中由氢气与岩石的物理化学反应触发并生成的（Гуфельд，2007；Gufeld，2008）。

(二) 水岩反应

水岩反应的含义相对宽泛，泛指一切地质作用过程中发生的流体与岩石的相互作用，同时其作用范围也非常广泛，地表至地幔均存在不同机理的水岩反应。水岩反应主要集中于地球化学、矿物学、岩石学领域，聚焦于深部流体与岩石矿物的一系列物理化学反应，包括岩石蛇纹石化作用、橄榄石或辉石中的 Fe^{2+} 以及结晶基底或富钾岩石中的 ^{40}Ca 氧化还原反应、含 Fe^{2+} 的角闪石（钠铁闪石）的热液蚀变作用、岩石破碎、地壳风化以及黄铁矿化反应。

1. 岩石蛇纹石化作用

蛇纹石化反应是自然界形成天然氢气最主要的方式，是一种常见且重要的水岩作用。由于蛇纹石化作用会生成大量氢气，而且超镁质岩石的蛇纹石化是商业天然氢气的最有效来源，对氢气相关的能源地质研究具有重要意义。针对蛇纹石化作用的研究也因此被不断地拓展丰富，长久以来受到了广泛的关注和研究，被视为自然地质条件下生成氢气的主要地球化学作用之一。蛇纹石化生成氢气的本质是基性—超基性岩石中含 Fe^{2+} 的矿物（如橄榄石和辉石）在气液交代作用下形成各种蛇纹石并产生氢气的过程（Boreham et al., 2021）。蛇纹石化作用以及其产氢速率和体积的主要控制因素是：原岩的岩石学组成、橄榄石组成、粒度、温度和水岩比。蛇纹石化可以在很宽泛的温度范围内发生，但实验表明蛇纹石化反应速度最快的温度在 200~310℃ 之间（Mccollom et al., 2022）；在较低温度下，反应速率变得非常有限；而在较高温度下，由于热力学约束，反应速率迅速降低。蛇纹石化的供水可以由海水、大气（地下水）或与俯冲有关的含水流体提供。Lazar 对蛇纹石化进行详细研究发现由蛇纹石化控制的氢活性随着压力的增加而降低（相对缓慢），与其他铁氧化源相比，蛇纹石化反应作为氢气的生产者的有效性是由蛇纹石化反应较高的氢活性驱动影响的，更高的氢活性意味着在更深的溶液中有更多的氢（Lazar et al., 2021）。蛇纹岩广泛存在于蛇绿岩带、蛇绿岩和变质岩中；蛇纹石化发生在地幔直接暴露于海水的洋中脊轴线或海水可以沿轴向断层渗透的地方；蛇纹石化也发生在允许海水进入地幔的转换断层/断裂带上、俯冲板块的海洋地壳向板块上移的会聚边缘等可以发生水岩反应的超基性岩地带（图 2-4）。

蛇纹石化是由水与富含橄榄石的基性—超基性岩相互作用引发的快速有效的变质反应，这是一个无处不在的地质过程，主要发生在一系列大地构造环境中。蛇纹石族矿物主要有三种：利蛇纹石、纤蛇纹石和叶蛇纹石，低温状态蛇纹石族矿物主要以利蛇纹石和纤蛇纹石的形式存在，高温状态下主要以叶蛇纹石的形式存在（图 2-5）。洋中脊环境中的蛇纹石通常富含磁铁矿，而磁铁矿的形成通常与地壳深部的岩浆活动以及由此带来的热液作用有关，它的大量存在表明可能发生了高温蛇纹石化，并指示极端还原条件。当橄榄岩在低于 200℃ 的温度下发生蛇纹石化时，磁铁矿仅少量存在，这反映蚀变岩石的敏感性较低上。然而，铁可以作为蛇纹石矿物的组成部分析出，所以不含磁铁矿的蛇纹石可能会像富含磁铁矿的蛇纹石一样被氧化，因此，蛇纹石对于低温下氢气的形

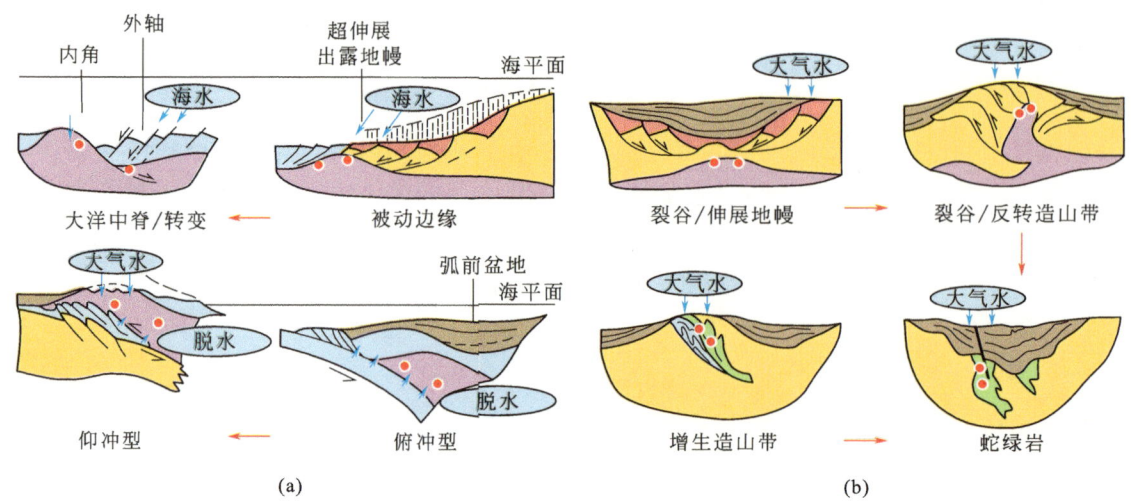

图 2-4 蛇纹石化产氢相关大地构造类型：(a) 板块边缘环境和 (b) 板块内大陆环境
（据 Jackson et al., 2024, 修改）

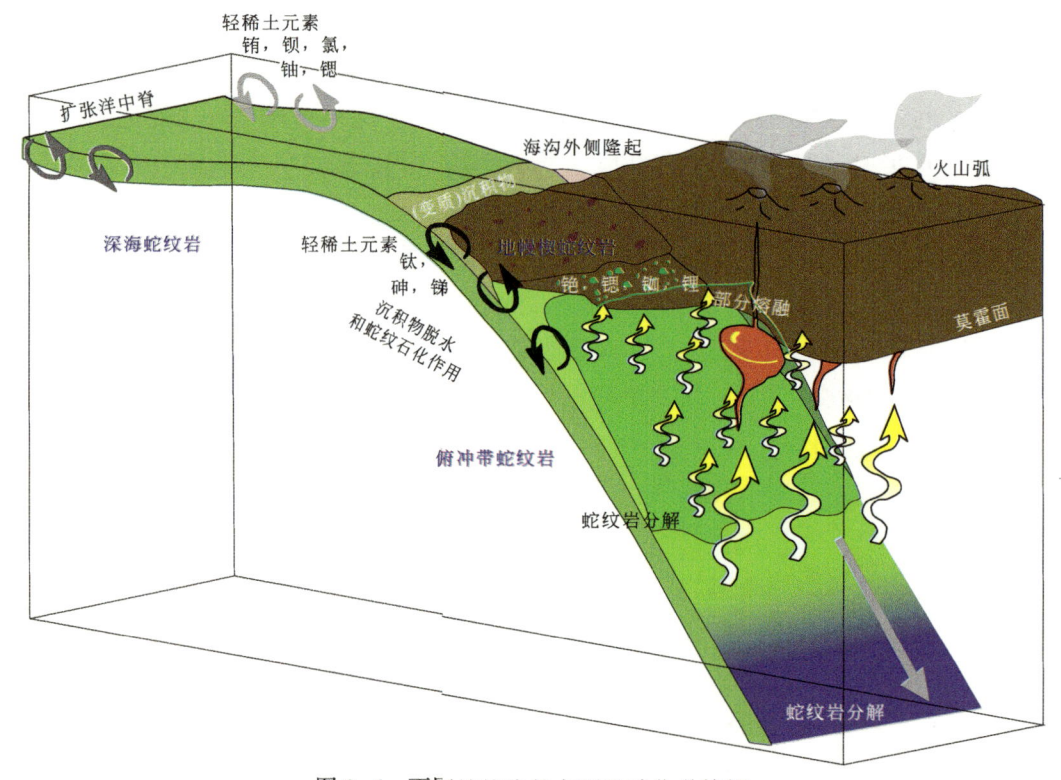

图 2-5 不同蛇纹岩的主要地球化学特征

成是必不可少的存在。地幔中富橄榄岩的超基性岩并不是唯一与水反应产生氢气的岩石，玄武岩与水反应也被勘探证明是产生氢气的水岩反应之一。综合海洋钻探计划（IODP）的玄武岩海洋地壳样品研究表明，它们富含氢（Lin et al., 2014），估计整个海洋地壳玄武岩层可能贡献 12.6Tg/a，其他学者估计来自玄武岩海洋地壳的全球氢气通量达到 7.5Tg/a（Holloway and O'Day，2000；Sleep and Bird，2007）。然而，一些研究表明玄武岩—地下水相互作用不能产生大量的氢气，因为水—矿物接触的表面很快就会被它们的反应产物钝化（Anderson et al.，1998）。

在地球历史的大部分时间里，海洋中脊的蛇纹石化活动一直在发生，因此产生的氢气的质量是巨大的；远离脊轴的位置，橄榄岩的热液蚀变可以在较低的温度和较慢的速率下发生；当蛇纹石在海底膨胀的作用下向轴心移动时，剩余的氧化亚铁经过完全氧化，如果渗滤液中的氧气耗尽，氧化后的含铁岩石就会与海水反应产生额外的氢气。蛇纹石化也存在于其他地质环境中，如岩浆缺乏的被动边缘和俯冲带的弧前环境，这些地质环境中橄榄岩和过渗流体相互接触发生反应。不同条件下蛇纹石化生成氢气的过程也有区别。

（1）蛇纹石化反应非常复杂，但总的来说氢气生产是由氧化亚铁的氧化驱动的，在岩浆供应有限的缓慢和超缓慢扩张的洋中脊中，橄榄岩是最丰富的适应热液循环的岩石类型。橄榄岩的热液蚀变（蛇纹石化）导致相互关联的溶液沉淀、氧化还原反应和氢气的生成。橄榄石和斜长石是最丰富的橄榄岩矿物，在热液条件下不稳定，这一复杂过程的一般描述为：

$$2FeO + H_2O = Fe_2O_3 + H_2$$

式中，FeO 岩石代表焦硅酸盐的亚铁成分；Fe_2O_3 岩石代表含 Fe^{3+} 的蚀变矿物。

蛇纹石中所含的其他含铁次生矿物（如绿泥石、铬铁矿）在氢气的形成中起次要作用，但在特定的地球化学条件下却可能变得至关重要（Klein et al.，2013；McCollom and Bach，2009）。

（2）典型的地幔岩是橄榄岩，橄榄岩主要由橄榄石矿物组成，这是一种易与水发生反应的矿物。橄榄石在自然界通常以 Mg-Fe 二元固溶体的形式存在 $[(Mg, Fe)_2SiO_4]$，其中 Mg-Fe 橄榄石端元 $(Mg,Fe)_2SiO_4$ 与水的反应如下：

$$2(Mg,Fe)_2SiO_4 + 3H_2O = (Mg,Fe)_3Si_2O_5(OH)_4 + (Mg,Fe)(OH)_2$$

其中，铁端元橄榄石 Fe_2SiO_4 与水的反应如下：

$$3Fe_2SiO_4 + 2H_2O = 2Fe_3O_4 + 3SiO_2 + 2H_2$$

镁橄榄石端元（Mg_2SiO_4）与水的反应有两种形式。一是镁橄榄石与上式中生成的过量 SiO_2 反应生成蛇纹石 $Mg_3Si_2O_5(OH)_4$：

$$3Mg_2SiO_4 + 4H_2O + SiO_2 = 2Mg_3Si_2O_5(OH)_4$$

二是镁橄榄石还可与水直接发生反应生成蛇纹石和氢氧化镁：

$$2Mg_2SiO_4 + 3H_2O = Mg_3Si_2O_5(OH)_4 + Mg(OH)_2$$

根据上述反应式结合实际情况，蛇纹石化成因的富氢流体的 pH 值通常都较高，为 10~12，天然氢气的生成量与橄榄石蛇纹石化的程度呈正相关。

（3）蛇纹石化橄榄岩的矿物成分结果显示，在蛇纹石化过程中由于富 SiO_2 流体的加入会促使岩石进一步蛇纹石化从而缺失水镁石，同时 Fe^{3+} 不仅赋存于磁铁矿中，而且会大量赋存在蛇纹石矿中，相关反应式如下：

$$Mg_{1.82}Fe_{0.18}SiO_4 + wH_2O \longrightarrow 0.5(Mg, Fe^{2+}Fe^{3+})_3(Si, Fe^{3+})_2O_5(OH)_4$$
$$+ x(Mg, Fe)(OH)_2 + yFe_3O_4 + zH_2$$

（4）玄武岩—水反应在高温（350~400℃）期间，海水对海洋地壳的改变使大多数含铁硅酸盐变成含铁矿物，但也有小部分通过下式转化为含铁矿物并形成氢气（Soule et al., 2006）:

$$3Fe_2SiO_4 + 2H_2O =\!=\!= 3SiO_2 + 2Fe_3O_4 + 2H_2$$

玄武岩与水的反应不仅在上述条件下会发生，有研究证明玄武岩与水也会在低于150℃的地热储层发生（Hao et al., 2020）:

$$3FeSiO_3 + H_2O =\!=\!= Fe_3O_4 + 3SiO_2 + H_2$$
$$3Fe_2SiO_4 + 2H_2O =\!=\!= 2Fe_3O_4 + 3SiO_2 + 2H_2$$
$$6Fe_2SiO_4 + 7H_2O =\!=\!= 3Fe_3Si_2O_5(OH)_4 + Fe_3O_4 + H_2$$

东非吉布提大裂谷的裂谷轴由一系列具有拉斑走向的过渡性玄武岩组成，范围从镁玄武岩到铁玄武岩，这种富集是晚期斜长石分馏结晶的产物（Stieltjes et al., 1976）。Pasquet 等在东非吉布提大裂谷探测到天然氢气，进行了线性采样，并从原位地区收集了蚀变/新鲜玄武岩和气体，在研究区域只有少量的氢气存在于地表。研究的数据表明，在裂谷地区地壳的高温（约270℃）下，虽然有很多种成因（图2-6），但是天然氢气主要通过活动裂谷轴附近的玄武岩中的铁矿物和深层流体产生和运输。

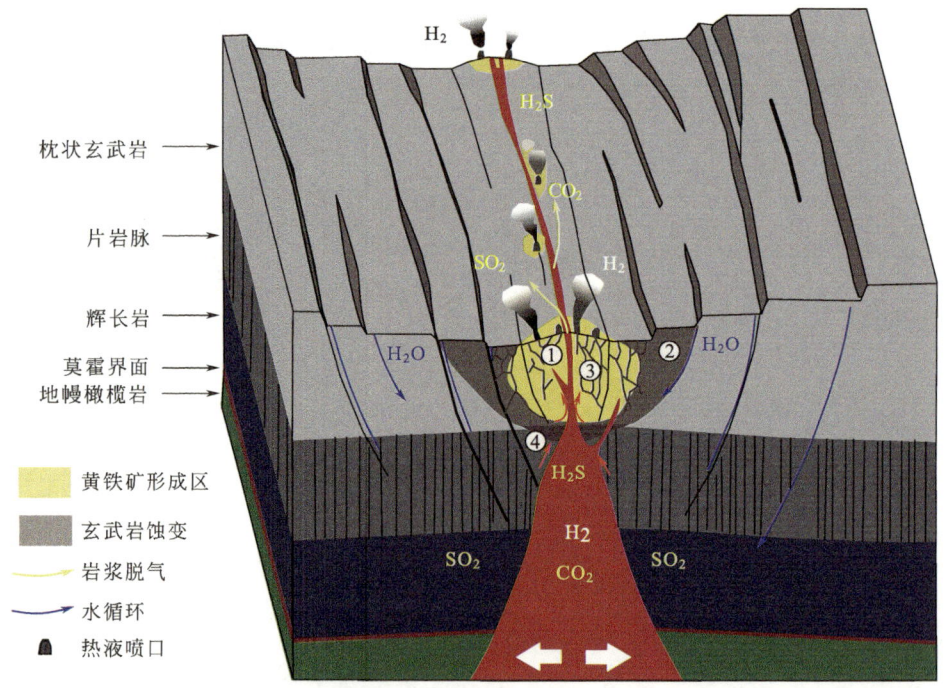

图 2-6　东非吉布提裂谷轴附近的水岩反应（据 Pasquet et al., 2021, 修改）
①高温玄武岩蚀变；②地壳风化作用；③黄铁矿的形成；④火山脱气

阿曼—阿联酋山脉地表露头的很大一部分被晚白垩世期间隐伏的 Semail 蛇绿岩所

占据，在该地区氢气以自由气体或从泉水中溶解的形式活跃地渗透到地表，Ellison 等对其进行研究得到该地区的氢气主要是在地下水作用下"低温"蛇纹石化的产物（Ellison et al., 2021；Leong et al., 2023），研究学者们认为该地区存在两种通过"高温"蛇纹石化产生氢气的方式（图 2-7）：

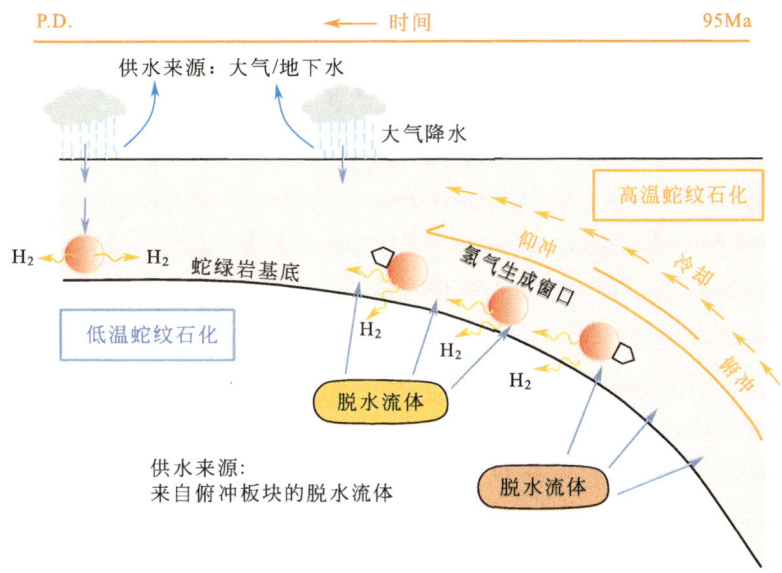

图 2-7　蛇绿岩蛇纹石化模型（据 Jackson et al., 2024，修改）

①"晚期"蛇纹石化。在这种情况下，氢气是近代历史上通过循环地下水的作用产生的。高温蛇纹石化将取决于地幔蛇绿岩的主要岩石体积，达到>6km 的深度（假设地热梯度为 30℃/km）。氢气的产生将取决于通过断层或剪切带渗透到蛇绿岩更深处的大气水。因此，地球物理约束的结构模型对于确定基底蛇绿岩的深度以及内部结构非常重要。最近时代产生的一些氢气，除非流失到地下水系统中，否则很可能被困在蛇绿岩的剪切/糜棱石化和蛇纹石化区域。

②"早期"蛇纹石化。在这种情况下，蛇绿岩下部的蛇纹石化和氢气生成是由俯冲洋壳的脱水（变质）作用或增生蛇绿岩下的沉积物在俯冲过程中的脱水（变质）作用产生的水激活的。氢气可能是在晚白垩纪俯冲和（或）俯冲的高温条件下产生的，而要在这个时间尺度上保存氢气，需要气体迁移到蛇绿岩岩石单元中并密封起来（Zgonnik et al., 2019）。另一种解释是，氢气已经从蛇绿岩原石"向下"迁移到亚蛇绿岩岩石单元中。Vacquand 等人对阿曼、新喀里多尼亚、菲律宾和土耳其蛇绿岩表面取样的一些氢气进行了研究，分析其可能起源于更早、更热的蛇纹石化时期（Vacquand et al., 2018）。

2. 橄榄石或辉石中的 Fe^{2+} 以及结晶基底或富钾岩石中的 ^{40}Ca 氧化还原反应

铁的氧化与氢气的产生密切相关，氢气的产量在很大程度上受铁氧化形态的影响。以蛇纹石化作用研究为基础，发现自然地质环境中存在大量与蛇纹石化作用相类似的其他水岩反应，该类作用的反应机理均为基性岩石中的金属元素在特定地下环境中被氧化，在此过程中生成或消耗水并产生氢气。

（1）在铁橄榄石溶解过程中，深部流体中的水与超基性岩石中的金属离子（Fe^{2+}、Mn^{2+} 等）发生氧化还原反应可以产生氢气，其中的 Fe^{2+} 主要来自富 Fe^{2+} 矿物，比如铁橄榄石（Devillee et al., 2016），反应式如下：

$$3Fe_2SiO_4 + 2H_2O = 2Fe_3O_4 + 3SiO_2 + 2H_2$$

（2）Neal 等研究发现阿曼地区蛇绿岩的超镁铁质岩石中产生的氢气与富 Ca^{2+}、OH^- 的碱性地下水（pH 值为 10~12）共生。同位素和化学证据表明，氢气是在封闭的地下水环境中通过低温氧化还原反应生成的，反应分为两个阶段：第一阶段，在超镁铁质岩石内部，反应消耗溶解于地下水中的游离氧，从而留下明显的气态氮，生成铁氧化物；第二阶段，游离氧接近耗尽时，氧化还原电位降低的同时 pH 值增加，水和氢氧化亚铁的平衡逐渐接近水稳定性的极限，从而发生低温氧化还原反应（Neal and Stranger, 1983），反应式如下：

$$2Fe(OH)_2 = Fe_2O_3 + H_2O + H_2$$
$$3Fe(OH)_2 = Fe_3O_4 + 2H_2O + H_2$$

值得一提的是，其反应条件相对苛刻，需要具有相对未风化的地幔衍生岩石和较为枯竭的地下水资源，以及没有任何富含二氧化碳（去中和碱性）和氧气（破坏还原条件）的土壤覆盖层，才能发生以上反应。

（3）类似地，除铁元素能与地下水发生氧化还原反应外，在结晶基底和富钾岩石中，由 ^{40}K 发生放射性衰变产生的 ^{40}Ca 也能与水发生反应生成氢气（Gregory et al., 2019），其反应式为：

$$^{40}Ca + 2H_2O = {}^{40}Ca(OH)_2 + H_2$$

3. 含 Fe^{2+} 角闪石（钠铁闪石）的热液蚀变作用

对流体包裹体的研究过程中发现，含 Fe^{2+} 角闪石（钠铁闪石）的热液蚀变作用也可能生成质量可观的氢气，该类氢气在过碱性侵入岩中尤为富集。加拿大东部构造区奇异湖（Strange Lake）伟晶岩中的流体包裹体内存在大量的烷烃和氢气，其中氢气含量高达 35%（Potter et al., 2013），受高温蚀变影响的岩石中气体主要为甲烷（54%~80%）和氢气（1%~35%），同时含有 C_2~C_6 碳氢化合物、二氧化碳和氮气，而受低温蚀变影响的岩石中气体则主要为甲烷（8%~40%）、二氧化碳（25%~62%）和氢气（15%~27%），同时含有少量 C_2~C_6 碳氢化合物。对氢气成因进行研究，明确其在伟晶岩侵入时亚溶花岗岩（Subsolvus Granite）与岩浆流体相互作用的过程中，含 Fe^{2+} 的钠铁闪石在温度不小于 350℃ 时蚀变为霓石并产生大量氢气（Salvi et al., 1997），其反应式如下：

$$3Na_3Fe_5Si_8O_{22}(OH)_2 + 2H_2O = 9NaFeSi_2O_6 + 2Fe_3O_4 + 6SiO_2 + 5H_2$$

4. 岩石破碎

追溯氢气浓度异常地带可以发现，各种与断裂相关的地区往往都伴随着氢气的出现，通过研究将氢气在各种断层与构造断裂相关的土壤气体中的异常高浓度归因于岩石破碎过程中的断层运动及其相关自由基的形成（Kita et al.，1982）。岩石碎裂产生氢气的原因为岩石破裂时破坏了化学键并产生了自由基，自由基与水反应生成氢气：

$$2(\equiv Si\cdot)+2H_2O \Longrightarrow 2(\equiv SiOH)+H_2$$

有关岩石碎裂产生氢气的现象总结为以下几点：

（1）水与新暴露的岩石表面相互作用。

早在1968年Молчанов和Голосов就在实验室中通过将水与细矿物结合，再用粉碎机在现场粉碎的方式验证了氢气的产生（Молчанов，1968；Голосов et al.，1966），而且事实证明即使经过7周的研磨，氢气仍在产生，所以Молчанов提出了当矿物在断层带中一起研磨时，氢气可以自然形成的想法。然而，释放的氢气可能是先前储存在孔隙中的氢气，也可能是氢气从深处沿着断层迁移而来，而不是由摩擦产生的，这还需要进一步解决（Молчанов，1981）。Wakita很早就提出沿着活动断裂带，水与新鲜岩石表面的反应可以产生氢气；此后也有学者提出氢气是在新鲜岩石表面的自由基与水的反应中产生的，然而他们的机制表明除了氢气之外这些反应还会同时产生氧化物质。Suzuki等的岩石摩擦实验表明在岩石沿着断层移动的过程中，由于摩擦产生了新的表面，使水能够接触含二价铁的矿物并发生反应生成氢气。

（2）机械制氢。

机械力可以解离硅酸盐矿物中的共价Si—O键，产生表面自由基$\equiv Si\cdot$、$\equiv SiO\cdot$（均裂）和带电表面自由基$\equiv Si^+$、$\equiv SiO^+$（异裂），一旦这些表面形成上述形态，它们要么重新结合形成硅氧烷键（Si—O—Si），要么通过与水反应并释放氢气作为副产物，这一过程被称为机械制氢，可能在断裂带广泛存在。断层是造山带、俯冲带、大陆裂谷、被动边缘、扩张中心、过渡断层和断裂带的标准地质特征，当这些断层活跃时，就会产生氢气。机械制氢并不局限于构造断裂，它可以发生在硅酸盐岩石破碎的任何地方，比如冰下基岩破碎，其中氢气的产生可以支持冰点附近的微生物生态系统，这一过程甚至可能在全球冰川时期维持生命（Telling et al.，2015）。

（3）矿物晶格结构中羟基的分解。

有学者提出了一种以羟基为氢气成因机制核心的方法作为解释岩石受压时释放氢气的原因。这种机制认为氢气可能是由两个羟基反应生成的，其结果会形成氢气和过氧化物阴离子O_2^{2-}，进而在硅酸盐中的两个硅原子之间形成过氧化物桥。学者在纯合成化合物中观察到了过氧键，但在天然岩石中却缺乏过氧键存在的证据（Kubatko et al.，2003），这可能是因为过氧化物是不稳定的化合物，很快就会分解释放出氧气。后来有学者提出过氧键在应力作用下会断裂，产生"正孔"（化学上等同于O^-），并迅速扩散到未受应力的岩石中。当"正孔"穿过岩石与水的边界时，岩石会变成含水硅胶，阳离子被释放出来，导致岩石溶解（Freund et al.，2002；Freund et al.，2015；Scoville et al.，2015；Balk et al.，2009）。Freund还使用常见的地壳火成岩（如花岗岩、安山岩和拉长石）进行了破碎实验，以促进氢气的向外扩散，根据实验室结果计算，估计这种机制可使每立方米岩石产生0.005m³的氢气。虽然相比蛇纹石化过程每立方米岩石可产生 20m³ 的氢气来说有较大差距，但也被证明是氢气生成的一大反应来源。

（4）火成岩和变质岩矿物中的结晶水羟基反应。

对于自然地质环境，研究认为受构造作用产生的新鲜岩石表面也可能发生机械化学作用生成氢气。当氧化镁开始从分解的氢氧化镁中结晶出来时，氢气开始大量生成。氢气释放后，又释放出氧原子，这说明在氧化镁中形成的过氧阴离子 O_2^{2-}，通过歧化作用（$O_2^{2-} \rightarrow O^{-2}+O$）分解。该反应也易于发生在成岩的硅酸盐中，并不只限于氧化镁这种离子结构中，例如水参与 $[SiO_4]^{4-}$ 四面体之间的 Si—O—Si 键的水解，熔融二氧化硅中存在过氧离子，这表明类似于方程（$2OH^- \rightleftharpoons O_2^{2-}+H_2$）的反应将导致 $[SiO_4]^{4-}$ 四面体和分子氢之间的过氧连接断裂。

5. 地壳风化

（1）随着海水冷却和老化，海洋地壳发生变化，在较低的温度（<250℃）下发生以下反应：

$$2FeO+4H_2O \rightleftharpoons 2Fe(OH)_3+H_2$$

$$2FeO+2H_2O \rightleftharpoons 2FeOOH+H_2$$

$$2FeO+H_2O \rightleftharpoons Fe_2O_3+H_2$$

深海和近海钻探项目的样品表明，地壳风化发生在喷出物内部，并持续到地壳年龄达到 10~20Ma（Bach et al.，2003）。蜕变通常仅限于断裂及其边缘，中、下洋壳受风化作用的影响较小。例如，从快速扩张的海脊活动构造中采集的辉长岩样本很年轻，氧化率通常低于 10%；从扩张较慢的洋中脊和中下洋壳露头采集的挖泥样本则较老，氧化率较高，达到 50%。

（2）Fe^{2+} 从磁铁矿氧化成 Fe^{3+} 结晶赤铁矿（Arrouvel et al.，2021）：

$$2Fe_3O_4+H_2O \rightleftharpoons 3Fe_2O_3+H_2$$

带状铁地层（BIF）是地球上亚铁的主要资源，构成了最大的铁矿石储量，铁和亚铁都存在，占地球上全球铁储量的 60% 以上。在巴西的圣弗朗西斯科盆地，南非的 Kaapvaal 克拉通和澳大利亚的皮尔巴拉盆地和伊尔冈盆地都发现了带状铁地层氢气溢出现象，Geymond 等对其进行研究，通过澳大利亚的 BIF 样品证实了水岩相互作用的氧化作用，这是 BIF 氧化生成氢气的有力证据，但生成氢气的深度很浅，以至于温度低于 50℃，压力低于 150bar（图 2-8）。

6. 黄铁矿形成以及黄铁矿化反应

（1）黄铁矿化反应生成氢气是已经被学者证明可行的无机成因氢气产生方式之一，通过对其进行不断研究，在黄铁矿和氢气的无机生成过程中，氢气的化学计量产率已经被量化（Drobner et al.，1990）。该反应可能发生在大洋中脊特有的高温黑烟口。海底和烟囱沉积物中的黄铁矿主要由热液中析出，并发生化学反应（Gallant and Von Damm，2006）：

$$Fe^{2+}+2H_2S \rightleftharpoons FeS_2+H_2+2H^+$$

$$Cu^++Fe^{2+}+2H_2S \rightleftharpoons CuFeS_2+0.5H_2+3H^+$$

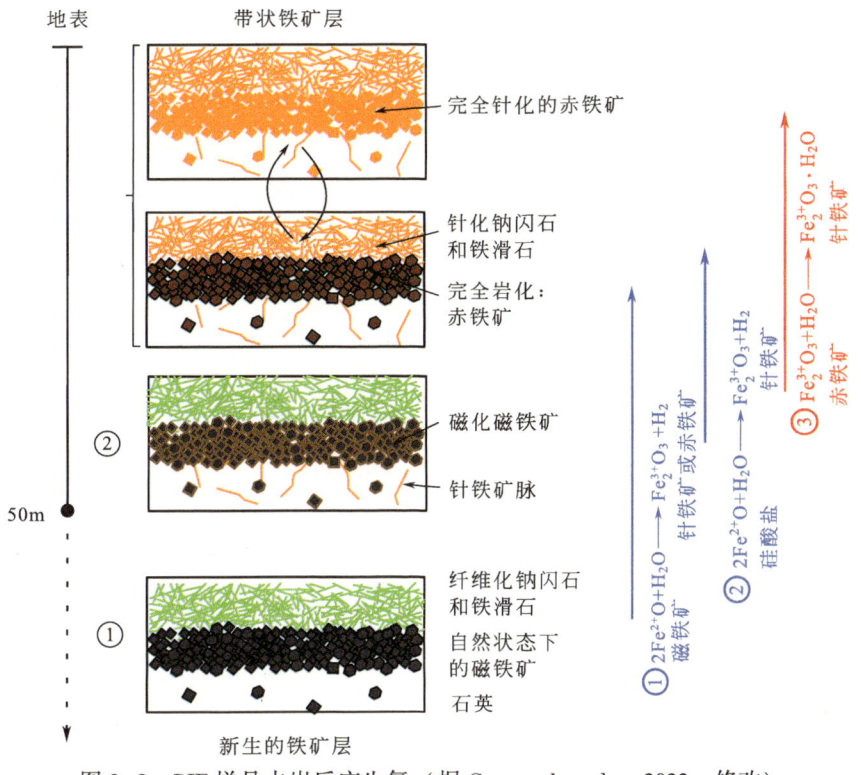

图 2-8 BIF 样品水岩反应生氢（据 Geymond et al., 2022, 修改）

（2）黄铁矿化反应在酸性条件下（如在一些热液场所，火山活动的喷气孔中），用 H_2S（g）模拟反应：

$$Fe_2O_3+4H_2S \Longleftrightarrow 2FeS_2+3H_2O+H_2$$

$$Fe_3O_4+6H_2S \Longleftrightarrow 3FeS_2+4H_2O+2H_2$$

也可能与菱铁矿和磁黄铁矿进行化学反应（Hofstra and Cline, 2000; Thiel et al., 2019）。

（三）水的放射性分解

水的放射性分解是氢的重要来源。地壳中含有大量铀、钍和钾等放射性元素，放射性衰变产生的能量足以将水分解为氢气和过氧化氢，而过氧化氢极不稳定，很快分解成水和氧气（Vovk, 1987），该过程十分缓慢，因此古老岩石更容易通过水的放射性分解产生氢气（Hand, 2023）。该过程只需要水和放射源，因此水的放射性分解过程被认为可以在地球上广泛发生。研究表明，只有 1% 的放射性衰变总能量被孔隙水吸收，其余的被矿物基质吸收并转化为热能，因此，在水富集的岩石中，氢气的生成量与岩石孔隙度成正比（Lin et al., 2005）。此外，水的存在状态（冰、蒸汽或盐水等）并不影响其放射性分解的发生，甚至相比于纯水，卤水的放射性分解能产生更多的氢气（Wang et al., 2019）。水的放射性分解过程中除了生成氢气外，还存在相应比例的氧气，但由于氢气和氧气均具有活跃的化学性质，在后期地质过程中也都易与其他物质发生反应，因此这两种气体很难被同时检测到,这也是部分学者对水的放射性分解生氢过程质疑的原因。然而,水的放射性分解从来都不是一个单独的反应,而是一个复杂并相互关联的过程。因此,对水的放射性分解生氢机制还需要进一步研究以明确其发生过程,对在氢气生成的同时产生的氧化物及其后续的反应过程也不应被忽视。John 等分析英国约克郡 Boulby 钾盐矿二叠纪钾盐样品时,在其流体包裹体释放的挥发分中检测到了微量氢气,在没有天然放射源的情况下对钾盐岩晶体进行辐射,得到了相应流体包裹体中的水放射性分解产生的氢气,由此认为钾盐中的钾发生放射性衰变过程中,水被放射性分解生成氢气。

水放射性分解产生氢气的过程:

$$2H_2O \longrightarrow H\cdot + OH\cdot + H^+ + OH^- + e^-$$

$$e^- + \longrightarrow e^-_{aq}(Hydration)$$

$$e^-_{aq} + H^+ \longrightarrow H\cdot$$

$$e^-_{aq} + e^-_{aq} + 2H_2O \longrightarrow H_2 + 2OH^-$$

$$e^-_{aq} + H\cdot + H_2O \longrightarrow H_2 + OH^-$$

$$H\cdot + H_2O \longrightarrow H_2 + OH\cdot$$

$$H\cdot + H\cdot \longrightarrow H_2$$

1. 海相岩石中衰变的放射性元素释放的辐射

如铀(^{238}U 和 ^{235}U)、钍(^{232}Th)和钾(^{40}K),可以产生 α、β 和 γ 辐射激发和电离水,产生自由基生成氢气。在放射性元素的辐射下,水中的氢氧键被分解,产生氢自由基和羟基自由基,然后,两个氢自由基反应生成氢气(Pastina LaVerre, 2001)。由于其辐射引起的线性能量传递率的不同,目前认为 α-辐射和 β-辐射是最有效的两种产氢途径,其中 α-辐射(重离子辐射)产生的氢气量更大,这种反应通常发生在铀、钍和钾浓度较高的结晶基底环境中。通过放射性分解生产氢气需要地球和太阳系其他地方常见的简单地球化学成分(水和放射性核素)。此外,在水稳定的所有温度和压力条件下,即使水以冰、蒸汽或水合盐的形式存在,也会发生放射性分解。水放射性分解不同于其他形式的非生物制氢,是因为带中性电荷的水分子的分解会产生互补的可溶性氧化剂(例如 H_2O_2、O_2 和 O)和还原剂氢气。

Lin 等在研究中对含水层中水的整个停留时间的产氢量进行了估计,将计算值与自然环境中氢气浓度的测量值进行比较,显示出相同数量级的数值。由于氢气不断地离开反应区,因此剩余流体的氧化态应该会增加(Dubessy et al., 1988)。南非 Witwaterand 盆地和加拿大 Timmins 盆地深部裂缝水中含有高氢气含量,是由水的放射性分解造成的;Gold Hydrogen 公司在约克半岛 Yorke peninsula 地区发现浓度 73.3% 的天然氢气,他们分析该部分天然氢气可能来源于放射性分解与水解反应。许多学者利用水的放射性分解作为天然氢气的可能来源的研究,没有考虑随着氢气增加可能伴随的氧气的增加的情况,因此忽略了通过放射性分解产生任何氧化物质的途径。Laurent Truche 对阿萨巴斯卡盆地(加拿大萨斯喀彻温省)东部边缘 Cigar Lake U 矿床地区的岩石样品进行解吸,解吸出来的气体被实验室回收并通过气相色谱对气体的组分及含量进行测量，测量结果显示样品中总有机碳含量小于 0.1%～0.5%，有机物的 H/C 原子比范围在 0.7～0.8 之间，结合以上数据即使有机物质完全热解为石墨也不能产生样品热解吸产生的高含量氢气（高达 0.11%），最终确定持续的水放射性分解是该区域氢气的主要来源，富伊利石的泥化基底可能是大量吸附态氢气的主要赋存层位（Bruneton，1993；Jefferson et al.，2007）。

2. 与元素放射性衰变有关的制氢机制（与原子价的变化有关）

在放射性衰变过程中，同位素可能会转变成具有其他化学性质的新元素，这类元素相对于它们的母体原子或多或少具有反应性。事实上，新原子对母体原子的累积反应性超过母体同位素反应性的 0.5 倍。这种过度反应性主要是由 ^{40}K 和 ^{87}Rb 形成的 ^{40}Ca 和 ^{87}Sr 的累积引起的，新元素可以与水反应产生氢气。Th 和 U 在变成 Pb 的同时也释放出一个额外的氧原子，从而增加了介质的氧化态。Th 和 U 的放射性衰变会产生氦，产生的氢气的数量应该与放射性氦的数量相当。有学者在钾盐沉积物中系统地检测到高浓度的氢气，由于 K 和 Rb 的放射性衰变，通常提出氢气可能是水的放射性分解的起源（Parnell and Blamey，2017）。在光卤石和钾长石中，^{40}K 的辐射对水分子的作用产生了新的影响以致氢气充满孔隙空间，同时产生的氧化物质将铁转化为赤铁矿，使盐呈现红色（Savchenko，1958），然而，观测到的 H_2/Ar 的比值和光卤石/钾卤石氢气浓度比值并不支持这一观点；有学者提出了另一种盐矿产氢机制，在钾矿床中，放射性同位素 ^{40}K 发生分支衰变，生成 ^{40}Ar（12%）和 ^{40}Ca（88%），^{40}Ca 不能完全转化为氯化物，不能以金属状态积聚在盐矿物的晶体结构中，在溶解过程中，单质钙很容易与水反应产生氢分子（Nesmelova and Travnikova，1973）。有研究证明 ^{87}Rb 生成的 ^{87}Sr 也可以与水反应生成氢气，然而，氢气的计算量和观测量之间存在一些差异，因为水的放射性分解从来不是一个单独的反应，而是一个相互联系的复合体，需要综合考虑产氢气反应相关的其他产物。

（四）高温分解

研究证明在高温条件下硫化氢会发生分解生成一定数量的氢气，并产生硫；甲烷在高温时也可以与水作用产生氢气，且有学者认为在腾冲热海中浅层气体中硫化氢与甲烷含量的降低可能是同步发生的。

1. $H_2S \Longrightarrow H_2+S$

根据实验测试，腾冲热海地区深层硫化氢的含量比中层平均降低 58.5%，氢气是强还原性气体，从深部向地表迁移时其含量不应该增加，深部来源的硫化氢在地壳浅部很不稳定，发生分解生成一定量的氢气具有十分高的可能性，且中浅层气体中氢气含量的增加与硫化氢含量的降低在数量级上大体一致，同时氢气含量增加的地方附近存在大量的自然硫分布，这说明硫化氢发生分解产生氢气是完全可能的（上官志冠等，2000）。

2. $CH_4 + 2H_2O \rightleftharpoons CO_2 + 4H_2$

据统计热力学计算，在1050K以上，上述反应容易向右进行，在常压下向右反应的温度条件应大于870K，低于此温度反应会向左进行（刘斌，1989），所以甲烷生成氢气需要相对高的温度，而甲烷在中浅层降低幅度达到97.3%，逸出气体明显降低与氢气相应升高发生在中浅层热储。已经有学者公布在断层活动强烈时断层面附近局部可高达800~1100℃的高温，且断层活动会产生氢气（Sugisaki et al.，1983），推断是强烈的断层活动在局部提供的高温条件促成了甲烷生成氢气的过程（上官志冠等，2001）。

二、有机成因

目前学者多把地质氢气的成因分为有机成因和无机成因，无机成因被认为是氢气当前可大量生成的来源，但有机成因氢气也是地球上天然氢气的重要来源之一。有机成因主要包括热源（Tissot and Welte，1984）和微生物（Hallenbeck and Benemann，2002）。相比之下，目前尚不清楚天然氢气能否从生物源中大量产生；至于微生物源，过量氢气的真正富集是不太可能的，因为氢气生产者和氢气消费者通常是联合工作的，生产和消耗息息相关（Boone et al.，1989；Gregory et al.，2019）。地质氢气汇上多余的氢气要么被微生物利用，要么被它们的酶副产物利用，这种反应导致源和汇之间的平衡，有助于维持相对稳定的大气氢气浓度水平（Ehhalt and Rohrer，2009；Batenburg et al.，2011）。到目前为止，在世界范围内的许多含油气盆地中，沉积有机质的热生氢气可能在分析上被忽视，但可以通过煤田中氢气的存在初步证实。

（一）生物作用

1. 生物活性

生物活性是天然气体样品中天然氢气有机来源的重要因素之一。在自然界，产氢微生物与耗氢微生物共存，通过产氢微生物生成的氢气迅速被转化为其他化合物，因而耗氢过程引起了学者的关注。如人们发现微生物和土壤均会使得氢气分解损耗，所以生物活动成因的氢气较难形成有效聚集；氢气会抑制微生物的活性，如果没有消耗氢气的微生物，则生成氢气的微生物不可能存在。环境大气中氢气的浓度不足以使细菌生长，而酶仍然保持活性，可以迅速从空气中消耗氢气，这是前人对土壤分解氢气的解释（Conrad，1996）。然而，后来Constant等人发现了一种好氧微生物Streptomyces sp. PCB7，它可以消耗对流层环境摩尔组分中的氢气，并表明活性代谢细胞可能负责土壤对氢气的吸收，而不是细胞外酶（Constant et al.，2010），这一发现肯定了生物活性对有机来源的贡献，表明在包括沙漠土壤、森林和泥炭地在内的各种丰富的链菌环境中，氢气的消耗与生成广泛存在。研究表明土壤对氢气的消耗率受土壤湿度的强烈影响，仅受土壤温度的轻微影响（Conrad and Seiler，1985），中度湿润土壤30℃时吸氢量最大。Ehhalt还发现土壤在低于冰点的温度下仍能积极吸收氢气，主要是在这个温度下负责消耗氢气的氢化酶仍能保持活性，这一事实的发现证明了细菌活性是氢气微生物成因的重要条件。

研究发现白蚁和一些原生动物也能产生氢气，但是直至现在也没有任何关于代谢氢气的高等生物的研究成果发表。Zimmerman 在 1982 年的研究中估计白蚁每年可排放高达 200Tg 的氢气，与已知的其他氢气来源相比这是一个非常高的数字，但是有些学者认为这个数字太大了，因为目前没有在地球上看到预估数量的氢气，最后综合分析得到这些氢气中的大部分可能被共生甲烷菌就地迅速消耗的结论。Walter 基于对溶解在海水中的氢气的同位素测量，结果显示其可能由固氮作用产生，使几十年前发现的海水中氢气的含量高于大气的现象有了合理的解释（Bullister et al.，1982；Walter et al.，2016）。以氢气为基础的深层微生物群落存在很多，它们生活在海洋的深处和地壳的裂缝中，这些生物的耗氢率数值尚无法估计，但很可能耗氢率高于扩散率，在这种情况下大多数环境中的低氢浓度可以通过生物活性的作用来解释（Fedonkin，2009）。

2. 微生物作用

微生物作用也是氢气产出的重要一环，以某些存在于几乎没有光合作用输入环境的生物群落为主体。真核生物和原核生物等光合产氢微生物可以通过不同的机制进行光合作用产氢；无法进行光合作用的产氢微生物也可以通过有机物的厌氧腐烂、发酵和固氮细菌等条件生成氢气（Morita，1999）。在微生物代谢过程中，无论是异养生物还是自养生物，都需要对有机物进行氧化，以产生支持微生物生长所需的化合物和能量（图 2-9）。正是有机物的氧化过程导致电子产生，这些电子必须沉积在其他化合物上，从而确保电中性，在有氧条件下，氧分子受体的最终电子被还原为水。在厌氧或缺氧条件普遍存在的环境中，其他元素或化合物需要充当电子受体，如硫酸盐离子导致硫化氢的产生。质子是一个很好的电子受体，使分子在还原过程中产生氢气。然而，并非所有

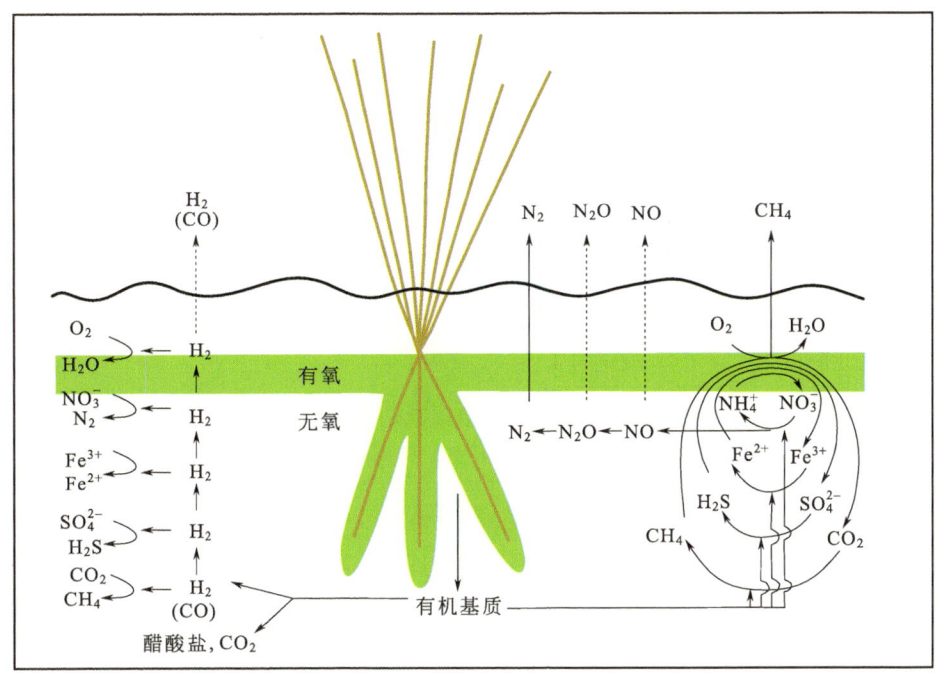

图 2-9　土壤中氢气氧化还原反应的垂直分布概念图（据 Conrad，1996，修改）

的微生物都具有还原相同电子受体的能力，因此对于产氢微生物来说，需要特定的酶系统的存在（Ntaikou，2021）。Piche-Choquette 等研究认为生物成因氢气主要有氢化酶作用和固氮酶作用两种成因。氢化酶是一种金属酶，根据其活性位点和氨基酸序列之间的差异，分为［Fe］-氢化酶、［FeFe］-氢化酶和［NiFe］-氢化酶，大多数氢化酶存在于属于古细菌和细菌生命域的微生物中，但也有一些氢化酶存在于真核生物中（Piche-Choquette et al.，2016）。固氮酶是金属酶，根据占据其活性中心的金属辅因子分为三种类型：固氮酶-FeMo、固氮酶-FeV 和固氮酶-FeFe。后者存在于光养细菌和蓝藻中，可将大气中的氮转化为氨作为微生物生长的氮源。

微生物产氢的反应可分为以下几种：

1）生物光解

直接生物光解即太阳能被用来直接将水转化为氧气和氢气；间接生物光解包括两个阶段，即光合作用产生碳水化合物和碳水化合物发酵制氢。嗜光绿藻和蓝藻分别以阳光和二氧化碳作为能量和碳的来源，可以通过二氧化碳和水的还原反应，在光合作用过程中产生糖，并在太阳光的作用下与水反应生成氢气。厌氧条件下，绿藻可以利用太阳能直接生物光解，将水直接转化为氢气和氧气（Benemann et al.，1973），这种反应生成氢气的反应过程只需要水和阳光，而且不会产生污染物，因此对于经济和环境具有十分重要的意义：

$$6H_2O + 6CO_2 \xrightarrow{\text{太阳能}} C_6H_{12}O_6 + 6O_2$$

$$C_6H_{12}O_6 + 6H_2O \xrightarrow{\text{太阳能}} 12H_2 + 6CO_2$$

$$H_2O \xrightarrow{\text{太阳能}} H_2 + \frac{1}{2}O_2$$

水生沉积物中的部分单细胞藻类以及缺乏氧气、二氧化碳的土壤环境中的部分紫色非硫细菌，均能进行光合产氢作用。但并不是所有的细菌能直接从水中产生氢气，它们的生长需要有机碳源，在这些物种中，氢气是通过消耗有机酸产生的，如醋酸和乳酸，这类反应有广泛的有机底物可以利用，且它们的生物转化是完整的，研究证明其他脂肪酸和碳水化合物也可以被利用产生氢气，Boone 通过计算原位条件下丙酸发酵反应的吉布斯自由能，评估了发酵微生物产生氢气和醋酸盐的潜力（Boone et al.，1989）：

$$CH_3COOH + 2H_2O \xrightarrow{\text{太阳能}} 4H_2 + 2CO_2$$

$$C_3H_6O_2 + 4H_2O \xrightarrow{\text{太阳能}} 7H_2 + 3CO_2$$

2）发酵作用

在有机碳充足（自然存在或通过污染等方式引入）的地下环境中，有机物的发酵作用将非常重要。Conard 等认为有机大分子物质会被发酵菌分泌的酶水解为醇类、脂肪酸和氢气，然后互养菌将醇类和脂肪酸进一步降解为乙酸、氢气（或甲酸酯）和二氧化碳。除此之外，还有多种途径可以将大型有机物分解为较小的有机物并伴随产生氢气，例如混合酸发酵作用：

$$C_6H_{12}O_6+4H_2O \Longleftrightarrow 2CH_3COO^-+2HCO_3^-+4H_2+4H^+$$

(1) 氢化酶。

氢气的生成通常与[FeFe]-氢化酶相关，[FeFe]-氢化酶存在于已知产生氢气的厌氧原核生物中，氢化酶通过催化反应促进氢元素的分子、质子和电子之间相互转化从而产生氢气，转化的方向取决于能够与酶相互作用的组分的氧化还原电位。当环境条件不适合微生物细胞生长时，氢气、氧化可以提供能量复苏细胞，使其长期稳定地存在，其转化最简单的催化反应为：

$$2H^++2e \Longleftrightarrow H_2$$

[NiFe]-氢化酶可以通过释放电子催化两个质子向氢分子还原从而产生氢气，这类反应原料是气态的，由于气液传质的限制，它对细菌的可利用性相当差，因此，尽管该领域取得了最新进展，但微生物水气转换的应用仍停留在实验室规模，需要提高系统生产率和产氢率（Kung et al.，2011）：

$$CO+H_2O \Longleftrightarrow CO_2+H_2$$

(2) 固氮酶。

在含氧生态系统中主要通过生物固氮作用（BNF）产生氢气。生物固氮作用需要大量的能量，即每固定1个氮气分子至少需要16个ATP（三磷酸腺苷，每个电子转移2个ATP），因此只有在没有生物可利用氮的情况下该作用才会发生。生物固氮作用可将1mol的氮气转化为2mol的氨气和1mol的氢气，反应方程式如下：

$$N_2+8H^++8e^-+16ATP \Longleftrightarrow 2NH_3+H_2+16ADP+16Pi$$

(3) 光发酵。

在光发酵制氢的过程中，不同的有机底物在厌氧条件和光照下被氧化，产生氢气和二氧化碳（Kim et al.，2014）。光发酵过程的关键酶是氮酶，在缺氮条件下，氮酶可以利用光能和还原化合物（如有机酸）作为电子载体，铁氧还蛋白作为电子载体催化氢分子的演化（Das and Veziroglu，2001）。原核和真核光养微生物都能进行光发酵。光合细菌的类型包括绿硫细菌、紫硫细菌和非硫细菌（PNSB），而在绿藻物种中也发现了光发酵（Hwang et al.，2014）。根据碳源不同光发酵得到的理论氢气产量也不同，在光发酵过程中作为电子供体被研究如下：

$$COOHCH_2CHOHCOOH+3H_2O \xrightarrow{\text{太阳能}} 6H_2+4CO_2$$

$$CH_3CH_2COOH+4H_2O \xrightarrow{\text{太阳能}} 7H_2+3CO_2$$

$$CH_3CH_2CH_2COOH+6H_2O \xrightarrow{\text{太阳能}} 10H_2+4CO_2$$

(4) 暗发酵。

暗发酵是通过严格厌氧或兼性厌氧细菌在厌氧条件下实现的，包括蛋白质、脂质和碳水化合物在内的各种有机化合物可以用作发酵底物。研究证明碳水化合物的发酵能导致更高的产量和生产力。暗发酵最大理论产氢主要有两种途径：丁酸（梭菌型）发酵和混合酸（兼性厌氧菌肠杆菌型）发酵。

梭菌型途径：
$$C_6H_{12}O_6+4H_2O \Longrightarrow 2CH_3COO^-+2HCO_3^-+4H_2+4H^+$$
$$C_6H_{12}O_6+2H_2O \Longrightarrow CH_3CH_2CH_2COO^-+2HCO_3^-+2H_2+3H^+$$
肠杆菌型途径：
$$C_6H_{12}O_6+2H_2O \Longrightarrow 2CH_3COO^-+2HCOO^-+2H_2+4H^+$$
$$2HCOOH+2NAD^+ \Longrightarrow 2CO_2+2NADH+2H^+$$

在自然界中，产氢细菌总是与合适的利用氢的生物共存。因此，所有生物产生的氢都迅速转化为其他化合物。此外，氢气生产者不能没有氢气消费者存在，因为氢气抑制它们的活动。分解氢气的机制有两种：微生物和土壤本身，土壤对氢气的吸收导致大气中约80%的氢气损失，最大的氢气生产和消耗活动发生在土壤的表层，那里是大多数微生物的所在地。最近的研究表明，固氮细菌产生的97%的氢气在进入大气之前被微生物和土壤活动消耗掉。在对不同土壤类型的研究中发现，湿地土壤中氢气的产生是密集的，但大部分产生的氢气立即被产甲烷菌转化为甲烷。在旱地含氧土壤中，氢气主要由固氮细菌产生，被非生物酶消耗，而不是被微生物消耗，而在湿地缺氧土壤中，氢气主要由细菌发酵产生，被产甲烷菌、硫酸盐还原剂、反硝化剂、铁还原剂和Knall gas细菌消耗。柴达木盆地三湖地区罐顶气中的氢气被认为来自有机质的微生物降解作用，学者们结合该区的沉积、构造、Ar和He等微量组分的特征分析，证明氢气主要为微生物降解有机质的产物，而非幔源或无机反应等来源（Shuai et al.，2010）。

（二）有机质热解

在石油和天然气的生成、聚集、裂化以及煤炭变质过程中，通过碳氢化合物的芳构化、缩聚或偏聚作用，从C—H键的裂解中热解出氢气，这一过程是氢气有机成因的一个重要来源。根据对有机质热解的研究，残余干酪根的逐渐芳香化不仅主要产生甲烷，也会伴随一些氢气的产生，烷烃和甲烷分别在200℃和500℃以上的温度下热解，导致氢气释放（图2-10）。Suzuki发现在热成熟页岩和母岩粉碎后释放出的气体中，有机氢气的浓度很高（Suzuki et al.，2017）；Гресов等在与煤成熟最后阶段相关的煤样品中观察到最高的氢气浓度，表明在有机质成熟化的最终阶段有氢气的生成（Гресов et al.，2010）；多个含煤盆地中发现了氢气且在煤化作用末期的煤样中含量最高，因此含煤盆地中的氢气可能与煤的变质作用有关。Богомолов进行过与干酪根的相关实验，结果表明干酪根在300℃的热衰变过程中，会形成高达10.9%的氢气，再次证明有机质热解生氢（Богомолов，1976）。近年来，随着对岩石有机热成因研究的不断深入，有机质的热解已经被认为是一种可能的生氢途径。鄂尔多斯盆地大牛地气田上古生界天然气中氢气与甲烷的氢同位素值呈正相关，表明其可能受成熟度控制（Liu et al.，2015）；松辽盆地沙河子组泥岩和煤的热模拟实验研究揭示了其有机质生氢潜力较大，且生氢高峰（R_o为3.5%~5.0%）在晚期生气停止之后，因此松科二井钻井液气中的游离态氢气可能包含沙河子组烃源岩生成的有机氢气。然而，氢气生成的具体机制（异键裂解、脱

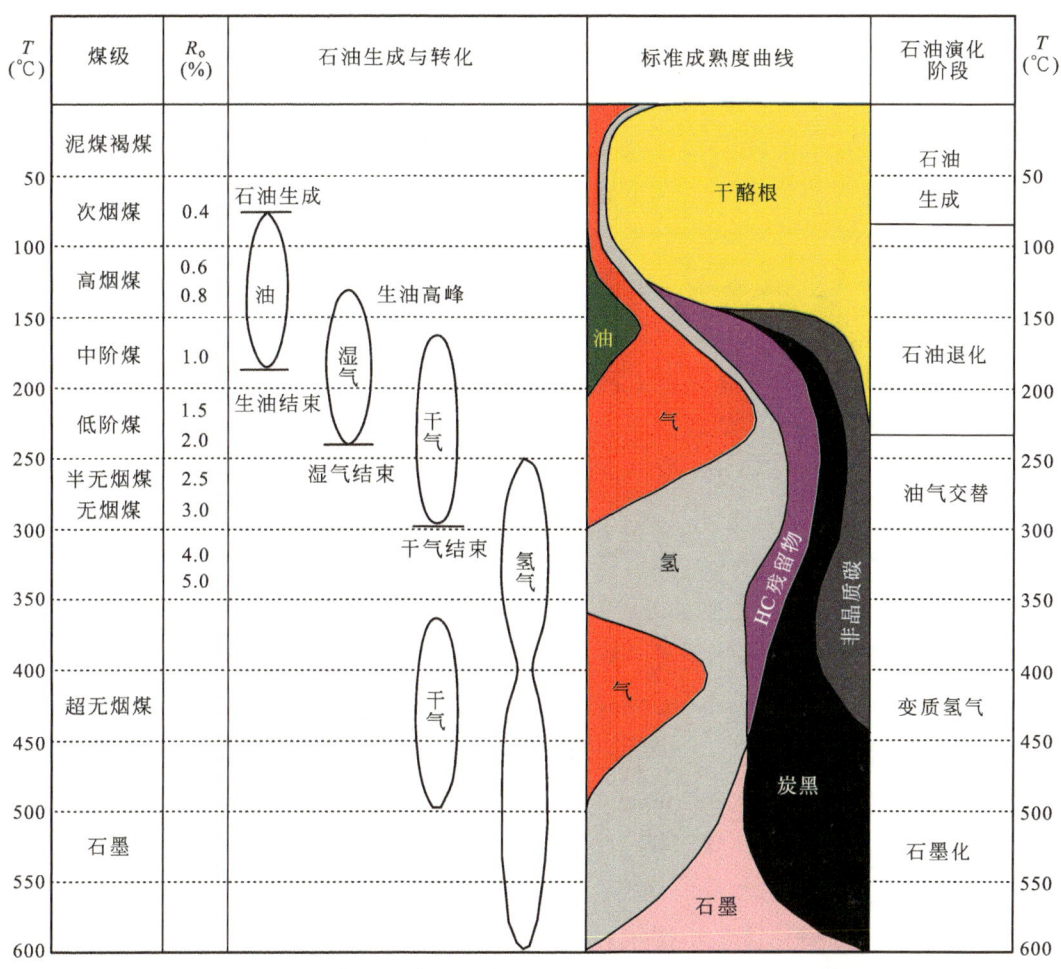

图 2-10　含氢气的油气生成模型（据 Hanson et al., 2024, 修改）

甲基化、芳香化、缩合）以及氢气在有机物转化为碳氢化合物过程中的作用仍未得到充分证明，其具体过程等尚缺乏坚实的依据。

根据研究，有机质热解生成的氢气大部分源于成熟度较高的页岩和煤，生成氢气的烷烃（甲烷）通常赋存在岩石孔隙，在合适的条件和环境下会裂解反应生成氢气。据报道，在世界范围内控制天然气赋存的高成熟页岩系统中，存在具有约 1~500nm 不规则椭球状孔隙的有机颗粒（Loucks et al., 2009; Bernard and Horsfield, 2014）。有机质孔隙的存在表明了甲烷的储存能力（Cardott et al., 2015; Inan et al., 2018），刚性矿物颗粒对有机颗粒的屏蔽增加了这些孔隙保留在变质作用带的可能性（Han et al., 2017; Katz and Arango, 2018）。Mahlstedt 对美国、澳大利亚和摩洛哥的海相页岩进行有机氢来源分析，研究表明对于 Arthur Creek 组的海洋样品，有机质孔隙在高成熟度水平下约占孔隙度的 50%，过成熟的 Barnett 页岩样品（R_o 为 1.84% 和 2.74%）有机质孔隙度随成熟度的增加而增加，约占总孔隙度的 50%~70%，主要表现为海绵状、收缩型孔隙，存在于充填孔隙的固体沥青中（Mahlstedt et al., 2022）。

有机质热演化过程中氢气的产生主要表现在热演化过程中，H/C元素比值总体降低，芳香程度增加，尤其是高过成熟阶段，原始有机质经过链烃的环化、环烃的芳构化及芳香烃的缩聚等反应，会释放出大量氢自由基，这些氢自由基重新分配并发生反应，在此过程中，氢气可能伴随烃类气体大量生成。类似地，原煤、腐殖酸、腐殖酸残煤、抽提残煤和沥青质等热解过程中也可以产出氢气。在不同氢气生成阶段，含氧官能团、脂肪链及芳香环等会发生脱氢反应生成氢气，其中芳香体系聚合增大阶段生成氢气量最大。目前研究发现，全球各地存在大量的富氢天然气储层。由于氢自由基的来源和消耗途径相对复杂，因此氢气的有机成因机制尚未完全明确。

Patience等利用核磁共振分析了热演化作用过程中干酪根平均分子结构的相对变化，结果表明，有机质芳构化过程中，干酪根中烷基会被消耗从而生成氢原子。

$$—CH_2—CH_2— \longrightarrow —CH=CH—+2H$$

根据上式，在芳构化过程中，当一个碳原子被"芳香化"时，会产生一个氢原子，但此处的氢原子不一定以氢气气体形式产出，部分氢原子会返回有机质重新反应从而提高有机质的H/C元素比值（例如石油中的烷基结构裂解成烷烃）。

水可以参与到生成天然气的反应中，既可以作为氢源来促进碳氢化合物和氧化物的生成，还可以充当溶剂和催化剂去促进石油和天然气生成过程中原本没有的反应路径，是整个有机质热解过程中必不可少的一环。相对完整的干酪根局部裂解为高分子饱和蚀变产物时仅需要少量的氢，但是随着成熟度的增加，烃类产物的平均碳链长度逐渐变短，其相关的H/C元素比值随之增加，此时大量水的输入不仅提高了烃类气体与二氧化碳的产率，也伴随生成大量的氢气（Lewan and Roy，2012；Seewald et al.，1998）。随着温度、压力的升高，含水正构烷烃不断被氧化，最终，石油中的长链烷烃转换为天然气中的短链烷烃，其总的反应式如下：

$$2RCH_2CH_2CH_3+4H_2O \longrightarrow 2R+2CO_2+4CH_4+3H_2$$

式中R为新生成的烷烃。

上述过程中生成的氢气可能会被地下环境中的矿物氧化剂消耗，从而使整个反应持续进行，因此该过程中除了生成大量的短链烷烃外，还会伴生大量的二氧化碳和氢气。虽然甲烷和氢气的生成有一些重叠，但它发生在600℃以下，在这个温度条件下甲烷会分解生成石墨和自由氢（Apps and Van de Karp，1993；Boreham and Davies，2020）。石墨化作用对氢气的生成在早期研究中并未受到过多关注，而近年来通过室内模拟实验发现，石墨化作用可能对氢气的富集起到了重要作用。Suzuki等对日本新潟沉积盆地的页岩及变质岩进行了含气成分测试，测定了不同阶段甲烷、二氧化碳、氢气的浓度变化和C、H同位素。在热演化作用后期，甲烷浓度逐渐降低，而氢气浓度逐渐增加，由于实验所取的页岩和变质岩几乎不含碳酸盐矿物，且二氧化碳浓度显著低于甲烷和氢气，所以认为甲烷在封闭系统中会转化为石墨和氢气，反应简式如下：

$$CH_4 \rightleftharpoons C_{graphite}+2H_2$$

在经历250~400℃高温热演化的页岩及弱变质岩中均检测到低结晶度石墨的生成，

而随着石墨化的持续进行，低结晶度石墨的 H/C 元素比值逐渐下降，表明该过程也会释放甲烷和氢气。以上证据均说明自然地质条件下通过石墨化作用生成的有机成因氢气可在高热演化阶段富集。

一般来说，可萃取有机物中的芳烃和多环杂化合物在成熟过程中都呈现出环数增加的趋势（Ziegs et al., 2018），页岩和原油中酸性 NSO 化合物的芳香性和缩聚程度在成熟过程中会增加，并且这种影响在保留的油中比排出的油中更为明显（Poetz et al., 2014；Mahlstedt et al., 2016）。为了解决成熟过程中发生的环化、芳香化、缩合和裂化反应，即导致氢分子形成或消耗的反应，Horsfield 等建议通过对每个成熟度阶段的离子丰度进行归一化，并从较高成熟度阶段的结果中减去较低成熟度阶段的结果，计算特定化合物类别中两个成熟度阶段之间所有信号强度的相对差异（Horsfield et al., 2022）。蓝色表示减去后的负强度和化合物从较低成熟度到较高成熟度的净损失，红色表示减去后的正强度和化合物从较低成熟度到较高成熟度的净收益，观察到的颜色模式表明了主要的反应机制，尽管所有的反应（环化、芳香化、缩合和裂化）在每个成熟阶段都有一定程度的进展（图 2-11）。Mahlstedt 使用这一方法对 Cooper 盆地二叠系 Toolachee 组

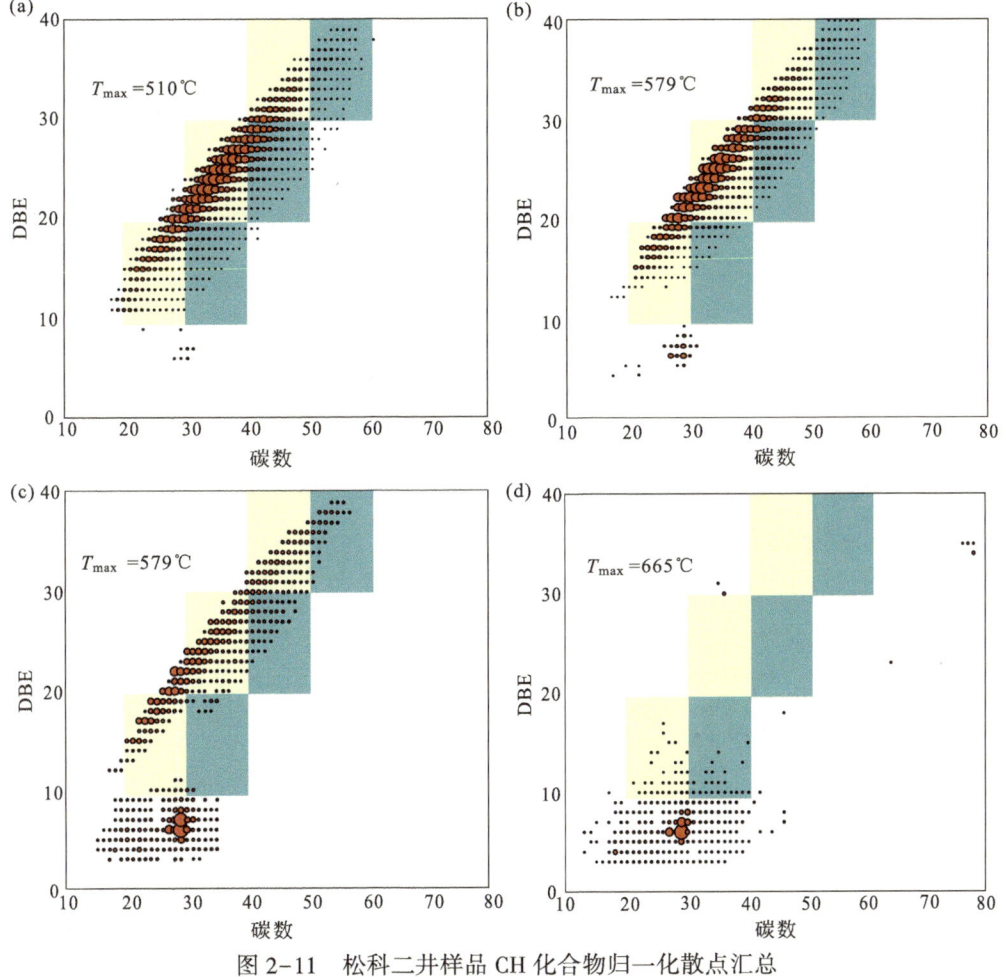

图 2-11　松科二井样品 CH 化合物归一化散点汇总

和 Patchawarra 组煤进行研究，并得到多环芳烃的缩合反应导致焦沥青的形成主要发生在成熟度超过 2.0%和 T_{max} 约 540℃时。芳香团簇的缩合反应也会导致成熟有机物的最终去甲基化，直接证实了预测的晚期甲烷生成的开始及其潜在的反应机制（Mahlstedt，2018）。研究表明在开放系统热解过程中，所有样品在比碳氢化合物更宽的温度范围内生成氢气，在甲烷达到最大生成速率之前，所有样品都开始生成氢气。氢气在如此宽的温度范围内释放，表明由热稳定性增强的非均质有机质结构产生，并且一些物质组分非常稳定，以至于实验室热解条件不足以完成转化。海相烃源岩的生成曲线具有强烈的多模态，多模态是由氢气释放的复杂反应网络引起的，即它的生成与有机物和无机物的分解或转化有关，热解产物（如 CO 和 CO_2）之间的平衡反应可以改变氢气生成模式，各沉积环境的累积产氢量与总有机碳含量的相关性表明，当热成熟度超过 2.0%时，总有机碳含量正态化氢气产率系统下降。在晚期气体生成停止后，直到外推成熟度 R_o = 5.0%，过成熟有机质也会产生分子氢。影响氢气释放的一些潜在反应包括：

水气转移（WGS）：$H_2 + CO_2 \rightleftharpoons CO + H_2O$

CO_2 对 CH_x 的气化：$CO_2 + CH_x \rightleftharpoons 2CO + \frac{x}{2}H_2$

蒸汽重整：$CH_4 + H_2O \rightleftharpoons CO + 3H_2$

它们在何种程度上影响热解过程中氢气的产生和消耗，需要结合各样品的有机物成分组成与成熟度等方面综合考量。

第二节 天然氢气来源判识

一、同位素

同位素示踪法是一种利用放射性核素或经富集的稀有稳定核素来示踪的常用科学技术，能较好地反映地质环境中物质的分布、迁移和富集规律。

（一）天然气中氢气的同位素特征

天然氢气包含两种稳定的同位素，^1H（protium，同位素丰度约为现代地球上所有氢的 99.972%）和 ^2H（氘 D），氢气的同位素组成表示为 δD_{H_2} 值，单位为‰（Schimmelmann et al.，2017）。地球在演化早期阶段经历了强烈的去气作用，在岩浆去气的过程中，氢同位素 D 富集在与岩浆处于平衡状态的水蒸气相中。在常见的岩浆温度下（600~1200℃），水与氢气间的 D/H 分馏系数为 1.145~1.297，当氢气与水蒸气接触时，必将会导致氢气中 D 的贫化。天然气中的氢气大部分来自地壳之下的地幔，在运移过程中不可避免地会与水蒸气接触，从而发生同位素分馏，形成氢同位素 D 贫乏的现象。此外，伴随地球演化的过程中的物质分异现象，氢同位素 D 同时会发生分馏，可能会造成越往地心处其 D 值越低的现象。烷烃中的氢元素主要来自地壳浅部的湖相或海相沉积的烃源岩，它们具有较高的氢同位素 D 值，就会造成天然气中烷烃的氢同位素 D 值与所含氢气的氢同位素 D 值的明显差异。幔源氢的同位素一般为−218‰～−60‰，水的放射性分解产生的氢同位素为−539‰～−348‰（Wang et al.，2023），而水—岩反应形成的氢同位素一般小于−650‰，大部分在−700‰左右，由此可以通过氢同位素来识别天然氢气的来源。

值得一提的是，高过成熟演化阶段的有机质 C—H 键裂解形成的氢同位素值为−810‰～−629‰，与水—岩作用形成的氢同位素值范围重叠，因此只用氢同位素还不能完全区分氢气的来源（Boreham et al.，2021），还需要更具体的氢气生成机制判断体系。不过，受同位素动力学分馏效应的控制，有机质裂解成因的氢气氢同位素受成熟度的控制，成熟度越高氢同位素越重，而水—岩作用形成的氢同位素与有机质成熟度无关（Wang et al.，2024）。

（二）氢同位素 δD_{H_2} 值与来源的关系

氢元素在不同的地质环境中经过不同的反应后其同位素值会发生相应的改变，Milkov 收集了 16 个有氢气产出的不同地质环境并进行分类。虽然关于不同生氢环境的分类存在一定的局限性，但将天然气分配到特定的地质环境，可以对天然气进行全面的地质和地球化学解释。例如，天然气水合物存在于海洋和大陆，包括湖泊沉积物中（Lu et al.，2011；Hachikubo et al.，2020），然而，天然气水合物含有浓缩气体，这是潜在的重要资源，并且天然气水合物形成过程可以将气体分离（Sassen et al.，2000），因此将天然气水合物区分为一个单独的地质环境；同样，将蛇纹岩区分为一个单独的环境，是因为蛇纹岩是氢气溢出的重点地区；将伊朗东南部的 Bazman 温泉（Deshaee et al.，2020）归类为"沉积热液系统中的温泉"，尽管附近有最近活动的火山，但是这些火山似乎为温泉提供了热量，而没有挥发物。

综合 16 个地质环境氢气的同位素值，将 δD_{H_2} 值在不同地质背景下的分布大致分为三种模式 [图 2-12(a)]，其中蛇纹岩 [图 2-12(b)]、常规油藏、含水层、非沉积硬岩和沉积热液体系的分子氢的 δD_{H_2} 值一般大于−650‰。图中未包括 δD_{H_2} 值为−810‰～−629‰的页岩和原岩中提取的气体（Suzuki et al.，2017）。δD_{H_2} 值接近−400‰（如 MOR 样品）和−100‰（如冰岛中部火山带）表明氢气可能来自地幔，也可能是一些原始起源的氢气，这种解释与幔源岩矿物和流体包裹体的 δD_{H_2} 值大多在−95‰～−35‰之间是一致的。火山/岩浆渗漏和热液系统的分子氢气相对富集 D，δD_{H_2} 值普遍超过−700‰，最高可达−110‰ [图 2-12(c)]，在−530‰和−370‰附近存在明显的两种模式；该氢气与地幔/原始成因有关，其中，δD_{H_2} 越接近−700‰表明其可能具有地幔和地壳混合成因，例如黄石地区的一些样品。从大洋中脊喷口取样的气体通常更富含 D，排气范围较宽，为−823‰～−231‰，来自东太平洋隆起的三个大洋中脊样品 δD_{H_2} 值约为

−800‰；10 个 δD_{H_2} 值在−700‰～−600‰之间的样品大多来自 Lost city，那里的蛇纹石化过程记录得很好；绝大多数大洋中脊样品的 δD_{H_2} 值在−500‰～−230‰之间，主要为地幔/原始成因［图 2-12(d)］。综合分析这些结果，δD_{H_2} 值可能指示氢气的起源：

δD_{H_2}<−650‰的氢气为地壳起源；

δD_{H_2}>−650‰的氢气为地幔/原始起源。

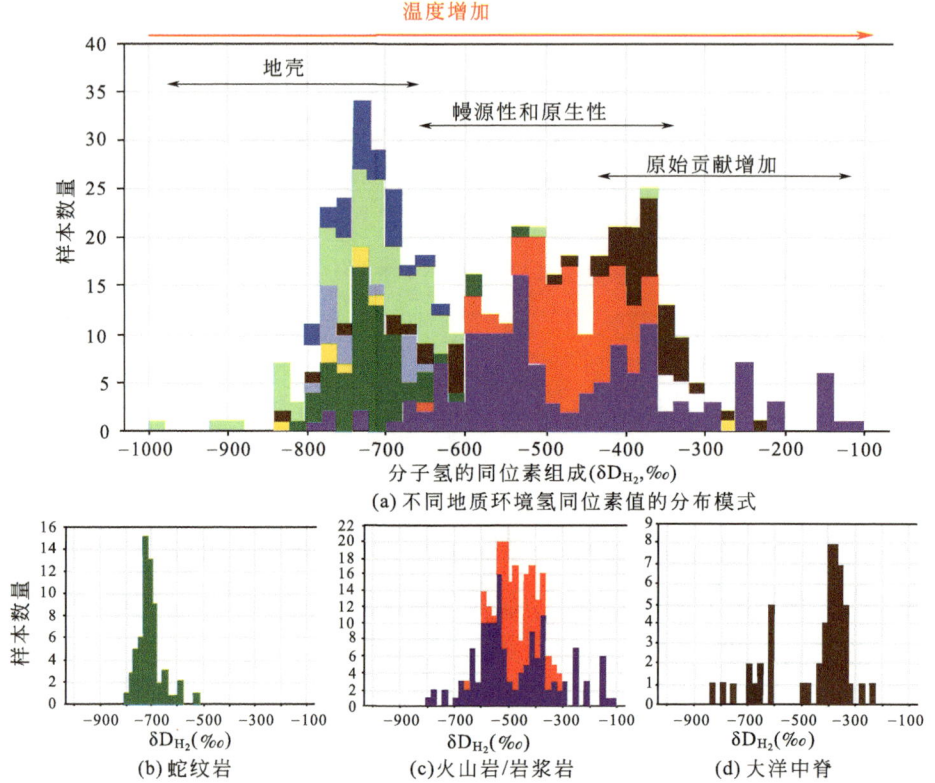

图 2-12　不同地质环境氢气的同位素值（据 Milkov et al.，2022，修改）

二、伴生气体

对地球上氢气浓度相对较高的地质环境中相关气体成分进行研究，发现绝大多数气体中氢气不是最丰富的气体，其他气体通常占主导地位，例如蛇纹岩中的氮气、常规储层和非沉积硬岩中的甲烷和火山/岩浆渗漏和热液系统中的 CO_2。因此，利用伴生气体的地球化学特征类比反演氢气成因，能在一定程度上减轻氢同位素示踪的不确定性。

（一）He 同位素（^3He、^4He）

^3He 是大爆炸中产生的一种原始同位素，在初始吸积过程中被并入地球，主要通过地幔熔融或交代流体流动释放，并通过断层、地壳流扩散以及岩浆侵入等方式运移到地表，主要发生在大陆伸展或岩浆活动区域内（Ballentine et al.，2002）；而几乎所有的 ^4He 都是地球地质历史过程中 ^{238}U、^{235}U 和 ^{232}Th 经放射性衰变产生的，所以来自地幔的

氦相对富集³He（徐永昌等，2003；Byrne et al.，2018）。因此，不同的³He/⁴He值能反映气体的成因和来源；可以通过不同Ra（大气中的³He/⁴He）值来分析天然气中氢气的成因，R/Ra（³He/⁴He sample/³He/⁴He atmosphere）常用于判断氦的来源；H_2/³He值也可用于判识氢气来源，而幔源成因氢气应该有低H_2/³He值的特征。金之钧等在统计了不同地区天然气中氢气的地球化学特征的基础上，认为H_2/³He = 20×10^6 是幔源氢气的上限。

松辽盆地位于中国东北部，是世界上白垩纪发育历史最长的超大型湖盆，总面积约为 $2.6 \times 10^5 km^2$[图2-13(a)]。西邻大兴安岭，东北邻小兴安岭，东南邻张光彩山，南邻康平—法库山地。松辽盆地在多期构造演化中形成了复杂的叠合构造带，沉积了以湖相和碎屑岩为主的中、新生代陆相地层。区内有6个一级构造单元：北倾带、西斜坡带、中央坳陷带、东北隆起带、东南隆起带和西南隆起带，主要产油区位于中部坳陷（Cai et al.，2017）。松科二井位于松辽盆地北部徐家围子断陷，钻探深度7018m，揭示了完整的白垩系陆相地层，产出的气体富含H_2、CO_2、CH_4、N_2和He，为松辽盆地深

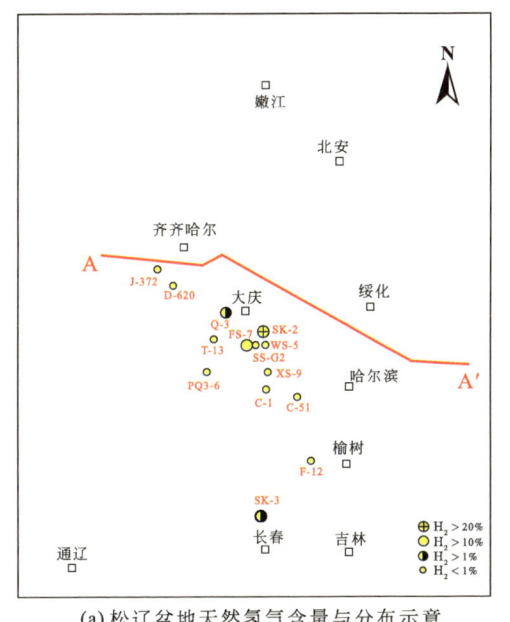

(a) 松辽盆地天然氢气含量与分布示意

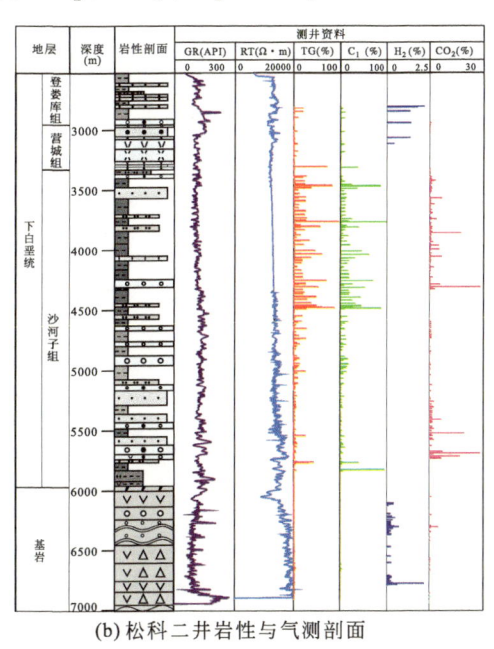

(b) 松科二井岩性与气测剖面

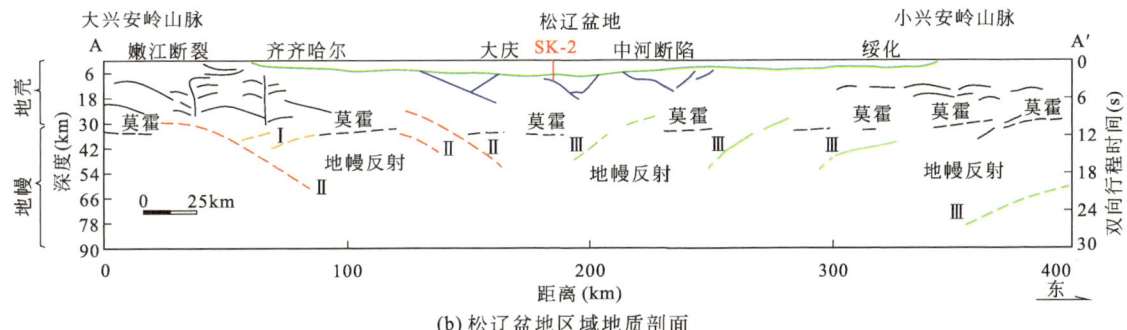

(b) 松辽盆区域地质剖面

图2-13 松辽盆地松科二井及周边天然氢气分布情况与地质剖面

层天然气资源研究提供了重要的基础资料[图2-13(b)]。

测井资料显示天然气分布在页岩、砂岩、火山岩、变质岩等多种岩性中，钻井过程中，在不同地层均发现了氢气异常，总体上，氢气含量随地下深度的增加没有明显的增减趋势，松科二井段氢气含量呈现"高—低—高"的分布特征。在2808~3150m层段，氢气平均含量为11.78%，最高为20.16%；沙河子组中部氢气含量略低，为1.36%~5.45%；在6110~6807m段，平均氢气含量为18%，最高为26.89%。研究发现松科二井深层含一定量的氦气资源，基底组6110~6630m段He相对富集，最大富集量为0.13%，该段含氦量达到工业含氦气藏标准。氦气作为与氢气一同伴生的气体，同位素 ^{3}He 能有效指向地幔源，其地球化学特征可以用来确定氢气的来源，并在一定程度上降低氢同位素示踪的不确定性。以往的研究认为幔源氢气与壳源氢气的 $H_2/^3He$ 比值上限约为 $2×10^7$，幔源氢气富集流体进入天然气与有机天然气混合为幔源氢气与壳源氢气混合区（Jin et al., 2017）。

松科二井登娄库组 $H_2/^3He$ 比值大于幔源氢气的上限，说明松科二井浅层深度的氢气为地壳成因，而非地球脱气的结果；沙河子组氢气有少部分为地壳成因，大部分具有幔壳混合成因特征，可能是地幔源生成的富氢气流体进入沙河子组，与有机质天然气混合，也可能是页岩层段有机质反应生成的部分氢气。基底组氢气在 R/Ra 范围内较为离散，具有地幔源和混合源的特征。对比济阳坳陷高青—平南断裂带天然气中 R/Ra-$H_2/^3He$，发现在此地区，He的成因具有明显的混源特征，结合当地的地质条件特征，推断是深部流体活动使幔源氢气混入了天然气中（图2-14）。

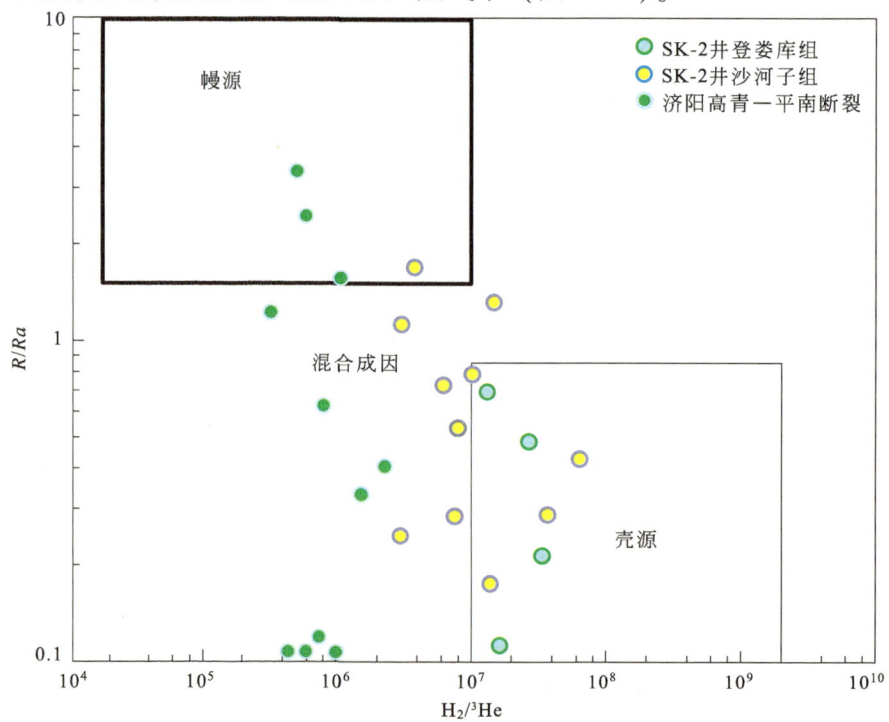

图2-14　R/Ra-$H_2/^3He$ 的方法判识氢气来源（据 Han et al., 2024；孟庆强等, 2015）

（二）甲烷同位素及其含量

1. 利用甲烷的 C、H 同位素

利用甲烷同位素区分甲烷是否为生物成因是一种成熟的同位素鉴定技术，目前已知的大部分甲烷来自生物过程，例如沉积物中的有机物分解和生物甲烷的产生，这种甲烷通常富含 ^{12}C 同位素，因为生物过程更喜欢利用 ^{12}C；另一方面，一些甲烷可能来自非生物过程，如地热活动或化学反应，这些甲烷可能富含 ^{13}C 同位素，因为非生物过程不受生物选择偏好的影响。甲烷氢同位素组成（δD_{CH_4}）不仅受有机质热演化成熟度的影响，还受烃源岩地层环境的影响（Zumberge et al.，2009）。轻氢同位素在淡水环境中相对富集，重氢同位素在咸水环境中相对富集。划分海相和湖相环境中形成的甲烷的界限为 δD_{CH_4} 等于 -190‰（Schoell，1983；Moore et al.，2022）。甲烷是目前发现氢气来源中出现非常频繁的伴生气体，通过前人对氢气及其伴生气体的研究，发现 H_2 浓度与 $\delta^{13}C_{CH_4}$ 值有一定的相关性。Schoell 在对天然气甲烷的来源进行分类时，发明并使用了 δD_{CH_4} 与 $\delta^{13}C_{CH_4}$ 的二元图（Schoell 图），Etiope 和 Schoell 对其进行更新，用以解释甲烷成因（图 2-15）。

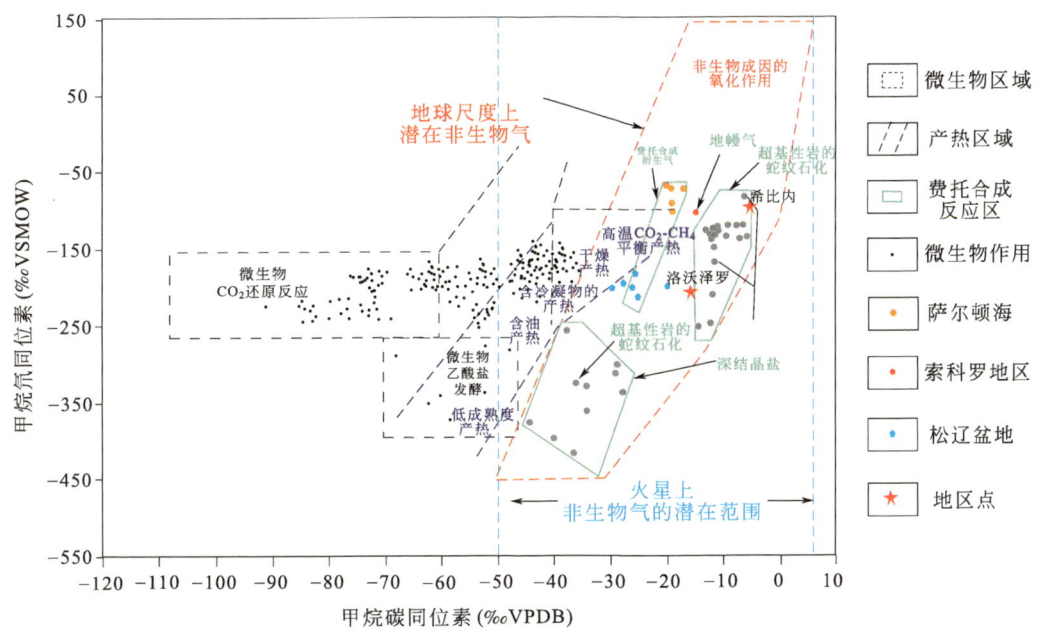

图 2-15　甲烷碳/氘同位素判识来源（据 Etiope et al.，2013，修改）

Etiope 的碳氢同位素图总结了迄今为止根据陆地数据获得的生物（微生物和热生）与非生物甲烷的同位素成因分带。其中黑色虚线表示生物（微生物和热源）气体的传统领域：微生物 CO_2 还原（MCR）、微生物醋酸发酵（MAF）、含油产热（T_O）、含冷凝物产热（T_C）、干燥产热（T_D）、高温 CO_2-CH_4 平衡产热（T_H）和低成熟度产热（T_{LM}）。非生物气的代表是地幔气（M-EPR），绿线代表的深层结晶岩（C-FTT）、费

托合成衍生气（G-FTT）和超基性岩蛇纹石化（S-FTT），可能由费托反应生成的天然气。红色虚线包含了蛇纹岩模拟位点中甲烷的"潜在"非生物场，并包含了由天然气中观察到的非生物氧化得出的同位素特征。Etiope 在 2017 年将区分甲烷生物和非生物来源图版进行了重新更新。Milkov 和 Etiope 在 2018 年综合 6950 个不同环境样品数据后，发现许多样本分布在最初定义的区域外，于是根据样品及其环境的综合地质和地球化学评价，解释其来源成因，最后综合分析形成新的甲烷成因划分模板（图 2-16）。

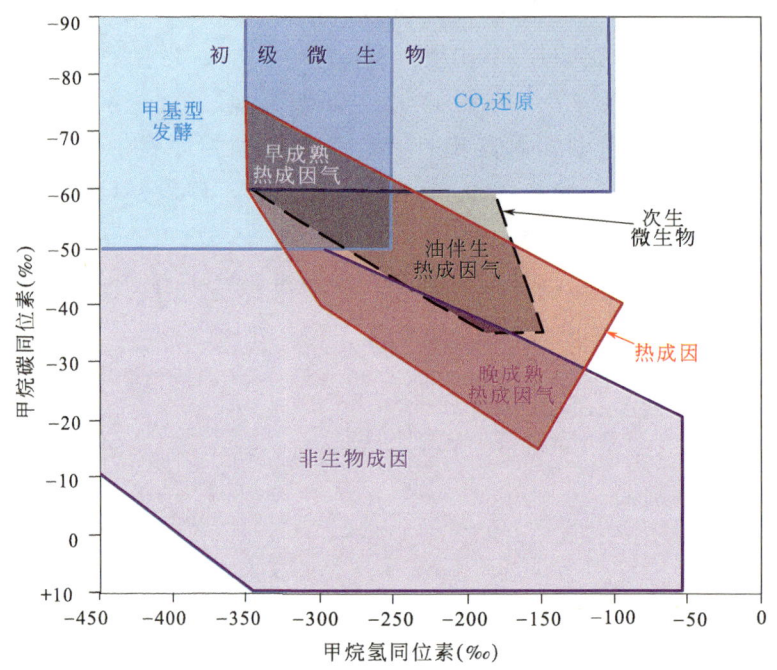

图 2-16　甲烷氢/碳同位素判识来源区域（据 Milkov et al., 2018，修改）

2. 利用 ln（CH_4/H_2）值结合氢同位素对不同成因类型的氢气进行判识分类

前人对于氢气成因研究时，多利用与氢气共同伴生的其他气体（如 CH_4、He）的组分含量与同位素组成特征等进行综合研究（Okland et al., 2014；Neubeck et al., 2011），并取得了较为明显的进展。但由于部分含氢气的天然气中 He 的含量很低，难以测定其含量及同位素组成，给判定氢气成因造成了困难，但地质体中天然气的甲烷与氢气含量及氢同位素一般均可准确测定，前人对不同地质体中氢气的同位素组成也做过系统分析（Guelard et al., 2017），结合最新研究进展，提出了利用 H_2-CH_4 与氢同位素来识别氢气成因的方法。韩双彪等在对松辽盆地松科二井氢气来源识别时利用氢气同位素鉴定及 ln（CH_4/H_2）值的方法对氢气来源成因进行判识（图 2-17）。

由图 2-17 可以看出，登娄库组所有样品均位于 C 区，ln（CH_4/H_2）的样品范围为 1.26~2.76，氢气含量较高，氢同位素样品值大于 -700‰，在 -650‰ 和 -700‰ 之间相对富集，结果表明，登娄库组样品具有混合成因特征。根据测井中自然伽马射线资料的异常区间分析，氢气由地壳源中水的放射性分解产生，也可能由有机物的热解产生。沙河子组样品的 ln（CH_4/H_2）值范围为 2.74~4.10，氢气含量较低，大多数

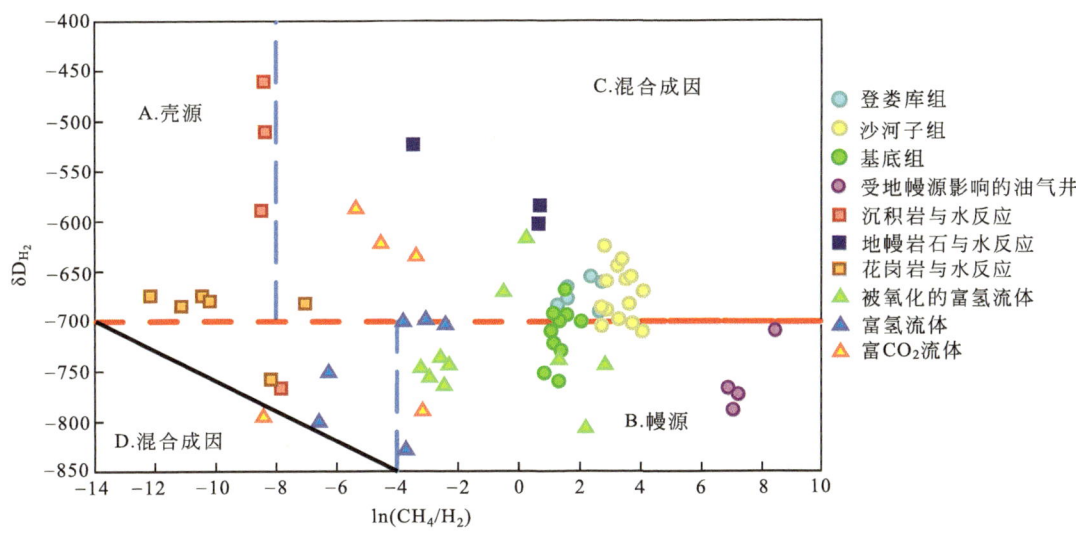

图 2-17　松科二井氢气成因判识（据 Han et al.，2024，修改）

样品的氢同位素值大于-700‰，少数样品氢同位素的值小于-700‰，沙河子组样品大部分位于 C 区，少数样品位于 B 区，显示出沙河子组样品大多具有地幔—地壳混合成因的特征，少数样品仅具有地幔来源特征。由于沙河子组长期沉积埋藏，部分地段以页岩为主，混有煤层，为典型烃源岩，因此它的地壳起源包括有机物热解产生氢气的来源。在有机质的热演化过程中，H/C 元素比值普遍降低，芳香化程度增加，特别是在高成熟阶段，原始有机物会释放大量的氢自由基，氢自由基被重新分布和反应，生成氢气可能伴有碳氢化合物。基底组样品的 $\ln(CH_4/H_2)$ 值相对集中，范围为 0.84~2.07，表明氢气相对富集，氢同位素值相对分散，基底地层部分样品氢同位素的值小于-700‰，位于 B 区，表明这是典型的地幔起源；有些大于-700‰，位于 C 区，表明存在混合起源（图 2-17）。分析基底组辉石岩和角闪岩的热液蚀变可能是其氢含量增加的主要因素，并显示出部分地壳成因。

（三）CO_2（$\delta^{13}C_{CO_2}$）

天然气样品中 CO_2 含量相对丰富，是天然气中常见的非碳氢化合物成分之一，Gould 提出岩浆 CO_2 的 $\delta^{13}C$ 值变化显著，但通常在-7‰±2‰左右（Gould et al.，1981）；Moore 等指出太平洋洋中脊玄武岩包裹体中提取的 CO_2 的 $\delta^{13}C$ 值在-6.0‰~-4.5‰之间；戴金星等在中国和其他国家收集了大量的 CO_2 数据，指出有机 CO_2 的 $\delta^{13}C$ 值通常小于-10‰，范围大多在-30‰~-10‰，而无机 CO_2 的 $\delta^{13}C$ 值通常大于-8‰，范围为-8‰~3‰，CO_2 含量和碳同位素是识别有机和无机成因 CO_2 的常用指标，并建立了以 CO_2 含量和 $\delta^{13}C_{CO_2}$ 的方法对 CO_2 成因来源进行判识（Dai et al.，1996；Dai et al.，2000）。近年来的研究表明稀有气体同位素指标（R/Ra）对 CO_2 的成因来源判识具有一定的指导意义，所以 R/Ra-$\delta^{13}C_{CO_2}$ 的方法也可用于对 CO_2 来源进行进一步判识。因为 CO_2 会和氢气作为伴生气体出现，所以识别 CO_2 气体的成因来源对识别其伴生氢气的来源有很重要的意义。

利用此方法对四川五峰组—龙马溪组页岩气中的 CO_2 气体、胶州半岛即墨地热田溢出的 CO_2 气体（与氢气伴生）和松科二井的 CO_2 气体（与氢气伴生）进行成因判识（图2-18）。得到五峰组—龙马溪组页岩气中 CO_2 生成主要为无机成因，只有一个数据出现在有机无机 CO_2 共存区域。结合其地质环境推断无机成因主要是由于储层岩石的化学变化，有机无机混合区的气样可能是由于页岩有机质分解出 CO_2，再通过裂缝孔隙运移。即墨地热田的 CO_2 气体都落在有机成因区域，结合即墨地热田有机质含量丰富现状，CO_2 的主要来源可能是湖泊粉质沉积物和莱阳群砂岩中有机物的热分解，这与当地的氢气来源结果相吻合。松科二井登娄库组 $\delta^{13}C_{CO_2}$ 值在-14.4‰~9.9‰之间，主要为有机质成因。沙河子组 $\delta^{13}C_{CO_2}$ 值介于-12.6‰~-5.1‰之间，以有机和无机混合成因为主。基底组 $\delta^{13}C_{CO_2}$ 值介于-11.2‰~-4.2‰之间，主要由无机 CO_2 引起。再结合已知地质条件得到登娄库组 CO_2 主要为有机质在热解过程中产生；沙河子组 CO_2 是有机质热解和基底裂缝、火成岩脱气过程中产生的有机和无机 CO_2；基底组 CO_2 的来源与晚侏

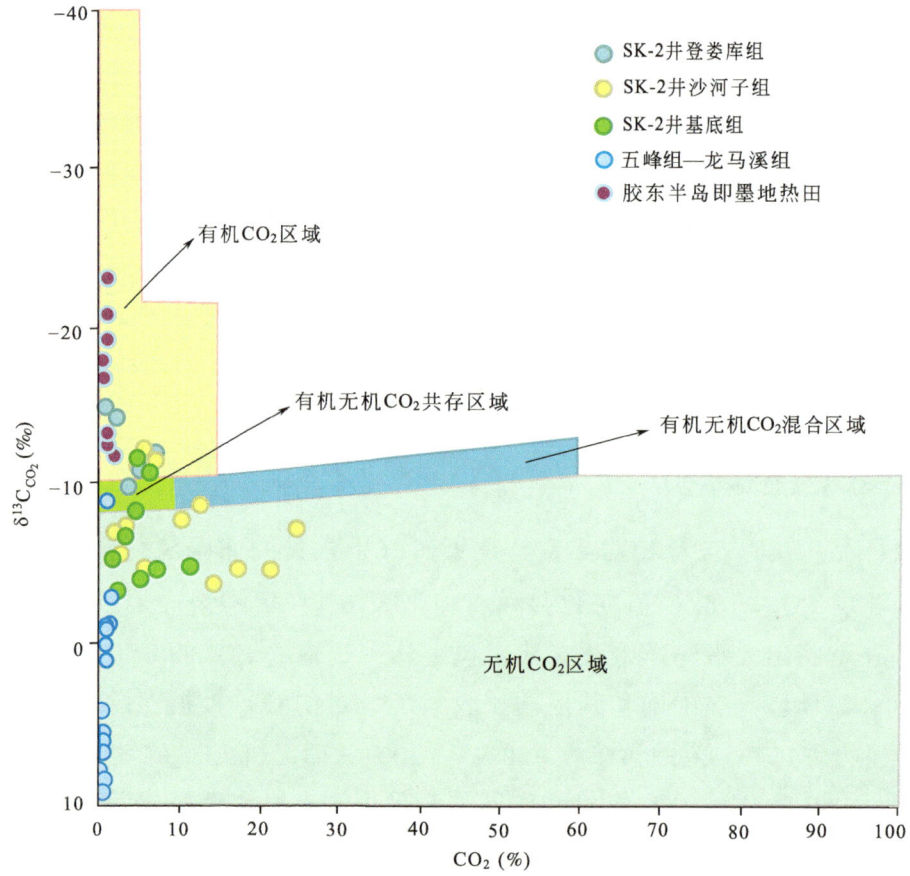

图 2-18　$\delta^{13}C_{CO_2}$ 方法判识来源（据 Han et al.，2024；Dai et al，2016；Hao et al.，2020）

罗世以后的侵入岩体和火山熔岩有关,主要来自火山地幔,是幔源脱气的结果。

(四) N_2 ($R/Ra-\delta^{15}N$)

近年来通过对天然氢气的勘探研究发现氢气藏在各地质体中均有显现。然而,氢气从来不是以纯气体出现,它主要与两种气体化合物混合:氮气和甲烷。与氢气相结合的甲烷和氮气的比例变化很大,从1%到气相的主要化合物。这些"混合气体"的出现在新的天然氢气勘探区内越来越普遍,甲烷与氢气的结合通常利用甲烷的C、H同位素来源生成进行解释,由于氮同位素($\delta^{15}N$)分布范围重叠,仅用$\delta^{15}N$不能准确识别来源。国内外有学者利用伴生惰性气体识别地幔岩浆成因氮,如美国加州大峡谷天然气中的部分氮气为岩浆成因(Jenden et al., 1988),但氮气的来源识别还需要进一步研究。天然气中氮气的来源复杂多样,包括大气、高温变质作用下形成的地壳含氮岩石、地幔物质脱气以及热演化过程中有机质的生成(Zhu, 1999)。此外,稀有气体的地壳和地幔来源对氮气来源有一定指示作用,因此选取R/Ra,利用R/Ra和$\delta^{15}N$来确定天然气样品中氮气的来源。李剑等基于中国塔里木盆地和三水盆地的天然气资料,结合R/Ra和$\delta^{15}N$的方法对其进行气体来源判别,建立了判别有机氮和无机氮的指标和图版:

(1) 当$R/Ra \leqslant 0.1$时,氮气一般为地壳有机源;

(2) $R/Ra \geqslant 1$,$5‰ \leqslant \delta^{15}N \leqslant 10‰$,氮气多为火山—地幔无机成因;

(3) $0.1 < R/Ra < 1$,$1‰ < \delta^{15}N < 4‰$,氮气一般为地壳无机源;

(4) 当$0.1 < R/Ra < 1$,$\delta^{15}N \geqslant 4‰$或$\delta^{15}N \leqslant 1‰$时,氮气通常为地壳有机—无机混合源;

(5) 当$R/Ra \approx 1$,$\delta^{15}N \approx 0$时,氮气通常来自空气。

利用上述方法可区分塔里木盆地氮气的来源及松辽盆地深层含氢天然气中氮气的成因(图2-19)。结果显示塔里木天然气中氮气的R/Ra值在0.01~0.10之间,为典型地壳成因,结合$\delta^{15}N$氮在$-10.6‰ \sim 4.6‰$之间,属于地壳有机成因范围,说明天然气中氮气为地壳有机成因。三水盆地两个天然气样品的R/Ra为3~4,$\delta^{15}N$同位素值在$-2.55‰ \sim 7.5‰$之间,表明其中的氮气为火山—地幔无机源;其R/Ra值在地壳有机—无机源范围内的0.57~0.60区间,说明该天然气中的氮气可能是地壳有机—无机源。松科二井气样R/Ra和$\delta^{15}N$值分别在$0.037‰ \sim 3.962‰$和$0.8‰ \sim 7.2‰$之间。按地层划分,登娄库组R/Ra值在0.01~1之间,$\delta^{15}N$值在$3.2‰ \sim 5.9‰$之间;沙河子组R/Ra值普遍大于0.1,$\delta^{15}N$值在$4.3‰ \sim 7.2‰$之间;基底组R/Ra值大于0.1,$\delta^{15}N$值分布在$0.8‰ \sim 3.8‰$之间。通过$\delta^{15}N$与R/Ra值、识别图进行判断和分析,发现登娄库组和沙河子组氮气主要为有机—无机混合的地壳成因,而基底组氮气为火山—地幔无机成因。随着深度的增加,氮气的成因逐渐由地壳源过渡到地幔源,有机—无机混合成因逐渐过渡到无机成因。

三、地质条件

自发现氢气可以被用作能源起,人们对氢气的研究就已经开始,多年来,学者们通

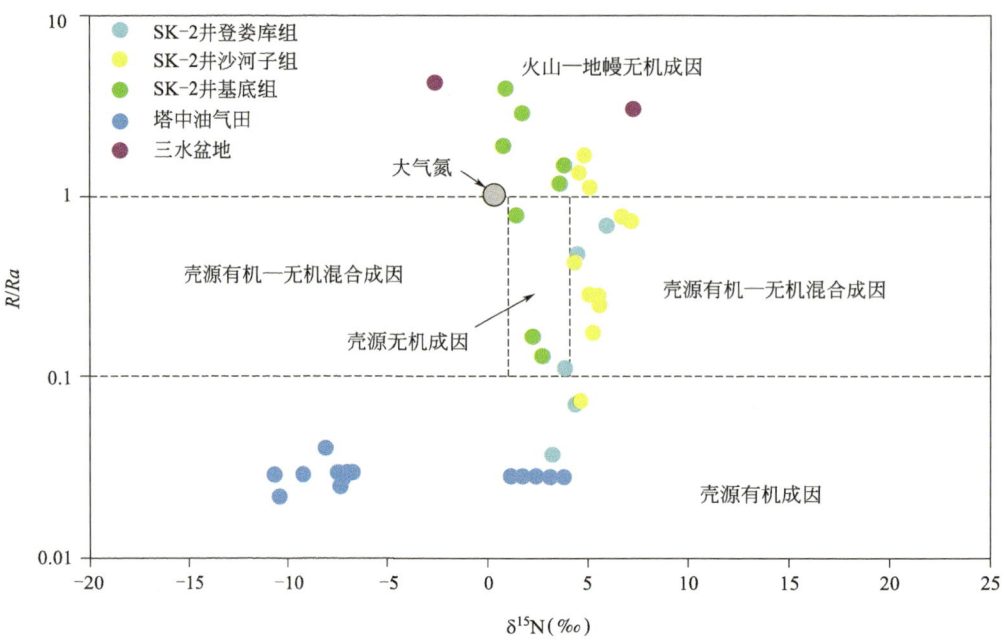

图 2-19　氮气成因来源判识（据 Han et al.，2024；Li et al.，2017；Du et al.，1996）

过对氢气的观察研究，总结出全球高含量天然氢气主要发育于蛇绿岩带、裂谷和前寒武纪富铁地层中，且以无机成因为主，富铁矿物的蛇纹石化过程是天然氢气最主要的成因来源，其次为地球深部脱气和水的放射性分解。了解到氢气会在不同的地质构造下逸出，成因也各有不同。有一项重要的发现是不同成因的氢气具有不同的氢同位素值和伴生气体，可以根据这些信息对天然氢气进行识别。但到目前为止，关于地质体中天然氢气来源成因的判识还没有一个具体综合的办法。如果基于当地的地质条件，结合以往学者研究所得的氢气判识方法，会对氢气的勘探开发带来十分重要的指导意义。

（一）深部流体活动区及火山岩发育

地球脱气作用往往伴随规模较大的构造运动，因此深部流体活跃区域，尤其是火成岩发育区，通常是氢气富集的有利区，但是氢气含量的分布范围较广、浓度变化跨度极大。中国东部幔源岩石分步加热释放出的气体中，氢气含量最高可达 35.75%（Zhang et al.，2005），玄武岩中橄榄石熔融包裹体和超高压变质岩—榴辉岩包裹体的气液相组分中也含有高含量的氢气（杨晓勇等，1999），并被认为是幔源流体的原始组分之一。沉积盆地内发育的火山岩作为深部流体的类型之一，也为沉积盆地输入了大量的氢气。在地球脱气部分已经有许多地幔中存在天然氢气的实例，也已经证明地球的上地幔和大部分软流圈是金属饱和的，综合分析后基本可以认定主要流体是富氢的。中国东部地区济阳坳陷受郯庐断裂的影响，裂缝和火山活动较为发育，金之钧等将济阳坳陷分为两类构造区：构造活跃区，如高青—坪南断裂带和广饶石村断裂带；构造相对稳定区，如牛庄凹陷。研究认为构造活跃区的深源流体活动更强，构造相对稳定区弱得多。孟庆强等在不同构造区进行了系统采样，对天然气样品的化学成分和稀有气体 He 的同位素组成进行了分析，运用氢同位素组成分析的方法，比较了不同成因氢气的地球化学特征。在研究中，每个样品的气体中都有微量氢气，以甲烷为主要成分，表明地幔中可能存在大量的氢气。分析数据发现 $H_2/^3He$ 值小于 $6×10^6$，表明其深层成因。高青—坪南断裂是深部流体向上运移的一条可行通道，因此，这条深断裂可能是地幔源氢气到达较浅深度的主要通道，这与断裂两侧的氢气来源于地幔的观点一致。然而，在远离该断裂的相对稳定地区，即使氢气来自深部，但由于向构造稳定地区的侧向运移及其活动性，使氢气也具有幔源特征，证实了氢气丰度与深部流体活动的相关性。测定济阳坳陷天然气中氢气的氢同位素值为 $-798‰ \sim -626‰$（VSMOW 标准），与云南省腾冲温泉中氢气的氢同位素（$-790‰ \sim -626‰$）相似，结合 $H_2/^3He$ 与氢同位素值，表明济阳坳陷区氢气主要来源于高青—坪南断裂等深部断裂附近的深部流体。幔源氢气也存在于远离深部裂缝的地区，即相对稳定的地区，如牛庄油田。

在板块碰撞带附近的基性—超基性火山岩发育地区，是高含量氢气的主要富集区，由于板块碰撞导致的板块俯冲引发地球圈层之间物质的交换作用，深部流体可以向地球浅部输送大量的氢气，形成高含量氢气，如位于构造活动带的菲律宾群岛 Zambales 地区、阿曼北部火山岩地区、新西兰温泉、瑞典 Graveberg-1 井等地区的氢气含量一般均超过 10%（图 2-20）。菲律宾群岛 Zambales 地区天然气气体的主要成分是甲烷（55%）和氢气（42%），甲烷的 $\delta^{13}C$ 值为 $-7.0‰±0.4‰$（PDB），与通常归因于地幔成因的碳同位素值相似；甲烷和氢气的 δD 值分别为 $-136‰$ 和 $-590‰$，与 $110 \sim 125℃$ 时的平衡温度一致（Abrajan et al.，1988）。

(二) 裂谷地区

裂谷地区一般受拉张作用影响，具有较薄的陆壳厚度，并多发育洋壳残留，具备较好的氢气发育条件。较薄的陆壳厚度是深部流体发育的大地构造背景，洋壳残留可以为水岩反应成因的高浓度氢气提供良好的物质基础。大陆裂谷系地区是目前已知的高含量氢气的主要分布区。美国 CFA 石油公司在北美裂谷系中施工的 Scott1 井在 1982 年 8 月产出了含量约为 50% 的氢气（Goebel et al.，1983），随着时间的延续，氢气的含量有所降低，但仍位于 24%~43% 之间，直到 1987 年，该地区钻井中的氢气含量仍能达到 30% 以上（Coveney et al.，1987）。美国地质调查局堪萨斯州分局 2009 年在该地区进行了以氢气为目标的钻探勘探，施工的两个钻孔在前寒武纪基底中发现了含量最高可达 90% 的氢气，预计产量能达到 274~411t/d（含水在内），显示了良好的开发前景。冰岛西南部大陆裂谷系 Hengill 地区大陆裂谷轴附近的钻孔中氢气含量也高达 37%。因此，未来可以商业化开发的氢气资源很有可能将首先从大陆裂谷系地质构造环境中获得突破。该类型氢气被广泛认为是深源基性、超基性岩石中的橄榄石发生蛇纹石化作用形成的：

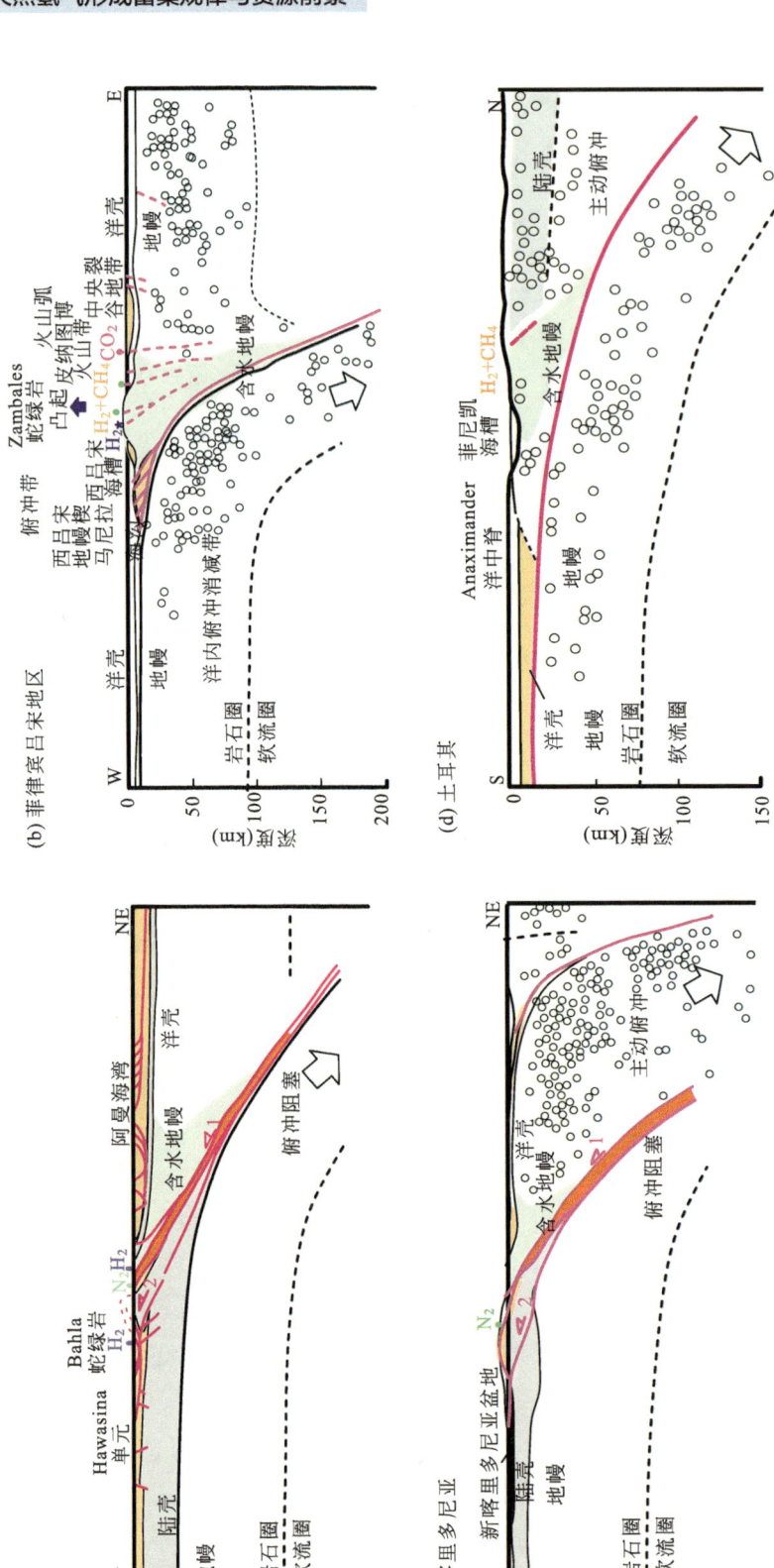

图2-20 板块俯冲带不同位置气藏成因机理示意图（据Vacquand et al., 2018，修改）

$$6Mg_{1.5}Fe_{0.5}SiO_4 + 7H_2O = 3Mg_3SiO_5(OH)_4 + Fe_3O_4 + H_2$$

调研发现裂谷环境的天然氢气主要集中于洋中脊区域，特别是在大西洋中脊。目前已经在多个部位的"黑烟囱"中检测到了高含量氢气，如位于大西洋中脊的彩虹热液田（Rainbow hydrothermal field）中的氢气体积分数可超过40%（Charlou et al.，2002），在洋中脊岩石中也含有高含量的天然氢气，平均体积分数大于21.4%。研究证明美国至少有两个主要地区的地质条件有利于产生大量氢气，这些地区位于大西洋沿岸平原和美国中部、大平原和中西部上游的部分地区。大西洋区域东海岸的大部分地区与深埋在海底的富铁岩层带相关，这些岩石是在大西洋盆地形成时沉积的。地球物理调查证实，这些岩石中的一些铁与水发生反应并产生氢气，氢气很可能从富含铁的岩石中逸出，并沿着沉积层向海岸迁移。对美国中陆裂谷地区进行研究，得到其氢气含量多的位置与裂谷分布有很大的关系（图2-21）。吉布提共和国的 Asal-Ghoubbet 活动裂谷是东非裂谷（EAR）的一部分，一系列的大裂缝玄武岩喷发形成了阿法尔 Stratoïd 系列，而阿法尔坳陷活动裂谷的地质和地热环境有利于天然产氢，近年来许多学者认为该地区氢气来源归因于玄武岩物质中的铁矿物蚀变、黄铁矿化或火山脱气（Klein et al.，2020；Pasquet et al.，2021），Gabriel Pasquet 在收集了该地区一系列气体及土壤样品和构造信息后，结合该地区各重点钻井位置对其氢气来源进行分析，数据显示氢气来源主要为 Fiale 火山口岩浆的脱气产生以及岩石与流体相互作用，并总结出 Asal-Ghoubbet 裂谷地区地热和潜在氢气的模式（Pasquet et al.，2023）。位于华夏裂谷系和汾渭裂谷系上的渤海湾盆地、渭河断陷等，与北美堪萨斯裂谷系具有相似的地质背景，都具有强烈的基性、超基性火山喷发活动，并上覆了比较厚的沉积层，在适当的地质条件下，可以作为氢气的储层，因此，极具钻遇高含量氢气的机会，是未来以氢气为勘探目标的实践工作的重点区域。

（三）断层和裂缝

断层和裂缝可能是氢气运移的主要通道。断层强烈活动的地区，断层面附近局部可以产生高达800~1000℃的高温，此时地下水与断层活动时形成的基岩新鲜表面反应可以生成氢气。没有断层的地方，即使温度低于500℃，含橄榄石和辉石的玄武岩或橄榄岩会形成绿片岩，从而形成强的还原环境，伴随着 Fe^{2+} 被氧化为 Fe^{3+}，水可以被还原成氢气。美国对加利福尼亚州和犹他州断层系研究中指出，氢气和氦气的土壤气体浓度与深部断裂带有明显联系；堪萨斯州中部的数百个土壤气体中氢的测量数据表明裂缝是游离氢垂直迁移的首要途径；Pasquet 在吉布提共和国火山裂谷的深部金伯利岩和玄武岩裂缝中也检测到相当浓度的富氢气体，且证明这些富氢气体与岩石裂缝存在相关性。巴西圣弗朗西斯科盆地属于少数发现氢气渗漏的克拉通内盆地，该地氢气从轻微的地形洼地（圆形且没有植被覆盖）排出，在其中一个洼地中记录的氢气浓度在50%~80%之间，判断其深部可能存在天然产氢源（Prinzhofer et al.，2019）。Donze 等通过巴西圣弗朗西斯科盆地 Bambuí 群富集天然气进行研究，地球物理解释表明该地区确实存在深断层，并含有放射性元素的基性和超基性岩石的基底，分析是岩石的蛇纹石化和深层丰富

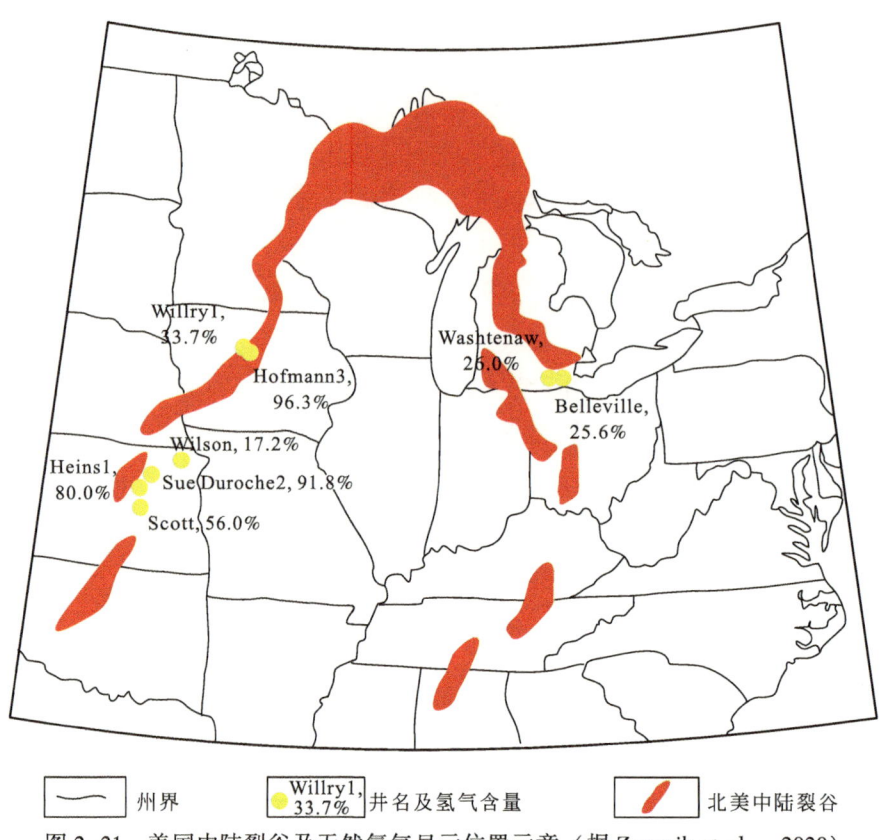

图 2-21 美国中陆裂谷及天然氢气显示位置示意（据 Zgonnik et al., 2020）

的水的放射性分解释放出大量的氢气，沿断层运移并积聚到储层中，接着在 2020 年证明了天然氢气的产状与相对较高的地热梯度、深断裂体及地堑构造有关（图 2-22）。中国的松辽盆地发育多裂缝，其引起的机械摩擦会破坏化学键，产生自由基，自由基可以与水反应生成氢气。Kita 等学者研究认为构造断裂带附近土壤中异常高的氢气含量是由于断层活动时岩石破碎产生的自由基与水反应，松辽盆地高浓度氢气含量也包含断层活动时岩石碎裂形成的来源。

氢气从地下逸出可以直接或间接地从地表观察到，天然氢气的地表迹象大部分表现为有轻微圆形、椭圆形洼地（称为"仙女圈"），地表氢气渗漏的最重要参数是渗漏程度，可较好地预示地下氢气资源的规模及可持续性（Cathles and Prinzhofer, 2020）。全球学者在俄罗斯、马里、美国等地观察到了"仙女圈"的存在，发现其分布呈现的一定规律性，并与地下断裂、断层分布相符合，推断其可能是氢气及其他气体在断层等其他构造裂隙下溢出的一种表现形式。Larin 等在对俄罗斯天然氢气研究后认为"仙女圈"中氢气流通常集中在小型构造或大型凹陷的中心（Larin et al., 2014）。澳大利亚西部珀斯盆地以北 150km 处的 Moora-Pingarrega 地区沿 Darling 断层发育，是将珀斯盆地主要沉积中心的晚古生代至中生代沉积物与伊尔冈克拉通西部元古代富铁花岗岩和白云岩岩脉分离的主要构造边界，Emanuelle Frery 等对该地区所选取的 79 个天然气样品

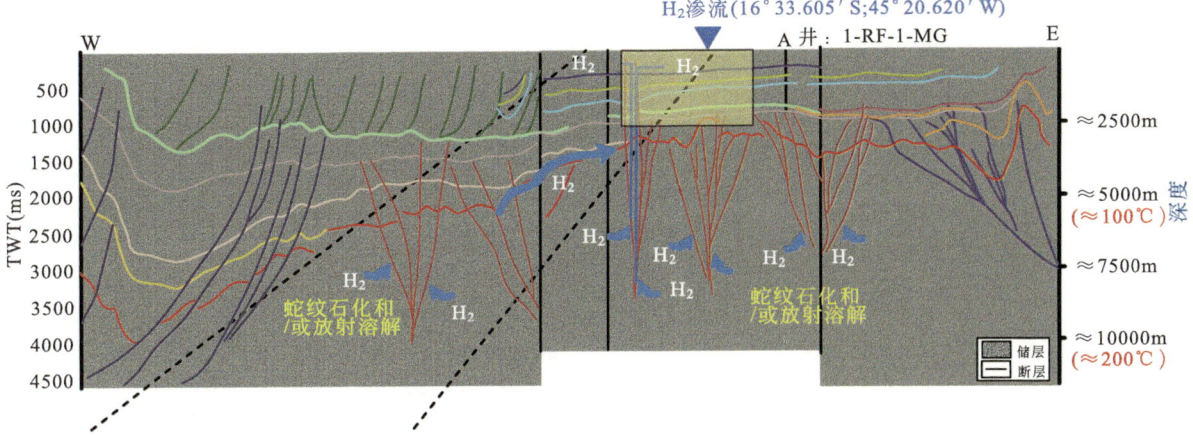

图 2-22 巴西圣弗朗西斯科盆地氢气生成运移（据 Donzé et al., 2020, 修改）

点进行检测，发现 Darling 断层附近氢气值最高，通过研究分析发现该氢气生成模式主要有两个：

（1）与超镁质岩的蛇纹石化有关的深层氢源，主源位于伊尔冈克拉通下方，潜在的次源位于北帕斯盆地下方的平加拉造山带；

（2）位于地表以下 1km 处的浅层烃源岩与基性岩脉、富铁花岗岩和太古宙大氧化事件中大量出现在伊尔冈克拉通和平加拉造山带的富铁岩石的氧化作用有关。对"仙女圈"下地震数据的解释强烈表明断层可以作为氢气的垂直迁移途径。区域迁移模型表明，氢气可以通过嵌入基底的主要断层并以气相运移，也可以在浅于 1km 深度的低盐度含水层中以水相运移。

第三章

天然氢气富集成藏规律

氢源是判识和决定最终能否形成氢气藏的至关重要条件，富铁的基性—超基性岩石、富铁克拉通基底以及含放射性的岩石被认为是极具潜力的氢气源岩。自 1888 年门捷列夫记录乌克兰煤矿裂缝中存在 5.8%~7.5% 的氢气含量以来，天然氢气在各种不同的地质环境中被发现，全球已探测数百处氢气渗漏，尤其是非洲马里布拉凯布古村的 Bougou-1 井，该钻井中开采的低廉成本的氢气足以供村庄使用（Zgonnik，2020）。天然氢气分布广泛，含量差异大，赋存环境复杂，且可能主要以深层氢源为主。其中，体积分数大于 10% 的天然氢气主要发育于蛇绿岩带、前寒武纪富铁克拉通和裂谷等地质环境（图 3-1），这些发现为深入研究氢气的成因和分布提供了丰富的资料与参考。

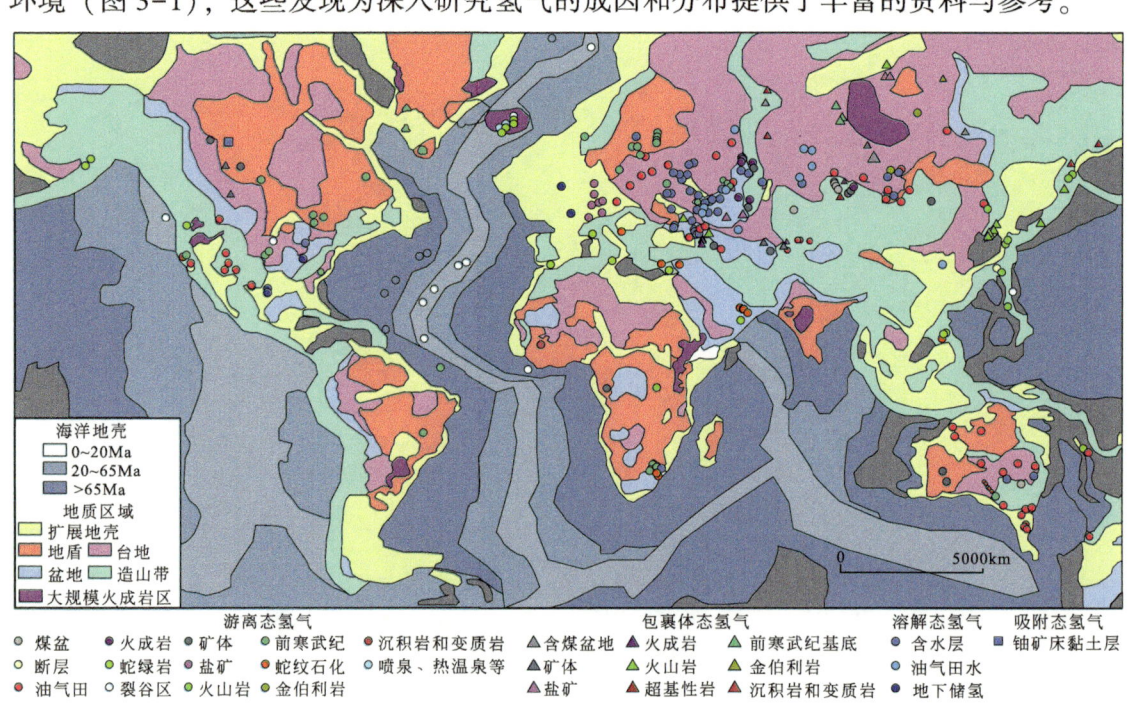

图 3-1　全球氢气地质环境分布（据 Bendall，2022，修改）

第一节
全球天然氢气分布区域

一、蛇绿岩带

全球大部分地区已发现的无机氢气都是通过含有二价铁离子的矿物在一定温度下（30~350℃）将水中的H^+还原而形成的（表3-1）。这种反应常发生在地下含有辉石、橄榄石的基性—超基性岩石中。如果岩中富含铀、钍与钾等元素，可以通过放射性分解水形成氢气，因此无机氢气的成因就显得难以被具体区分。但不可否认的是，蛇纹石化依然是目前公认的氢气最主要的无机成因（Zgonnik，2020）。蛇绿岩是板块俯冲汇聚后的洋壳残片，主要由火成岩和深海远洋沉积形成的沉积岩两部分组成。蛇绿岩多发育在弧前弧后盆地、大洋中脊、板块俯冲带与岛弧等多种地质环境中。在大西洋彩虹热液田与洋中脊检测到了大量的氢气，洋中脊附近充满大量的基性—超基性岩石为蛇纹石化作用提供了充足的反应物质，且沿着洋中脊上涌的地幔流体也为蛇纹石化作用的发生提供了良好的高温环境，因此蛇纹石化作用可能主要聚集在洋中脊区域（Charlou，2002）。但现在也存在一些证据证明低温（约30℃）环境中也可以发生橄榄石的蛇纹石化反应，使得蛇绿岩带中的氢气赋存范围相对大大增多（Vacquand，2011）。

表 3-1　全球典型地区与蛇绿岩相关的天然氢气发现及含量

国家	地区	氢气含量	数据来源
菲律宾	Zambales	41.4%~45.6%	Abrajano et al.，1990 Vacquand et al.，2011
阿曼	阿拉伯洋壳残留	60%~80%	Bach et al.，2003
	Bahla	43%~97%	Vacquand et al.，2011
	Huwayl Qufays	99%	Neal et al.，1983
俄罗斯	Koriaksko 造山带	15%	Велинский et al.，1978
新喀里多尼亚	领土全境内不同环境中存在天然气渗漏	0%~36.7%	Deville E et al.，2016 Vacquand et al.，2011
土耳其	Chimaera	7.46%~11.3%	Hosgörmez et al.，2008 Vacquand et al.，2011 Deville et al.，2016
加拿大	Sudbury	9.9%~57.8%	Ballentine et al.，2014 Smith，2005 Frape et al.，1993 Sherwood et al.，2005
哥伦比亚	Cauca-Patía 山谷	0.0006%~0.033%	Ramirez et al.，2023

菲律宾的 Luzon 岛位于菲律宾海板块与太平洋板块的俯冲消减带，该岛西北部的 Zambales 蛇绿岩体是其温泉和天然气渗漏中氢气的重要来源。在菲律宾的地壳下存在着多条复杂的断裂系统，为水的循环提供了通道，使得地下水能够顺畅地流动，将深部的溶解气体源源不断地输送到浅部，同时为蛇纹石化作用提供了充足的水补给（Abrajano et al.，1988）。

新喀里多尼亚也存在一个与蛇纹石化氢气形成有关的地球科学范例。新喀里多尼亚位于澳大利亚—印度板块与太平洋板块的碰撞带附近，是板块构造运动的活跃区域，其地表上分布的蛇绿岩为目前已知的最大陆上超基性岩体。蛇绿岩推覆体的西侧有富含氢气的温泉，其 pH 值在 10.5~10.9 之间，属于高碱性泉水，氧化还原电位介于 −800~−230 之间，温度范围为 30.4~40.1℃。温泉中的氢气可能与较浅含水层中的含二价铁离子矿物氧化有关，即低温蛇纹石化。蛇纹石化作用形成的氢气沿着橄榄岩推覆体的断层/裂缝系统向上运移，最终在泉水中以气泡的形式释放到大气中（Devill and Prinzhofer，2016）。土耳其地处非洲板块与欧亚板块的碰撞交汇处，土耳其 Chimaera 区域以其独特的岩性分布而著称：即北边是白垩纪时期的蛇绿岩，南边则是三叠纪的碎屑岩。这一地区不仅蕴藏着甲烷—氢气渗漏，而且气体的生成途径繁多。在蛇纹石化的初始阶段，富含二价铁离子的矿物与水发生反应，生成大量的氢气。随后，部分氢气可能与二氧化碳相互作用，转化为甲烷。然而，在第二阶段中，氢气并未被完全消耗，剩余的氢气因此得以聚集，形成浓度较高的氢气渗漏（Etiope，2023）。

法国比利牛斯山脉是晚侏罗世—早白垩世期间沿 Iberia-Europe 板块扩张边界的一系列裂谷盆地反转而形成的近东西向造山带，比利牛斯山脉中的莫雷昂盆地，其形成可追溯至白垩纪时期的超伸展阶段。在氢气含量异常高的区域下方，往往可以找到橄榄岩等基性或超基性岩石，同时分布在断裂与断层附近，这表明蛇纹石化可能是该地区氢气生成的关键过程，而断裂与断层是氢气从地下深部运移至浅部或渗漏至地表的重要连接通道。哥伦比亚的地质构造特征独特，拥有两个活跃的俯冲带。在太平洋沿岸以西，Nasca 板块正经历着俯冲消减；而在太平洋沿岸以北，加勒比板块向南—东南方向斜向俯冲。哥伦比亚的 Ginebra 蛇绿岩质地块由侏罗纪—下白垩纪时期的超镁铁性和基性岩石构成，位于中 Cordillera 山脉的西侧，东侧与 Guabas-Pradera 断层相邻，西侧则靠近 Palmira-Buga 断层（Bayona et al.，2008；Ramirez et al.，2023）。在 Cauca-Patía 山谷，发现了 23 个所谓的"仙女圈"，在所有土壤气体样品中均检测到了氢气的存在，其浓度范围在 0.0006%~0.033% 之间（Lefeuvre et al.，2024）。除上述在板块俯冲带与蛇绿岩相关的氢气来源外，全球范围内还存在其他地区显示氢气与蛇绿岩之间的联系。这些实例进一步证明了蛇绿岩在氢气生成和富集过程中的重要性，为地质学和能源研究提供了宝贵的线索。

二、前寒武纪富铁克拉通

前寒武纪克拉通普遍呈现缺氧富铁的环境特征并直接导致了区域内条带状铁建造

(BIF)的形成,这种富含铁的沉积岩占全球铁矿产量的90%以上,而令人惊奇的是,许多已发现的天然氢气都与古老的富铁地层密切相关(Sherwood et al.,2007)。研究表明,氢气含量与古老基底埋深存在显著的负相关关系,即基底埋深越小,氢气含量越高,这一现象不仅在游离态的氢气中有所体现,在前寒武系的岩石包裹体中也检测到高含量的氢气,其含量比年轻基底岩石中的氢气要高出一个数量级(Parnell and Blamey,2017)。更进一步,全球多个天然氢气勘探检测结果也证实了无机成因氢气通常都与前寒武纪富铁地层有关(Zgonnik,2020),前寒武纪富铁地层可能是全球天然氢气的一个重要产层。除了富铁地层本身,前寒武纪大陆地下古含盐裂缝水也是氢气的另一个重要来源。地下水在漫长的地质历史中,停留时间从数百万年到数十亿年不等,为氢气的水岩反应或者放射性分解生成提供了充足的时间和空间。在全球多个前寒武纪古老地盾区的地下水中检测到了氢气,其成因主要是水的放射性分解和水岩反应(表3-2)。

表3-2 全球典型地区前寒武纪富铁克拉通氢气含量分布

国家	地区	氢气含量	数据来源
南非	Witwatersrand 盆地	最高达 11.5%	Фридман et al.,2011 Sherwood et al.,2007
马里	Taoudeni 盆地	98%	Guélard et al.,2016 Briere et al.,2016
澳大利亚	阿玛迪斯盆地	11.40%	Woolnough et al.,1934
澳大利亚	袋鼠岛	83.30%	Ward et al.,1933
澳大利亚	约克半岛	89.30%	Войтов et al.,1982
俄罗斯	Elektrostal 圆形凹陷	最大值 0.013%	Войтов et al.,1982
俄罗斯	Nikulino 结构	0.0394%	Войтов et al.,1982
俄罗斯	Verevskoye 结构	0.8%	Sherwood et al.,2007
芬兰	斯堪的纳维亚前寒武纪地盾	最高达 30.4%	Zgonnik et al.,2019
土耳其	Chimaera	7.46%~11.3%	Sherwood,2005
加拿大	Creek 矿区	0.4%~12.7%	Sherwood et al.,2014
加拿大	前寒武纪地盾裂缝	高达 50%	Guélard et al.,2017
美国	堪萨斯州	最高达 91.8%	Ward et al.,1933

澳大利亚中部阿玛迪斯盆地南部的 Mt Kitty-1 井发现了高含量的氦气和氢气,其中氦气含量高达9%,氢气含量约为11.4%,同时还检测到少量的碳氢化合物(Leila et al.,2022)。Mt Kitty-1 井中氦同位素比值为0.031,表明其气体可能主要来源于地壳与大气混合。能谱伽马测井表明,储层岩石富含铀和钍,这进一步佐证了氦气的地壳来源。Mt Kitty-1 井基底花岗岩能够通过放射性成因反应和放射性衰变产生氦气,同时这种地壳生成氦气的过程通常混合着水的放射性分解解离而产生的氢气。混合气体中各个气体组成的不同来源表明,这些气体并非原位生成。同位素结果表明,该混合气体在此储层可能已存在数百万年。珀斯盆地位于伊尔冈克拉通以西,是一个构造复杂的盆地,东部边界受达令断裂控制(Mory and Iasky,1996)。珀斯盆地的 Dandaragan 海槽附

近存在一系列亚圆形—圆形凹陷。凹陷区域的气体检测结果表明，砂岩的氢气含量很低（0.001%）或为零；而致密页岩中的氢气含量较大（>0.007%）。

澳大利亚的袋鼠岛和约克半岛的两口石油钻井的前寒武纪花岗岩基底中曾检测出高含量氢气，体积分数分别为83.3%和89.3%。约克半岛的高含量氢气井位于澳大利亚南部的高勒（Gawler）克拉通盆地内，该区域断裂系统发育，块状断裂基底因自然断裂而形成储层，盖层为块状断裂基底上方的寒武系及上覆地层。当地下水与富铁地层接触发生放射性分解和水解反应，会产生大量氢气，并沿断裂系统运移至储层成藏。拉姆齐1井的钻探也证实了该地区存在裂缝发育的碳酸盐岩储层与基底岩石相连接的深大断裂，是天然氢气运移的主要通道。同时在花岗岩基底中钻遇的高含量水溶性氦气也为氢氦兼探提供了可能。

澳大利亚阿玛迪斯盆地和珀斯盆地都展现出独特的地下气体特征，为研究地下氢气来源和演化提供了宝贵的信息。阿玛迪斯盆地中高含量的氦气和氢气，以及氦同位素的分析结果，表明该地区存在地壳来源的混合气体，并为寻找长期存在的地下氢气藏提供了参考。珀斯盆地中氢气在不同沉积岩中的分布差异及热流分析结果，表明该地区存在深部含水层超基性岩石发生水岩反应的过程，为探明地下氢气生成机制提供了新的视角，并为澳大利亚乃至全球范围内地下氢气资源勘探和开发提供了重要的理论依据和实践参考。

在俄罗斯—欧洲克拉通境内发现了数量众多的"仙女圈"，从莫斯科到哈萨克斯坦的广阔区域，存在着数千个直径从100m到几千米不等的次圆形结构（图3-2），Larin等对圆形结构开展了多次天然氢气渗漏检测。Podovoye湖是一个位于俄罗斯沃罗涅日州Borisoglebsk市附近的大型圆形结构，结果显示结构中心对应于土壤中氢气浓度异常高的区域；Elektrostal圆形凹陷结构的外边缘检测到较高的氢气浓度，其氢气含量最高可

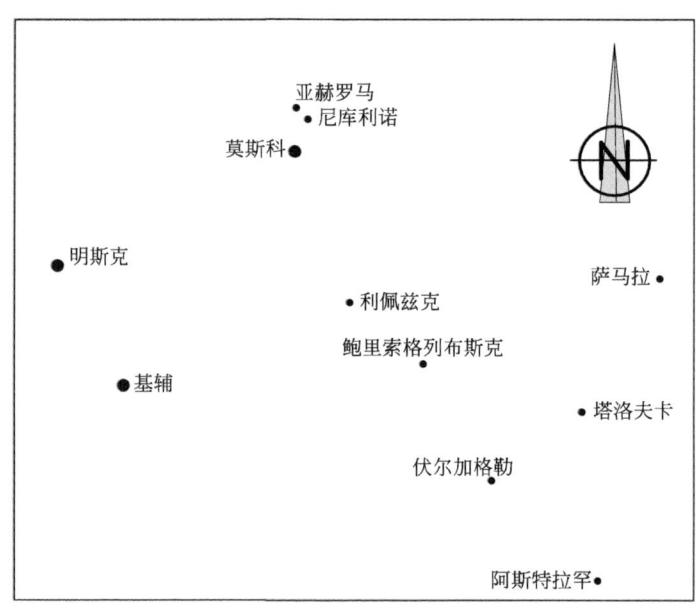

图3-2　俄罗斯寒武纪克拉通存在"仙女圈"的地区（据Larin et al., 2020，修改）

达 0.013%。Yakhroma 圆形凹陷结构中心充满了 10~15cm 的水，从凹陷边界的水侵区开始到凹陷外的区域，氢气浓度几乎降为零。研究人员在圆形凹陷附近的几个钻孔中发现了溶解态氢气，而这些钻孔并非位于发生氢气渗漏结构的正下方。这表明渗漏的氢气并不是在浅部形成的，而来源于深部。对该区域的氢气来源提供了假设，可能是地幔脱气。水与富铁岩石之间的氧化还原反应也会形成氢气，其典型特征是最终会形成碱性溶液。但靠近部分结构的井中水的 pH 值呈微酸性，如果地下存在这种水岩反应，那么表明铁氧化反应可能发生在更深的部分，或者 pH 值被另一种不为人知的过程所改变。

加拿大前寒武纪地盾裂缝中的流体蕴藏着丰富的氢气，其浓度可高达 50% 以上，同时还含有浓度高达 30% 的 ^{4}He 和 6% 的 ^{40}Ar，通过流体成分揭示了加拿大地盾地下氢气来源的多样性和复杂性（Warr et al., 2005）。氢气主要通过两种机制产生：第一种是放射性衰变，U、Th 和 K 等元素的放射性衰变会引发水和惰性气体（例如 He 和 Ar）的放射性分解，进而产生氢气。在这种机制下，当岩石中 U、Th 和 K 含量稳定时，不同岩性的氢源岩通过放射性分解形成的氢气含量大致相同。另一种机制是水岩反应，特别在基性岩或超基性岩石中，水与岩石发生反应会产生大量氢气。这种机制常见于高温高压的环境，如地壳深处或地幔。加拿大魁北克省南部的沉积盆地一直是石油和天然气勘探的热门地区。据统计，从 63 口井中提取的 147 次天然气组分及其含量的分析数据中，约有一半的井（33 口）至少进行了一次氢气分析，约 78% 的分析中氢气浓度低于 0.1%，有 9 口井中的 21 次分析结果显示氢气含量超过 0.1%（Stephan et al., 2024），揭示了加拿大克拉通地盾可能存在天然氢气。

综上所述，深入研究前寒武纪富铁地层和古含盐裂缝水的氢气生成机制，对于未来开发利用地下天然氢气具有重要的现实意义。

三、陆内裂谷及断裂

裂谷环境的天然氢气的发现主要集中于洋中脊区域，位于大西洋中脊的彩虹热液田中的氢气体积分数可超过 40%，在洋中脊岩石中也存在平均体积分数大于 21.4% 的高含量天然氢气（Charlou., 2002；Nobu et al., 2023）。大陆裂谷环境具备富氢流体发育的地质条件，但目前对该地质环境的氢气检测较少，仅在位于美国艾奥瓦州西北约 100km 的两口钻井中检测到氢气，体积分数分别达到了 33.7%（Willey 1 井）和 96.3%（Hofmann 3 井），其成因被认为与北美中陆裂谷有关。目前在世界各地的裂谷/断裂附近发现了较高含量的氢气（表 3-3）。

表 3-3 全球典型裂谷/断裂及其氢气含量分布

国家	地区	氢气含量	数据来源
吉布提共和国	Asal-Ghoubbet 裂谷	高达 3%，平均值为 1%	Pasquet et al., 2023
法国	巴黎盆地	最高浓度 52%	Donzé et al., 2020
	莫雷昂盆地	最高含量大于 0.1%	Ducoux et al., 2021

续表

国家	地区	氢气含量	数据来源
澳大利亚	阿玛迪斯盆地	11.40%	Ward et al.,1933
	珀斯盆地	0~0.0096%	
美国	艾奥瓦州 Willey 1 井	33.70%	Coveney et al.,1987
	艾奥瓦州 Hofmann 3 井	96.30%	
	Morria 郡的 Scott 井	29%~37%	Vacquand et al.,2011 Newell et al.,2007 Guélard et al.,2017
	Grary 郡的 Heins 井	25%±5%	Newell et al.,2007 Guélard et al.,2017
	Brown 郡的 Wilson-1 井	17%	Newell et al.,2007
	Arthur Road Bay	最大浓度超过 0.11%,平均浓度为 0.0233%	Morrill et al.,2013
	Jones Lake Bay	最高达 0.0815%	
	Arthur Road Sandpit	最大浓度超过 0.11%,平均值 0.0313%	Newell et al.,2007
	Smith Bay	最高超过 0.12%	
	Wright Road	0.02%~0.03%	
巴西	Camaqua 盆地	0.86%~8.79%	Cupertino et al.,2024
中国	三水盆地断裂发育附近	最高浓度可达 0.6948%	Jin et al.,2024

在北美东部 Carolina Bay 沿岸平原的东南部,通过卫星图像可以观察到一系列密集分布的圆形洼地,直径范围从 100m 到 8km 不等,覆盖了北卡罗来纳州和南卡罗来纳州沿海平原的部分区域（Zgonnik et al.,2015）。Zgonnik 等为探究洼地成因对其中一些洼地进行了气体采集和分析工作,测量结果显示,在 Arthur Road Bay 氢气的最高浓度超出了 0.11% 的阈值,而 23 次采样的平均氢气浓度为 0.0233%。在 Arthur Road Sandpit 同样记录到了超过 0.11% 的最高氢气浓度,六次采样的平均氢气浓度达到了 0.0313%。Smith Bay 的氢气浓度检测的最大浓度超过了 0.12%。在与海湾接壤的沙缘地带,有三个地点的氢气峰值同样超过了 0.12%。在海湾中心区域,氢气浓度也呈现上升趋势,而在沙缘之外,氢气浓度则急剧下降至接近零的水平。Jones Lake Bay 粗砂中氢气的最大浓度达到了 0.0815%。

北美堪萨斯盆地中发现高浓度氢气,Scott 井和 Heins 井的氢气含量分别在 29%~37% 和 20%~30% 的范围内,气体成分以氮气为主,而烷烃气体和二氧化碳的含量相对较低。然而,随着时间的推移,观察到 Scott 井的氢气含量呈现出下降趋势,到 2008 年时已降至 18%,而 Heins 井中的氢气含量并未显示出类似的下降趋势。在距离这两口井约 85km 以北的 Duroche-2 井,自 2012 年施工以来,检测到的氢气含量逐渐减少,至 2014 年,井中已无氢气含量,现阶段该井中的气体主要由氮气构成。在该区域最北端的 Brown 郡,Wilson-1 井在钻探至前寒武纪基岩 427m 深度时,井口返至地表的钻井液中发现了大量气泡,收集气样分析主要由 45.1% 的甲烷、34.6% 的氮气、17% 的氢气以及少量的氦气和氩气等组成。对堪萨斯盆地中氢气成因，学者们进行了长期且深入的探索。在 Scott 井中，主要的产氢气层位是前寒武纪基底以及石炭系的密西西比亚系和宾夕法尼亚亚系的砂岩和泥质砂岩层。氢气主要源自二价铁离子矿物与水之间的氧化还原反应，这一过程生成的氢气随后通过溶解于地下水中或以游离气体状态，沿着盆地内发育的深大断裂系统向上迁移，最终在浅部区域形成氢气富集区（图 3-3）。虽然堪萨斯地区附近的多条大型断裂对氢气的运移和富集起到了一定的作用，但在深大断裂活动期间是否存在由岩石破碎形成自由基进而产生氢气的过程尚不确定。未来需要进一步研究该地区的地质构造、水文地质条件以及氢气同位素组成特征，才能更准确地揭示该地区高含量氢气的成因和分布规律。

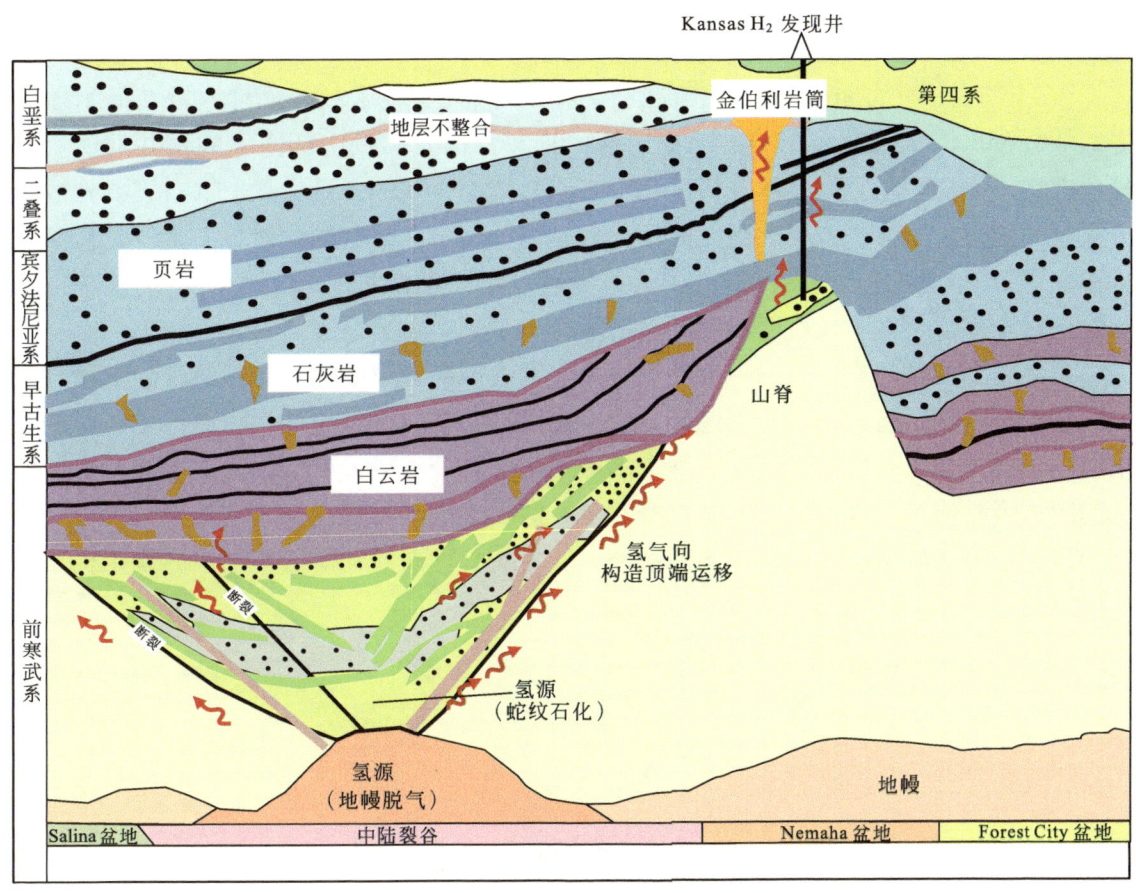

图 3-3 美国堪萨斯含氢气地层结构

美国地质调查局在 1980 年 12 月对加利福尼亚州中部的圣安德烈斯和卡拉维拉斯断层附近的土壤进行了一次深入的氢气含量调查，在其断层和周边地区设立了九个氢气监测站点。1981 年 7 月 24 日—25 日，Shore Road 监测点记录到了一段持续超过 24h 的氢气浓度峰值，达到 0.016%。到同年 11 月 1 日，该区域的氢气水平开始下降，随后的检测显示仅为较低的氢气含量。到了 1984 年年末，Shore Road 的氢气含量变化与由降雨引发的断层滑动现象呈现一致性。这种关联性在 1982 年年底至 1983 年年初的 Shore

Road 也有所体现。在 1982 年 10 月 26 日至 1983 年 3 月 3 日这段时间内，Wright Road 经历了 20 次氢气含量的显著波动，与 Shore Road 的断层活动紧密相关。在 1983 年 4 月 28 日至 5 月 9 日期间，Slack Canyon 以东 35km 处发生了 6.7 级的 Coalinga 地震，且在 Slack 峡谷与主震震中之间发生了多次余震。地震期间，氢气含量的峰值出现的频率明显增加。在 Parkfield 监测点，1982 年 3 月至 1984 年 2 月的监测期内，氢气含量曾高达 0.4%。尤其在 Coalinga 地震发生后的第二天，监测到的氢气含量飙升至 0.19%。此外，在 7 月 8 日，即 Coalinga 地震的一次余震发生前，Parkfield 监测点再次检测到了 0.17% 的高氢气含量（Sutton and McGee, 1984）。

吉布提共和国的 Asal-Ghoubet 裂谷位于东印度洋岩浆分支的北端，自 1970 年以来，科研人员对该裂谷进行了持续的观测与研究，发现裂谷轴线及边缘的平均温度梯度高达 180~200℃/km，这表明该区域拥有丰富的地热资源（Allard et al., 1979; Pasquet et al., 2021; Pasquet et al., 2023）。在裂谷的多个点位实施了钻探作业，旨在揭示地热资源的分布与特性。Pasquet 等在西南边缘的地热井以及靠近南部内缘的钻井发现了氢气的存在。火山喷发后的气体分析显示，岩浆气体中氢气的含量为 0.15%，裂谷外边缘泄漏氢气的浓度约为 0.25%，而在内边缘和轴向火山带，氢气的含量显著提升，最高可达 3%，平均值为 1%。随着向裂谷中心的延伸，氢气的浓度呈现逐渐增加的趋势，这一发现对于理解裂谷的地质活动和潜在的氢气来源具有重要意义。

裂谷周围尤其是靠近裂谷中轴的位置人们常发现高含量的氢气，但氢气的来源与成因往往很难判别。前人基于伴生气体同位素尝试推断裂谷中氢气的来源，但无法对不同来源的氢气含量进行区分。因此在绝大多数情况下，裂谷或者断裂往往被描述为一种构造圈闭或者是流体运移的通道，其自身对氢气的形成的贡献程度尚未有明确的定论。未来的研究中除了侧重裂谷的运移作用以外，针对裂谷再次活动对氢气形成的作用也是值得研究的一方面。

四、其他地质环境

（一）典型金属矿产

Cigar Lake 铀矿床坐落于加拿大萨斯喀彻温省的阿萨巴斯卡盆地东部边缘，Truche 等对来自不同钻孔中 49 个岩性不同的样品进行了气体解吸实验，试图揭示矿床中氢气的来源。实验结果显示在 Cigar Lake 铀矿床矿体和泥化基底中，富黏土岩石在几分钟内释放出高达 0.05% 的氢气，较高的氢气含量表明氢气可能储存在岩石圈内。黏土矿物自身晶格性质形成的微孔结构可能在促进氢气吸附过程中起到了关键作用，富含黏土的岩石可能会吸附氢气，这也是未来天然氢气勘探的一个全新目标。Boreham 等在澳大利亚伊尔冈克拉通东部、邻近金矿的一口浅层钻探井中发现了浓度高达 68.7% 的氢气，此外还检测到了微量的重烃、氧气和氦气。值得注意的是，氦气的来源单一，明确指向地壳起源。氢气的同位素值异常偏低，介于 $-781.3‰ \sim -759.5‰$ 之间，这一特征与蛇纹石化反应生成氢气的情况高度吻合。1992 年阿尔巴尼亚 Bulqizë 矿山在 620m 处首次发现了可燃气体的存在，在矿井地表以下 500~1000m 深度的构造带区域存在着极为强烈的气体泄漏作用。在一个 30m² 的小池中测量到剧烈起泡区的气体流速约为 5L/s（25℃和 $1.031×10^5$Pa），该气体由高浓度的氢气（84.0%）、甲烷（13.2%）和少量的氮气（2.7%）组成（Truche et al.，2024）。铀矿、金矿以及铁矿等金属矿产可能通过放射性分解或者水岩反应形成氢气，或许这个反应在特殊的地质条件下是源源不断发生的，可为寻找天然氢气提供新的目标。

（二）火山气体

世界各地火山气体中普遍含有氢气，光谱分析显示夏威夷火山口附近的火焰是由空气中氢气燃烧引起的（Cruikshank et al.，1973）；冰岛 Surtsey 火山附近的气体样品中，氢气的含量介于 1.7%~3.1% 之间（Smith，2002）；日本火山中的氢气主要在液体岩浆释放的气体中检测到，而非在热源或喷气孔中，这可能与氢气在到达地表之前与 SO_2 发生反应有关（Соколов，1966）。在火山事件后的数小时内，土壤中的氢气浓度也观察到增加，表明氢气可能与火山地质活动有关（Sato and McGee，1981）。在加拿大的特内里费岛最近的火山爆发地区，发现了异常的氢气含量，这些氢气异常点的分布似乎与火山构造地貌有一定的联系（Hernández et al.，2000）。综上所述，氢气作为火山气体中的一种常见成分，对于不同地区火山的释放特征和分布模式存在差异。氢气含量和分布可能受多种因素影响，如火山活动类型、地质构造和火山岩浆的成分等。对其进行深入研究有助于更好地理解火山的活动机制和地球内部的气体循环过程。

（三）盐湖

Grass Patch 地区土壤中渗漏的氢气引起了科研人员的极大兴趣，Aimar 等发现在 Grass Patch 地区的两个独特盐湖结构中，氢气含量的动态变化呈现截然不同的模式。其中一个结构在初次采样时记录到的氢气浓度为 0.0025%，而另一个结构中的氢气水平则初步稳定维持在大约 0.001%。对于初始氢气浓度较低的结构，其氢气含量在采样后最初的 12h 内经历了轻微的上升，随后浓度开始下降，直至检测期间的大部分时间里，氢气浓度几乎降至 0，即便经历 24h，氢气的含量也未超过 0.0001%。相比之下，另一个结构中的氢气含量在短短 3h 内稳定下降至 0.0001%。Grass Patch 地区土壤中低浓度的天然氢气渗漏，其可能的来源是光合作用或发酵过程的微生物活动（Aimar et al.，2023）。盐湖的形成机制以及土壤中氢气的来源仍需进一步的科学研究，尽管当前的证据表明微生物活动可能是氢气的来源，但要厘清其确切的生成机制，还需要更多的数据支持，这些观察结果为后续研究提供了重要的线索，有助于科学家们更深入地理解该地区土壤中氢气的动态变化规律及其潜在的生成途径。通过持续的监测和实验分析，有望揭示世界不同地区独特的地质环境对氢气的生成及分布的影响模式，为探索地下氢气资源和理解地球化学过程提供新的视角。

（四）沉积盆地

马里氢气田的发现标志着天然氢气研究的重大突破，是世界上首个天然氢气田，氢气浓度高达98%。该气田的氢气源源不断，可能由水与含铁矿物发生反应产生，也可能来自玄武岩或基底。马里Taoudeni盆地中的辉绿岩和含水层对于氢气具有一定盖层—储层作用，含水层在深部可能封存了一定含量的氢气，储层可能为碳酸盐岩与砂岩，具有良好的储集空间（Maiga et al., 2024）。马里Taoudeni盆地天然氢气藏的源—储—盖特征为未来天然氢气勘探开发工作提供了重要的参考，即在寻找氢气田时，除了需要判别氢气的成因，寻找具有潜力的储盖系统也同样重要。基于法国巴黎盆地以往多口钻井资料的分析，发现其蕴藏着丰富的天然氢气资源。早在1961年，Cramaille 101井在穿过Lusitanian含水层时，钻井液气中就检测到了一定含量的氢气。此后，在Betz 101井、Eumont 1井、Longueil 1井、Saint Martin de Bossenay 17井、Connantre 2井、Grandville 109井、Coubert 1井、Luteau 1井、Hericy 1井和Montreuil Aux Lions 1井等多个钻井中，都发现了氢气的存在，氢气浓度最高可达52%（Lefeuvre et al., 2024）。

中国多个地区已经发现了天然氢气的存在，为未来氢能的开发利用提供了新的可能性。在柴达木盆地三湖地区，位于SN2井中测得的天然氢气体积分数高达99%，存在着丰富的天然氢气资源（Shuai et al., 2010）。与此同时，松辽盆地在SK-2井区及其周边地下，科研人员惊奇地发现了体积分数高达26.9%的天然氢气（Han et al., 2022）。在三水盆地深处，高浓度的CO_2、^{222}Rn和氢气被发现，氢气沿着深部大型断裂运移至浅部。盆地中的天然氢气富集成藏往往需要充足且可持续补充的氢源、连接氢源与储层的断裂通道、储集氢气的圈闭以及可观的氢气积聚或持续的氢气源（Jin et al., 2024）。因此盆地内与深大断裂相连、被致密岩层覆盖的圈闭可能是氢气成藏和勘探的有利位置。不同沉积盆地中的天然氢气发现表明，天然氢气资源具有巨大的开发潜力，未来需要进一步加强对天然氢气的勘探研究，为天然氢能产业的发展提供坚实的资源保障。

第二节 天然氢气系统

天然氢气的来源可概括为有机与无机两大类型，有机成因的天然氢气主要通过热作用和微生物作用产生。已发现的天然氢气多为无机成因，氢气的无机成因可进一步分为多种类型，如蛇纹石化、地球深部脱气、水的放射性分解、岩浆热液、岩石碎裂以及地壳风化等（Hanson et al., 2023；Klein et al., 2020）。

一、氢源

（一）蛇纹石化

蛇纹石化生氢是指基性和超基性岩石中富含 Fe^{2+} 的矿物与水发生氧化还原反应生成氢气的过程。橄榄石在自然界中通常以 Mg-Fe 二元固溶体的形式存在 $(Mg, Fe)_2SiO_4$。其中，铁橄榄石（Fe_2SiO_4）与水的反应如下：

$$3Fe_2SiO_4 + 2H_2O = 2Fe_3O_4 + 3SiO_2 + 2H_2$$

因此富氢泉水（地下水）通常具有较高的 pH 值，通常在 10 到 12 之间（Klein et al., 2019）。地质氢气的生成量与岩石的蛇纹石化强度之间呈良好的正相关关系，而反应温度和催化剂是影响氢气生成速率的两个主要因素。热力学计算表明，橄榄石发生蛇纹石化反应的最佳温度为 200~310℃，超出这一范围会抑制氢气生成，但在自然界（如阿曼）也存在许多低温（<122℃）蛇纹石化过程（Vacquand, 2011）。最新研究发现，Ni^{2+} 的加入可以显著提高蛇纹石化过程中氢气的生成速率，在 90℃ 时，仅需添加 1% 的 Ni 便可使氢气的生成速率提升约两个数量级（Song et al., 2021）。此外，其他矿物的加入也会影响橄榄石的蛇纹石化速率，如加入辉石时，其含有的 Al 会显著加快反应速率（黄瑞芳等，2015）。

（二）地球深部脱气

地球深部的气体释放，特指源自地幔和地核的气体，不包含地壳层面的脱气现象（地下水脱气或沉积盆地中有机气体的排放）。传统观点认为，地幔可能蕴藏着庞大的氢气储备，通过地表释放，是天然氢气的关键来源之一（Nivin, 2019）。然而，由于钻探技术的限制，直接证实地幔中氢的存在仍面临挑战。地幔流体相较于地壳流体具有更强的还原性，使得氢更倾向于以单质形式存在。在地球演化的历程中，氢气逐渐在地幔中积累。近期研究揭示了地幔深处天然氢气的存在。Mao 等和 Toulhoat 等通过理论分析和实验模拟，提出地核可能含有约 5% 质量的氢，以铁氢化合物的形式存在。地幔气体释放主要通过火山、地震和断层活动实现，其中火山爆发和地震是现代地球深部气体释放的主要途径。火山气体中，天然氢气含量仅次于二氧化碳和水蒸气，在火山口及与火山活动相关的温泉和热液中，氢气浓度显著（Gilat and Vol, 2005）。地震同样能引发大量深部氢气的释放，影响范围最远可达数千千米（Symonds et al., 2003）。由地壳运动或地震形成的活动断层，是地幔气体释放与运移的关键通道，研究显示，与地震相关的活动断层周边氢气含量远高于非活动断层，稀有气体和同位素分析进一步证实了氢气源自地幔深处（Ballentine et al., 1996）。综上所述，地球深部的气体释放是一个复杂而重要的地质过程，不仅涉及地幔和地核的气体，还与火山、地震和断层活动密切相关，这一过程对理解地球内部结构、地球化学循环以及地表环境变化具有重要意义。

(三) 水的放射性分解

岩石圈内水的放射性分解是天然氢气生成的重要途径之一。放射性元素衰变过程中释放的能量能够促使水分解，生成氢气和氧气。值得注意的是，与纯水相比，卤水在放射性分解下能产生更高含量的氢气（Wang et al.，2019）。以往的实验研究表明，在水的放射性分解过程中，主要生成的氧化剂是过氧化氢，而过氧化氢会迅速分解产生氧气，其含量可达到30%~35%（Zgonnik，2020）。Smith 和 Truche 等利用拉曼光谱分析技术，在铀矿床的石英流体包裹体中检测到了氢气的存在。基于这些发现，可以推测氢气的生成可能与水的放射性分解有关。值得注意的是，水的放射性分解并非单一反应，而是同时产生含氧化学物质和氢气，含氧化学物质可能会迅速消耗浓度骤然增加的氢气（Dubessy et al.，1988）。因此如果氢气的产量异常庞大，那么其生成机制就不太可能是单纯的水的放射性分解。氢气的生成可能涉及多种复杂的地质化学过程，包括但不限于水的放射性分解，因此对于岩石圈中天然氢气的来源和生成机制需要进行更加深入和全面的研究。通过综合运用各种分析技术和实验方法，科学家们能够更准确地评估不同地质条件下氢气的生成潜力，为探索地下氢气资源和理解地球深部化学过程提供科学依据。

(四) 有机质分解

有机物的分解是氢气生成的潜在途径，实验室研究证实，干酪根在经历300℃的热衰变时，能够释放出高达10.9%的氢气（Богомолов，1976）。当烷烃在200~500℃以上的温度下受热会发生分解，进一步释放氢气（Suzuki et al.，2017）。页岩等富含有机质的岩石粉碎加热后释放的气体中，氢气的浓度异常高。这表明，在地质环境中，干酪根的热衰变和有机质的热解是氢气生成的另外一种重要机制。在有机质的热演化过程中，大量的氢自由基可能被释放出来，并在不断运动中相互结合，最终形成氢气。尽管有机质热解作为氢气来源的理论框架已初步建立，但要全面理解其内在机理，还需进一步的科学研究和实验验证。

(五) 微生物来源

氢气的有机生成途径不仅局限于有机质的热解，微生物作用也被认为是一个重要的来源。据估算，微生物每年可能产生的氢气量高达20×10^{10}Tg，或至少达到16.5Tg/a（Ehhalt and Rohrer，2009）。人们发现只要条件适宜，多种细菌种类均能释放氢气，甚至白蚁和某些原生动物也展现出了这一能力，其中，白蚁每年释放的氢气量可达200Tg，这一数值在所有有机成因的氢气生成途径中尤为突出（Zimmerman et al. 1982）。微生物通过氢化酶和固氮酶两种机制来生成氢气，然而，微生物生成的氢气在自然环境中并不能长时间保存，大部分氢气很可能被共生的产甲烷菌迅速消耗（Benemann et al.，1973）。实际上，产氢细菌往往与能够高效利用氢气的微生物共生，这种现象在自然界中十分常见，最新研究指出，依赖氢气生存的深层微生物群落正在逐渐扩大，微生物广泛分布于海洋深处和地壳裂缝中（Fedonkin，2009）。尽管关于生物消耗氢气的具体速率尚无精确数据，但可以合理推测，氢气的消耗速率可能远超其扩散效率。因此，多数环境中观测到的低浓度氢气，很可能是氢气消耗作用的结果。

二、消耗

在全球范围内，多种地质环境中均检测到高浓度的氢气存在，其中包括作为油气资源勘探目标的沉积储层（Zgonnik，2020）。不同类型的沉积储层，如泥页岩、碳酸盐岩和砂岩等，其天然氢气的含量呈现显著的差异性。一方面，氢气具有极高的扩散速度且易于逸出（Lodhia and Clark，2022）；另一方面，其活跃的化学性质使其容易与黄铁矿、方解石等无机矿物以及地层水发生反应，从而被消耗（Hemme and Van，2018）。此外，在有机质的热演化过程中，氢气也可能被消耗，生成新的烃类化合物（韩双彪等，2021）。因此，不同沉积储层中氢气含量的显著差异，不仅与氢源的产氢能力有关，还可能受到地下环境中无机矿物、地层水及有机质与天然氢气之间发生的消耗反应的影响。天然氢气的消耗途径可以分为无机和有机两种方式。有机消耗主要涉及对有机质结构演化的催化作用以及微生物的消耗；而无机消耗则通常表现为氢气与矿物或其他气体在地下环境中发生反应并生成新的物质。这一系列复杂的相互作用，共同决定了天然氢气在不同地质环境中的分布特征和含量变化。

（一）有机质对氢气消耗的影响

在有机质转化为烃类的过程中，氢气的消耗主要体现在两个关键环节：第一，氢气直接参与催化生烃反应；第二，它加速了干酪根中杂原子的脱除。氢气的加入促进了干酪根中脂肪链和芳香结构的断裂，从而生成更多的游离自由基，而在缺乏外来氢的条件下，自由基更倾向于进行芳构化反应，导致高演化阶段的干酪根以芳烃和环烷烃为主（吴嘉等，2023）。当地下环境中存在大量氢气时，有机质裂解产生的自由基会捕获氢自由基，发生加氢反应，由于这一反应是可逆的，因此在生成新的烃类化合物的同时，反应平衡向左移动，抑制了芳构化过程（王晓锋等，2012）。此外，氢气还能有效促进干酪根中氧、氮、硫等杂原子的脱除，简化干酪根结构，进一步提升其生烃潜力的同时使其化学结构更加趋于稳定。值得注意的是，在热液环境下，重烃与水之间的氢同位素交换速率高于甲烷，这可能与较高的平衡烯烃浓度和正构烯烃的内部异构化有关（金之钧等，2002）。综上所述，在有机质的演化过程中，其与外来氢气或自身生成的氢气之间存在多种反应途径，这对于评估氢气是否能在有机质储层中形成可观的资源量具有重要意义。氢气在有机质生烃过程中的作用机制复杂，不仅直接参与催化反应，还通过促进干酪根结构的净化，提高生烃效率。

有机质中多环芳烃的加氢并非无序进行，而是遵循一套有序且明确的规则：首先对外围芳香环进行饱和，随后逐步向内环推进。例如，端环的加氢速率普遍高于中环。不同多环芳烃结构的反应活性存在显著差异，这种差异可视为化学稳定性的一种排序，表现为芘<菲<萘<蒽。这意味着，化学稳定性较低的结构（演化程度较低）更易与氢气之间发生反应，而稳定性较高的结构（演化程度较高）则相反。环境因素（尤其是温度和压力）对多环芳烃的加氢反应影响较大，在特定的温度和压力区间，热力学因素可能成为主导。例如，低温与高压环境有利于蒽和菲等特定结构的加氢，且反应的平衡转化率随温度升高而下降。随着芳烃环数的增加，加氢反应受到的热力学限制也相应增大，同时，芳烃加氢反应的平衡常数随温度升高而减少。波西多尼亚页岩的研究进一步揭示了氢气在有机质演化中的作用（Poetz et al., 2014）。研究显示，在热演化过程中，缩合缩聚反应（如芳构化）会产生氢气，并生成气体碳氢化合物（图3-4），不饱和碳氢化合物通过加成反应消耗氢气。随着有机质演化程度的提升，某些含杂原子的化合物也会消耗氢气，从而形成更稳定的化学结构。值得注意的是，有机质中不同的多环芳烃结构对加氢条件和效率的要求各不相同，温度和压力等外部因素对有机质与氢气之间的反应动力学影响重大。

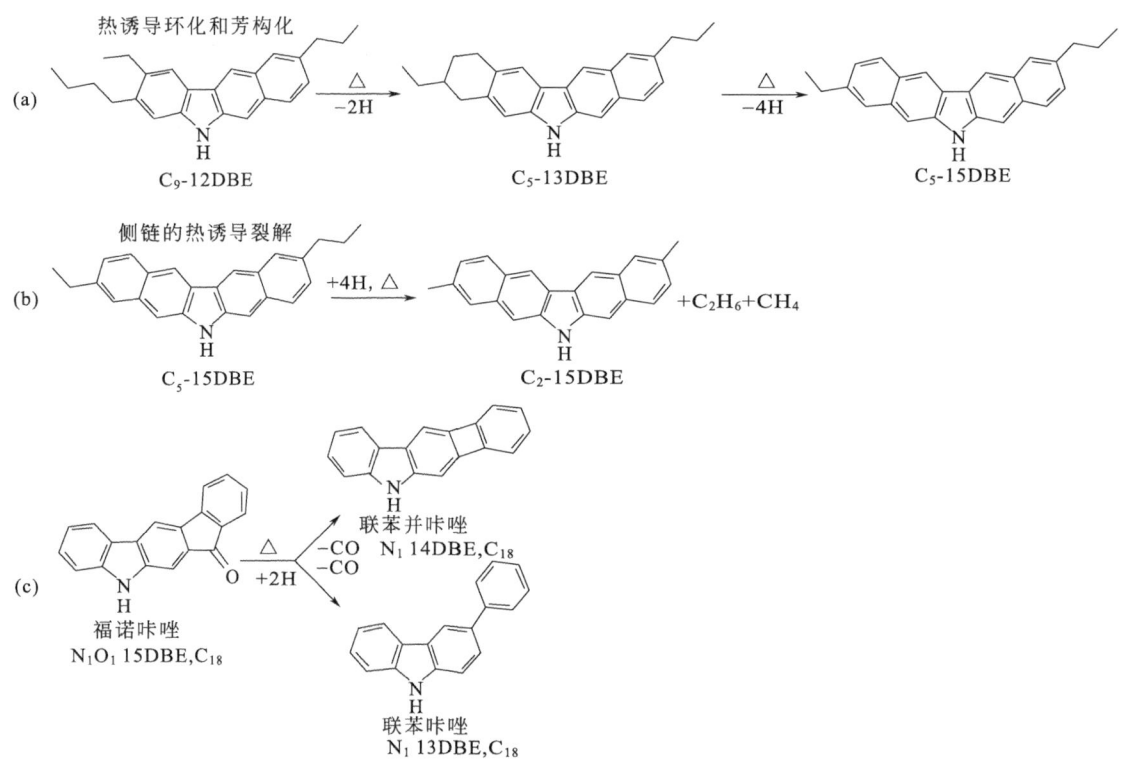

图3-4 典型有机质结构消耗氢气机理（据Poetz et al., 2014, 修改）

（二）微生物对氢气消耗的影响

氢气不仅在有机质的演化过程中被消耗，还同时参与地下生命的活动进程，即地下众多被称为"氢气消耗者"的微生物通过消耗氢气维持自身的生命活动。微生物可能源自自然沉积，也可能由人类活动如钻探、抽水或采矿引入（Heinemann et al.,

2021）。微生物为了维持生存与活动，依赖一种复杂的氧化还原过程来获取所需的能量。在地下环境中生物可以利用的电子供体既可以是简单的有机化合物，也可以是无机化合物。其中，氢气被视为最为重要的能量来源。在微生物的细胞内，有一类名为氢化酶的特定酶，它们能够将氢气分解成质子和电子，电子随后被转化为化学能，以 NADH 或 ATP 的形式储存起来。高氢气浓度下，多种消耗氢气的微生物活动可能同时发生。在氢气相对富集的地下环境中，目前主要确定的消耗氢气的微生物代谢过程包括甲烷生成、硫酸盐还原和丙酮的生成（De et al.，2015）。这些过程已在高温（高达90℃）和高盐度的条件下被观察到，这表明在极端环境条件下，微生物依然能够活跃地进行氢气消耗和代谢过程（表3-4）。

表 3-4 微生物的氢气消耗量及生长环境统计表（据潘松圻等，2023）

微生物	氢气消耗量	温度	盐度	pH 值
甲烷菌	实验室：$(0.008 \sim 5.8) \times 10^5 m^3/h$ 油气田：$0 \sim 1185 m^3/h$ 井筒：高达 $4533 m^3/h$	最优值：30~40℃ 临界值：122℃	最优值：<60g/L 临界值：200g/L	最优值：6.0~7.5 临界值：4.5~9.0
醋酸菌	实验室：$(0.2 \sim 5.0) \times 10^5 m^3/h$	最优值：20~30℃ 临界值：72℃	最优值：<40g/L 临界值：300g/L	最优值：6.5~7.0 临界值：3.6~10.7
硫酸盐还原菌	实验室：$(0.005 \sim 130) \times 10^5 m^3/h$ 油气田：$0.05 \sim 351 m^3/h$ 井筒：高达 $2544 m^3/h$	最优值：20~30℃ 临界值：113℃	最优值：<100g/L 临界值：240g/L	最优值：6.0~7.5 临界值：0.8~11.5
氢氧化细菌	实验室：$(0.005 \sim 2.2) \times 10^5 m^3/h$	最优值：0~30℃ 临界值：90℃	最优值：<40g/L 临界值：200g/L	最优值：6.0~7.5 临界值：1.6~9.0

在地质环境中，由于产甲烷细菌的存在，氢气可以与二氧化碳反应生成甲烷进而消耗在煤层中储存的氢气（Song et al.，2023）。常见的消耗氢气的微生物包括甲烷菌、醋酸菌、硫酸盐还原菌和氢氧化细菌，其生长受温度、盐度、pH 值等因素的影响。通常情况下，当储层温度大于55℃且盐度大于1.7mol/L 时，可以降低微生物作用对储氢的损耗。在低温、低盐度的枯竭油气藏中，实验预测氢气损耗率介于 0.01%~3.20%。

因此氢气在储层中的生物消耗不可避免且不利。由于反应的特殊性，认为在气藏和高矿化度的酸性含水层中，氢气对乙酸盐和硫酸盐的还原应稳定发生。当硫存在时，氢气会与其发生相互作用，产生 H_2S（Tarkowski，2019）。总的来说，在地质构造中储存氢气时需要考虑四类微生物活动。

Fe^{3+} 与氢气发生氧化还原反应形成 Fe^{2+} 和水，从而降低总氢气富集量。同时这种反应会在一定程度上影响储层的孔隙结构与孔渗特征，从而改变储层的封闭性。

$$3Fe^{3+}O_3 + H_2 \rightleftharpoons 2Fe^{2+}O_4 + H_2O$$

生物消耗氢气产生甲烷的反应温度和压力条件是在 303~313K 和 9MPa 之间。在氢气富集成藏过程中大量的氢气可能被转化为二氧化碳，最终形成以甲烷为主的气藏。

$$CO_2 + 4H_2 \rightleftharpoons CH_4 + 2H_2O$$

在酸性含水层中，醋酸盐的生产是一个缓慢消耗氢气的过程。在较深的富氢储层中含量充足的盐水是促进这种反应发生的关键因素之一，氢气气体的损失可能是由于氢气与碳氢化合物之间的反应（Flesch et al.，2018）。

$$2CO_2 + 4H_2 \rightleftharpoons CH_3COOH + 2H_2O$$

古细菌微生物在暴露于硫酸盐还原离子后消耗氢气并产生硫化氢。硫化氢的形成会降低地下聚集的氢气的总含量（Perera，2023）。

$$H_2SO_4 + 4H_2 \rightleftharpoons H_2S + 4H_2O$$

（三）矿物对氢气消耗的影响

氢气无机消耗模式主要是在地下环境中氢气—水—矿物之间的共同作用（图3-5）。尽管现有的相关研究几乎完全是从地下储氢库的角度出发，但这或许反映了地下氢气消耗的多种途径。研究人员采用地球化学软件或者水岩反应装置研究地下封闭空间中氢气与储层之间可能发生的潜在反应（Henkel et al.，2014；Malki et al.，2024）。通过建立地球化学模型进行分析，认为地质环境中枯竭油气藏、盐穴以及含水型且具有构造和地层圈闭的地质体比较适合作为氢气储库，在这种环境中氢气不易发生散失和消耗作用，为天然氢气勘探提供了潜在的思路（Yekta et al.，2018；Lord et al.，2014；Muhammed et al.，2022）。

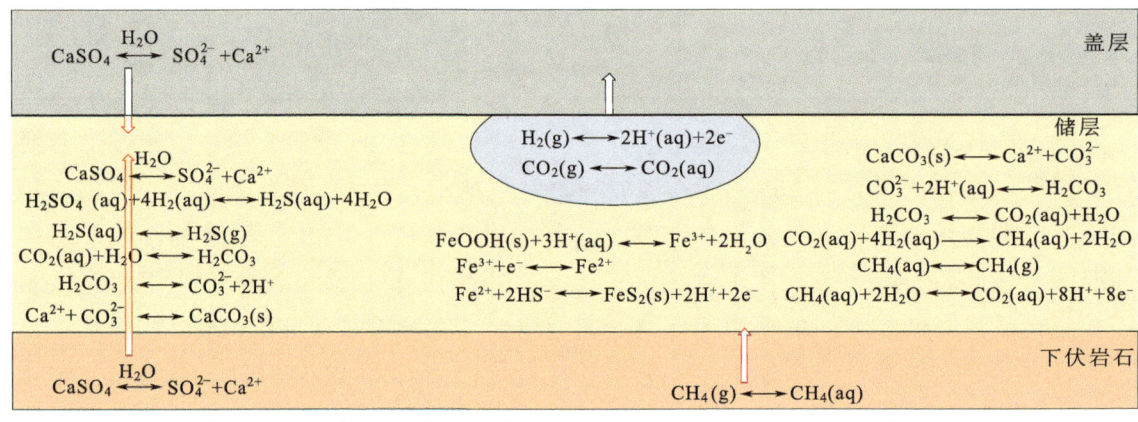

图 3-5　地下氢气无机反应消耗机理（据 Hemme et al.，2018，修改）

然而，并不是所有的矿物都可以与氢气发生反应并进行消耗。例如有研究表明常见的黏土矿物极少参与氢气相关的反应（Esfandyari et al.，2022）。同样，在相对较短的时间内（半年左右），砂岩中常见的石英、长石、云母等矿物在氢气环境下也表现出较弱的反应性（Al-yaseri et al.，2021），这可能是由于目前的研究实验时间较短，无法完全模拟实际的气—水—岩反应过程。Henkel 等认为只有在极端环境条件下时气—水—岩反应才会比较明显，而在较温和的地层条件下，氢气的消耗作用可能较为有限。目前认为黄铁矿、菱铁矿和赤铁矿等含铁矿物可能会大量消耗氢气（Bo et al.，2021；Yekta et al., 2018)，这些矿物在与氢气反应的过程中可能会发生溶解、沉淀等变化。其中黄铁矿的溶蚀反应最为常见，在此过程中氢气会被消耗并生成硫化氢，产生的硫化氢不仅会降低氢气的纯度，还可能改变孔隙水的 pH 值，引发进一步的水岩反应。相比之下，赤铁矿也可以消耗氢气，但不会产生新的气体。

黄铁矿：$FeS_2+(1-x)H_2 \longrightarrow FeS+(1-x)H_2S (0<x<0.125)$

赤铁矿：$Fe_2O_3+H_2+H_2O \Longrightarrow 2Fe(OH)_2$

此外在一定环境中地下的氢气可能会发生分解，形成氢离子与自由电荷，这可能使得地下水变成弱酸性。被溶解的金属阳离子可能被氢气再次还原从而产生额外消耗。一些碳酸盐矿物会在氢气—卤水条件下发生溶解，消耗大量氢气的同时改变了储层的物理性质并且释放出一定含量的甲烷，原储层内的氢气被消耗稀释的同时，受到破坏的储层在一定程度上不再适合氢气的富集。

氢气：$H_2 \Longrightarrow 2H^++2e^-$ $(lgT_{298K}=-3.15, 焓=-1.759kJ/mol)$

方解石：$CaCO_3+4H_2 \longrightarrow Ca^{2+}+CH_4+2OH^-+H_2O$

白云石：$CaMg(CO_3)_2+8H_2 \longrightarrow Ca^{2+}+Mg^{2+}+2CH_4+4OH^-+2H_2O$

菱镁矿：$MgCO_3+4H_2 \longrightarrow Mg^{2+}+CH_4+2OH^-+H_2O$

菱铁矿：$FeCO_3+4H_2 \longrightarrow Fe^{2+}+CH_4+2OH^-+H_2O$

部分硫酸盐矿物消耗氢气的机理与碳酸盐岩类似，区别在于消耗的氢气转化为硫化氢，消耗并稀释储层内氢气含量的同时，储层的稳定性也可能受到破坏（Zeng et al., 2022）。

硬石膏：$CaSO_4+4H_2 \longrightarrow Ca^{2+}+H_2S+2OH^-+2H_2O$

重晶石：$BaSO_4+4H_2 \longrightarrow Ba^{2+}+H_2S+2OH^-+2H_2O$

天青石：$SrSO_4+4H_2 \longrightarrow Sr^{2+}+H_2S+2OH^-+2H_2O$

在地下环境中，氢气还可能与其他气体相互作用进而发生消耗（Bade et al., 2024）。例如，氧气能与氢气结合生成水，同样地，有机质层中的含氧结构也能捕获氢气形成水。然而，氧化性气体并非单纯消耗氢气，其消耗或生成取决于混合气体中氢气的相对含量。比如岩浆中 C-H-O-S 系统的平衡反应决定了氢气的生成或消耗，当条件有利于氢气生成时，火山活动和热液喷口会释放氢气，反之，则消耗氢气。

$$CO+2H_2O \Longrightarrow CO_2+2H_2$$

$$H_2S+2H_2O \Longrightarrow SO_2+3H_2$$

$$SO_2+2H_2O \Longrightarrow H_2SO_4+H_2$$

地下微生物群落是地下环境中氢气的主要消耗者，通过多种代谢途径如甲烷生成、硫酸盐还原和醋酸盐生成等消耗氢气，这些过程影响着地下氢气浓度的动态变化。微生物通过氧化氢气作为电子供体，利用不同电子受体（如 CO_2、硫酸盐、硝酸盐、铁等）获取能量。微生物活动还调节了氢气与矿物之间的反应速率。随着时间推移或 pH 值变化，微生物过程可能受抑制，如微量元素的缺失导致氢气消耗减缓。有机质中多环芳烃结构的加氢反应条件和效率差异,对其孔隙中氢气消耗的动力学和热力学有显著影响,需进一步研究。不同矿物对氢气的反应能力各异,通常生成甲烷和硫化氢等气体,不利于氢气富集。氢气与其他气体的转化是动态平衡过程,环境中氢气浓度较低时反应倾向于生成氢气,高浓度时则相对消耗氢气。全球氢气分布不均,无机气体间的转化可能受更复杂的机制控制。综上,地下微生物群落、矿物特性、气体组成共同决定地下氢气浓度的动态变化及相关的地球化学过程,是探索地下环境的关键。这些化学反应进程不仅受到地下环境参数(如温度、压力、pH 值、离子浓度等)的影响,也可能受到人类活动(如钻探、采矿等)的干扰而发生变化。

三、储盖

天然氢气指分布在自然界大气圈、地壳、地幔等系统中由地质作用形成的氢气,现阶段发现的天然氢气异常含量显示出现在多种地质环境中。天然氢气的赋存储层存在多样性,岩性种类包含页岩、煤、砂岩、金伯利岩、蒸发岩与各种金属矿床等(Zgonnik,2020)。由于氢气自身分子量较小,相较于甲烷等气体,其扩散能力更强,对储盖条件要求更高,因此对全球典型天然氢气异常显示地区的储—盖岩性特征及其氢气赋存含量进行了分析研究。

(一)沉积岩与变质岩

沉积岩通常具有较高的孔隙度和渗透性,这使得氢气容易从岩石中逸出。然而,实验揭示碎屑岩和碳酸盐岩能够吸附大量氢气,其吸附量可达初始含量的 24~57 倍,并且在几天内不会释放(Levshounova,1991)。石灰岩显示出最强的氢气吸附能力。在沉积岩中大多数样本含有吸附氢,其中碳酸盐岩的氢含量最高,可达 77.2 cm^3/kg,平均为 14.8 cm^3/kg。加拿大雪茄湖铀矿床富含黏土的岩石中氢气含量的研究表明,岩石中氢气丰富,测量值达到 0.25 mol/kg(Truche et al.,2018)。在非洲马里 Taoudeni 盆地布拉凯布古地区的碳酸盐岩储层中,浅层氢气主要以游离态存在于喀斯特作用形成的岩溶孔隙中。随着深度增加,氢气主要以溶解态存在于地下水中,但在一些高盐度井中,氢气仍以气相存在(Guélard,2016;Briere and Jerzykiewicz,2016;Prinzhofer et al.,2018)。松辽盆地的登娄库组和营城组游离氢气储层由砂岩、泥岩等沉积岩组成,储层被一层不透水层如泥岩覆盖,可能对氢气有一定的封存作用。松辽盆地的圈闭结构(如背斜、断层封闭和地层尖灭),阻止了氢气的横向泄漏。随着氢气生成量的增加,它取代了地层中的水和碳氢化合物,并在浮力和压力梯度的作用下迁移。部分氢气被毛细管力密封在孔隙空间中,不能通过扩散作用离开储层(Giardini et al.,1976)。Vaux-en-Bugey 气田的氢气储层岩性多样,包括下三叠统的 Buntsandstein 砂岩、中三叠统 Muschelkalk 的钙质白云岩或泥灰岩,以及上三叠统 Keuper 的泥灰岩、石膏和白云岩。上三叠统 Keuper 中的 Lettenkhole 地层可能是最具潜力的储层(Deronzier and Giouse,2020)。这些发现强调了沉积岩和变质岩在氢气储存和分布中的潜在重要性。

(二) 煤层

在俄罗斯 Baydaevka 地区的 110 号地层煤矿样本中，气体中的氢气比例为 11.4%（Молчанов，1981）；Talnakh 地区镍矿体煤炭样本检测到的氢气含量高达 12.7%（Фридман，1970）；Vorgashor 地区的 Pechora 煤盆地煤炭样本中，天然气含氢量在 20%~21% 之间（Соколов，1966）；Razdolnensky 地区煤盆地的生物岩样品中，气体含氢量最高可达 25%；同样，Lipovetskoe 和 Sangarskoe 地区的煤盆地生物岩中的气体含氢量也达到 25%（Гресов et al.，2010）；Shugurovo 地区的 Kuzbass 煤盆地岩心气中，氢气浓度在 30%~35% 范围内（Молчанов，1981）；Illytchevsk 地区的 Illytchevsk 煤田气体中氢气含量在 24%~64% 之间（Гресов et al.，2010）；Pechora 盆地煤炭砂岩样本中的气体含氢量高达 76%~81%（Соколов，1966）。此外，哈萨克斯坦 Karagandy 地区 40% 的煤炭样本中氢气含量达到 10%；Karagandy 煤矿 80% 的岩石样本中，氢气含量高达 18%（Соколов，1966）。在乌克兰 Donbas 煤盆地，95% 的岩石样本中检测到的氢气含量高达 40%（Молчанов，1981）。不同煤炭盆地中的氢气含量存在显著差异，反映了氢气在煤层分布的复杂性。

(三) 火成岩

火成岩是已知含氢气的岩石类型之一，除了常规的岩石裂缝和孔隙，大量的氢气包裹体也在火成岩中被发现。俄罗斯联邦的超基性岩样本中，包裹体内的氢气含量引人注目。在 Koriaksko - Kamtchatskay 造山带的蛇纹岩样本中，氢气浓度高达 15%；GornayaShoria 地区的云英岩和橄榄岩中的包裹体，氢气浓度范围在 39.8% 至 61%；Lovozero 地区的科拉基性地块岩石中氢气浓度范围在 5.1%~35.2%（Potter et al.，2004）；Sadonsky 地区的火成岩组破碎砾岩中，氢气浓度达到 56.5%（Соколов，1966）。数据展示了俄罗斯联邦地区岩石中氢气分布的广泛性和浓度的多样性，为地质学和能源研究提供了丰富的信息。虽然大部分花岗岩样本采集自俄罗斯联邦地区，这可能并非因为该地区氢气含量特别丰富，而是由于该地区的研究人员对氢气的探索更为积极，揭示了火成岩中氢气包裹体的普遍性和高浓度，为理解地下环境中氢气的来源和分布提供了重要线索。

(四) 矿体

金矿和钨矿矿床中的石英包裹体氢气浓度呈现随深度递增的趋势（Letnikov and Narseev，1991）。有研究指出，金矿脉中氢气的存在是普遍现象，其浓度在某些情况下极为显著，可高达 200~460 cm^3/kg，远超周边岩石的含量。有研究发现，在汞矿体的岩石样本中，氢以包裹体形式存在，浓度达到 144 cm^3/kg，部分包裹体中的氢浓度甚至高达 19%（Фридман，1970）。对乌兹别克斯坦库鲁萨斯克矿区银和多金属热液矿物的气体包裹体分析显示，石英样本中的氢气含量可达 42.6%。其他矿物的氢含量（%或 cm^3/kg）

分别为：石榴石 23 或 36，闪锌矿 12 或 15，方解石 4 或 1.9，方铅矿 11.6 或 2.6，重晶石 7.1 或 6.8。科拉半岛 Norilsk 地区的镍矿区碎砾岩砂层中检测到的氢气浓度为 33%。Kamyshevsky Baykitnik 地区磁铁矿孔隙中气体中的氢气浓度为 34.6%（Соколов，1966；Фридман，1970）。

在加拿大的 Cluff 湖，前寒武纪铀矿床的石英流体微观包裹体中检测到与氧气混合的氢气，浓度高达 19%，推测其可能源自放射性分解过程。同样，在 Rabbit 湖的前寒武纪铀矿床石英微观流体包裹体中，也发现了与氧气混合的氢气，浓度超过 21%，其来源同样可能是水的放射性分解（Dubessy et al.，1988）。乌兹别克斯坦附近的 Kurusaisk 多金属矿体破碎岩中，氢气浓度范围在 4%~42.6% 之间，石英中的氢气含量最高，而方解石中的含量最低（Соколов，1966）。在哈萨克斯坦 Kempirsai 地区提纯的铬铁矿样品中检测到的氢气浓度在 3%~58% 之间，而在该地铬矿体的块状矿样中，氢气浓度最高可达 69.5%（Melcher et al.，1997）。加蓬 Oklo 地区的前寒武纪铀石英沉积物微观流体包裹体中，检测到的氢气浓度最高为 100%，其可能来源是放射性分解。加拿大魁北克的金伯利岩田（超镁铁质岩石）中，可能通过低温蛇纹石化形成无机成因氢气，因此金伯利岩中通常存在游离态和包裹体态氢气。

盐矿床中的气体包裹体分析显示，许多样本中存在氢气。俄罗斯联邦 Berezniki 盐矿中，从光卤石中提取的氢气气体浓度在 1.1%~32.6% 之间，矿井的游离气体中氢气浓度为 7.8%，分析认为其可能源自矿井中游离的瓦斯（Savchenko，1958）。Solikamsk 盐场中氢气含量最高可达 34.6%（Savchenko，1958）。白俄罗斯 Starobinskoe 地区 414m 深处采集的锡石样本中，氢气浓度最高可达 23.9%（Черепенников and Рогозина，1964）。数据表明，全球多个地区的矿体和盐矿床中广泛存在氢气，其浓度和来源各异反映出氢气在地球化学循环中的复杂性和多样性，不仅对理解氢气的地质作用和分布具有重要意义，也为潜在的氢气资源勘探提供了线索。

（五）溶解在地下水中的氢

在构造活跃区域的地下水监测井中检测到一定浓度的氢气，这表明地质活动可能对地下水中氢气的分布有显著影响。Shcherbakov 等分析了 2215 个地下水中氢气的检测数据，指出在克拉通地区，氢气的浓度约为 50mL/L，而在异常区域，这一数值可高达 1500mL/L，特别是在与深断层和裂谷区相关的地带，氢气浓度甚至更高。西伯利亚西部地下水中溶解气体的统计研究表明，约 15% 的样本中含有氢气。地下水中氢气的浓度范围广泛，从微量到百分之几十不等，且随着采样深度的增加，高浓度氢气的出现频率似乎有所上升（Нечаева，1968）。在南非的 24 口井中的断裂附近所取样的地下水中发现了高浓度的氢气，这表明断裂带可能是氢气富集的重要场所（Lin et al.，2005）。在南非 Mponeng 地区的 MP104 井中，裂缝性前寒武纪地盾地下水中的氢气浓度在 3.3%~11.5% 之间，氦气浓度为 12.3%（Sherwood et al.，2006）。加拿大的 Timmins 地区，深度为 2072m 的前寒武纪地盾裂缝水中，氢气含量在 0.1%~12.7% 之间

(Sherwood et al.，2014）。澳大利亚 Coonanna 地区，地下水中氢气含量为 15.7%~16.5%（Woolnough，1934）。澳大利亚 Mungyer 地区，与 Mungyerwell 上部自流水有关的气体中其氢气含量为 17.4%（Стадник，1970）。澳大利亚 Robe 地区，罗柏井深度为 917m 的侏罗系沉积物中的淡水层中，氢气含量为 25.4%（Headlee，1962；Woolnough，1934）。美国 Belleville 地区，淡水含水层中检测到的氢气含量为 25.6%。美国 Washtenaw 地区，河流中的淡水含水层中，氢气含量为 26%，推测其来源可能为混合型，且多为无机型（Headlee，1962）。加拿大的 Sudbury 地区，深度为 1333m 的断裂前寒武纪盾构含水层铜崖井中，水样里氢气含量为 9.9%~57.8%，其可能的起源是蛇纹石化（Smith，2005；Sherwood et al.，1988，1993，2006，2014）。丰富了对地下水中氢气分布特征的理解，未来的研究可以进一步探索氢气在地下水环境中的溶解与释放特征。与此同时，地质活动、水文地质条件以及化学环境对地下水中氢气浓度的影响是多方面的，在未来实际勘探过程中需要综合考虑。

四、运移

天然氢气的富集需要氢源以及运移通道。氢源主要是水岩反应、地球内部脱气以及水放射性分解形成的氢气，运移通道主要是由地下发育的断层与裂缝构成。马里的陶代尼盆地发育大量的富铁基岩，并且辉绿岩中具有走滑构造形成的花状断层，这为氢气向上运移提供了通道；法国比利牛斯造山带形成的裂谷盆地由于造山运动而导致该处的地壳相对较薄，莫雷昂盆地下方 8~10km 就存在着蛇纹石化的地幔岩石，这成为氢气的潜在来源，并且北比利牛斯断层充当了流体运移的优势通道（Lefeuvre et al.，2022；2024）。大量研究表明，地下氢气与断层和裂缝存在密切的联系，可能是氢气主要的运移通道，在俄罗斯、马里、美国，所谓的"仙女圈"分布与地下断裂和断层的分布相吻合，常集中在小型构造或大型凹陷的中心位置（Leila et al.，2022；Larin et al.，2015；Zgonnik et al.，2015）。众多研究均支持了天然氢的产出与深部断裂构造之间存在联系，深部地质构造很可能是氢气从地下迁移到地表的主要通道。沿着氢气的迁移路径，岩石的氢化作用可以形成包括水、碳氢化合物和酸等多种化合物，且都容易被迁移出反应区，从而形成自身的垂直运移通道。所有相关的过程，如脱气、脱水和深度体积损失，最终都会在地表产生沉降，形成圆形或椭圆形的洼地，这说明"仙女圈"是地下氢气运移到地表的体现。如果可以通过"仙女圈"与地下断裂系统反演出氢气运移路径，或许可以为天然氢气勘探提供更为可靠的指导。

（一）断层与氢气分布

巴黎盆地是法国的一个典型克拉通内盆地，盆地内有两个主要的断裂系统：Senneely 断裂带和 Bray 断裂带，这些区域存在氢气浓度异常。地下富铁岩石可能与水发生氧化还原反应，生成游离氢气。观测到氢气异常的钻井往往靠近断裂带，断裂为气体迁移提供了良好的通道，贯穿了盆地的沉积盖层和基底，形成了可供流体穿过 700m 低渗透岩层的间歇性垂直通道（Baptiste，2016）。法国比利牛斯山脉是一座晚侏罗世至早白垩世形成的近东西向造山带，起源于 Iberia-Europe 板块的扩张边界，形成了一系列裂谷盆地。莫雷昂盆地在白垩纪超伸展阶段形成，向南揭示了地幔岩，该盆地存在大量大型断裂分布（图 3-6），断裂可能是深层气体泄漏的主要通道。土壤气体监测结果表明，氢气异常区域通常位于断裂带附近（Lefeuvre et al.，2022，2024）。

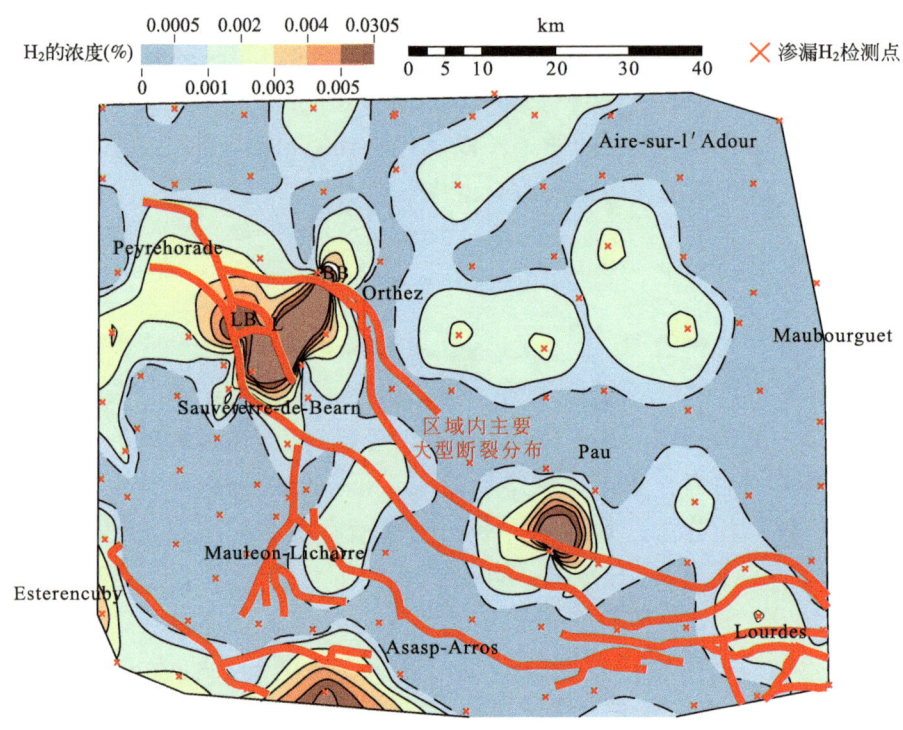

图 3-6 法国比利牛斯山氢气含量分布示意图（据 Lefeuvre et al.，2024，修改）

澳大利亚的约克半岛和中部的阿玛迪斯盆地近年来成为天然氢气勘探的重点区域。约克半岛位于高勒克拉通的 Delamerian 造山带边缘，其寒武纪地层不整合于中—强磁性花岗岩基底之上，同时，该地区的断裂系统发达，块状断裂基底为优良的天然气储层，当地下水与富铁地层接触时，发生放射性分解和水解反应，生成大量氢气并沿断裂系统迁移至储层。拉姆齐 1 号探井的钻探结果证实了这一点，钻探结果表明储层为裂缝发育的碳酸盐岩，并存在直通基底的深大断裂，成为天然氢气的主要运移通道。此外，该井还在花岗岩基底中检测到高含量的水溶性氦气，为未来的氢—氦联合勘探提供了可能性。与约克半岛不同，阿玛迪斯盆地位于澳大利亚中部，呈东西向的新元古代—早古生代（寒武纪—泥盆纪）沉积序列褶皱带，与下伏的古元古代—中元古代结晶基底呈不整合接触。在该盆地的卫星图像中，发现了多个亚圆形凹陷（SCD），与报道的表面氢气发射结构"仙女圈"相似，特别是在阿玛迪斯湖附近的 SCD 结构密集分布，直径普遍超过 400m，呈现凹凸不平的高程曲线。此外，在阿玛迪斯湖以南，SCD 结构还呈现

NW—SE 走向的线性分布，与造山运动相关的断裂相平行，表明天然气可能沿着断裂泄漏（Edgoose，2013；Leila et al.，2022）。此外 Frery 等在澳大利亚的珀斯盆地 Moora 地区与 Pingarrega 地区之间，发现了一些圆形地表凹陷，沿达令断层北延 30km，最近的结构距离断层约 5km。加拿大魁北克省也存在三个重要的断层异常区域，包括 Rivière Jacques-Cartier 正断层、Brook 和 Delson 正断层以及 Aston 逆冲断层，在断层区域中，甲烷浓度和地下水中的 ^{222}Rn 浓度升高，表明它们可能也为深部流体和气体的迁移提供了良好通道。与此同时，研究人员在加拿大魁北克地区断层附近的地下水中也发现了含量不等的氢气，含量分布差异较大，最低时几乎检测不到氢气，最高的氢气含量可以达到 90% 以上（图 3-7）。

自 1980 年以来美国地质调查局人员在加利福尼亚州中部沿着圣安德烈斯和卡拉维拉斯断层，在周围土壤埋深 1m 左右的位置持续监测氢气渗漏情况，发现当发生断层活动时，个别检测站检测的氢气含量会突然变化。从 1982 年 7 月至 1983 年 11 月的期间内，在圣安德烈斯断层的一些监测点检测到 0.2%~0.4% 的氢气含量变化。这种氢气含量的增加可能与 Coalinga 附近发生的 11 次地震有关。地壳内发生了大规模的应力变化，这种应力变化可能引起圣安德烈斯断裂的活动。使得蛇纹岩可能侵入了 Coalinga 地区下方的断层带，从而导致基性地壳发生水岩反应产生氢气并且逸散至地表。1984 年年末，在 Shore Road 检测到氢气含量变化与在同一地点记录的由降雨引起的断层活动相吻合。1982 年 10 月 26 日至 1983 年 3 月 3 日期间，Wright Road 共发生了 20 次氢气含量的剧烈变化，与 Shore Road 的断层活动相吻合（Sutton and McGee，1984）。

金之钧等在中国华南三水盆地的 12 条主要断层附近进行土壤渗漏气体检测，发现在多个断裂带中出现了异常高浓度的氢气，其最大值为 0.6948%，氢气浓度普遍大于 0.005%。靠近 10 个断层的站点氢气浓度大于 0.02%，靠近 4 个断层的站点氢气浓度大于 0.1%（Jin et al.，2024）。此外，位于中国东北部的松辽盆地的 SK-2 井区及周缘地下发现高含量的天然氢气，已检测的最高体积分数达 26.9%。深部地震勘探结果表明，SK-2 井所在的徐家围子断陷深部存在明显的莫霍面断裂，说明深大断裂对天然氢气的运移富集具有关键的控制作用（Han et al.，2024）。

天然氢气的勘探是一个复杂而富有挑战性的过程，现有的研究虽然探讨了断层与氢气运移之间可能存在的关系，但由于对天然氢气的成因和地下运移机制知之甚少，对一定区域内天然氢气的运移机理仍然主要依靠推测，无法给出明确可靠的勘探模式（图 3-8）。天然氢气的来源和成因是多样的，可能包括深部地质过程、生物化学反应等多种途径，这种复杂的来源使得确定氢气的准确分布和运移路径变得十分困难。此外，对地壳内部氢气运移和聚集的机制理解也很有限，很难准确预测潜在的储量和品位。现有的研究大多根据可能的氢源和构造特征，参考油气勘探的模式进行探索。例如，富铁岩体可能存在异常磁场，而断层构造也可能影响着区域内氢气的分布，但模型

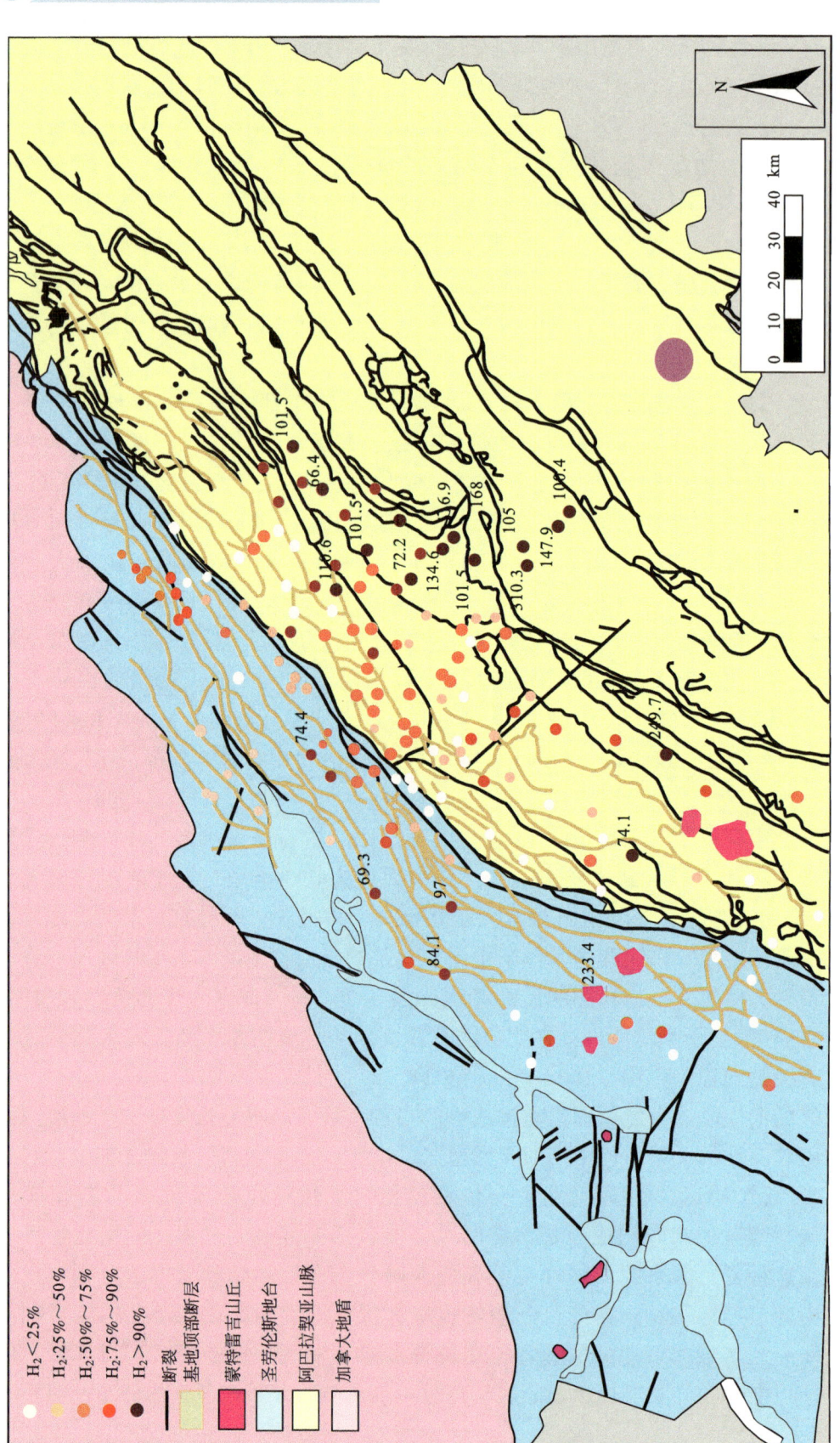

图 3-7 加拿大魁北克省断裂附近水中的氢气（据 Séjourné et al., 2024, 修改）

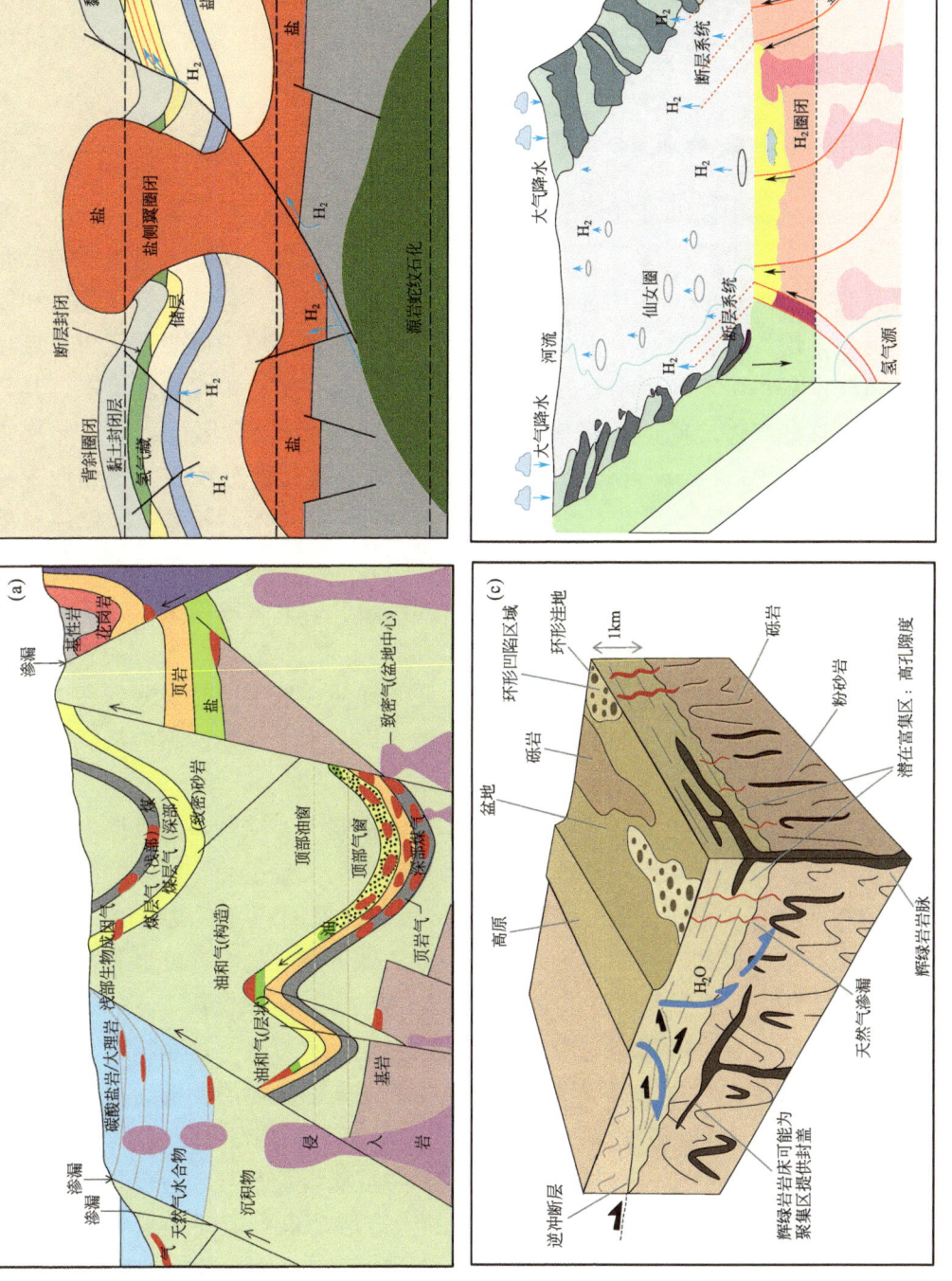

图3-8 不同类型天然氢气赋存方式 [（a）据Boreham et al., 2021, 修改;（b）据Lefeuvre et al., 2022, 修改;（c）据Struct, 2022, 修改;（d）据Ramirez et al., 2023, 修改]

仍缺乏实际验证，存在一定局限性，需要更多实践检验。氢气在地下的化学反应和迁移也很难预测。氢气一旦产生，可能会迅速与含氧矿物发生反应或逸散到地表，这些过程都会影响地下氢气的最终储量。同时，对于氢气的地下储存和运移通道，目前也仅能凭借断层的特点进行初步推测。综上所述，尽管近年来的研究为理解天然氢气的勘探提供了一些启示，但仍存在许多不确定性。要确定可靠的勘探策略，还需要开展更多的实验研究和野外观测，以深入认识天然氢气在地质环境中的产生、运移和赋存规律。只有在此基础之上，才能制定出切实可行的勘探指南并确定合适的勘探目标区域。

（二）天然氢气扩散的机制

天然氢气在地下环境中以混合气体的形式存在，其成分复杂，包含氢气、甲烷、氮气、氦气等气体，在储层中经历复杂的化学反应和物理运移过程，使得天然氢气的分布状态难以精确预测（Prinzhofer and Cacas-Stentz，2023）。与氢气共存的气体如氦气和氮气，由于它们的化学惰性，在储层中相对稳定。而甲烷在地下环境中可能转化为二氧化碳等化合物，氢气本身也可能经历剧烈的化学变化，尤其是在富含甲烷的环境中，其转化程度更为显著，这些气体之间的相互作用（甲烷向二氧化碳的转化）会导致储层中残留气体组成的变化（Shahriar et al.，2024）。混合气体通过物理过程在储层和地表之间迁移，可能经历平流运移而不发生化学分馏，或者在地下水中溶解扩散，从储层逸散出来，物理过程同样会影响储层中残留气体的组成（Jackson et al.，2024）。此外，与气体化合物相比，氢气在地下环境中的有效保留时间较短，研究显示地下氢气浓度可能在百年尺度上发生显著变化（Thiyagarajan et al.，2022）。相比之下，氦气由于铀和钍的放射性衰变持续产生，其含量变化较为缓慢。因此，即使在地下同时观测到高浓度的氢气和氦气，也不能简单地认为它们具有相同的来源成因与形成时期，因为氢气的动态变化与氦气的相对稳定性之间存在差异。

地下环境中天然氢气的分布极其复杂，理解其富集机制需要综合考量其伴生气体的化学属性和地质历史。蛇纹石化作用是地下无机氢气生成的关键过程，释放的氢气主要以游离态和溶解态两种形式存在。Lazar 等研究人员表明在地下环境温度超过 250℃ 时，氢气主要以溶解态存在于矿物溶液中，这是因为高温条件下氢气的溶解度显著提升。相反，当温度低于 250℃ 时，部分游离态氢气会从溶液中析出，成为地下环境中游离态氢气的主要来源。压力对氢气在吸附态与游离态之间的转化也有影响，这意味着深部环境中的矿物溶液可能含有更多溶解态氢气，为氢气从生成源向适宜储层的输送提供了可能（Roumejon et al.，2015）。蛇纹石化作用不仅产生氢气，还伴随着岩石内部孔隙和裂缝的进一步扩展，压裂效应有助于氢气从源岩中释放，并可能增加水与岩石接触面积，促进反应效率（Zgonnik et al.，2019）。与断裂相关的构造活动也可能促进氢气释放，因为断层通常连接盆地和基底，使得部分氢气以溶解态被地下流体携带至浅部，形成所谓的"平流链"，并可能沿断层迁移，或通过地下裂缝网络迁移，氢气在这一过程中可能被封存或进入邻近储层（Yang，2006）。

含氢气体的泄漏主要通过两种机制：气相泄漏和溶液中的扩散泄漏（Lodhia and Clark，2022；Maiga et al.，2023）。气相泄漏发生时，当储层气体压力超过盖层孔隙压力，气体将以气泡形式穿透密封性不佳的岩层。在此过程中，不同气体成分（如氢、氦、氮和甲烷）的分馏效应微弱，以原始比例存在于泄漏气泡中，因此对储层内剩余气体化学成分影响较小（Cussler and Okubo，1984）。在动态系统中，如果深部气体持续补充，气相泄漏带走的气体量在整体气体堆积中所占比例较小，因此，这种泄漏受储层气体储量影响显著，泄漏量与气体顶部压力成正比。另一种泄漏机制是溶解在盖层含水层中的气体通过分子扩散逸出，在较浅深度时，当溶解度上限被突破，气体将从溶解态转化为气相，在浮力驱动下气相平流则成为主要运移机制（Jähne et al.，1987）。氢气因其低密度，其气相平流流动性优于其他气体，因此气相平流是天然氢气最可能发生的气体迁移方式。而溶解相运移可能受其低溶解度和储层低压力限制，只有当气相平流受孔喉大小限制停止时，溶解氢的分子扩散才成为主要迁移机制。氢气的扩散系数约为甲烷的2.8倍，扩散损失取决于溶解气体浓度梯度（Muhammed et al.，2022）。

Prinzhofer等计算了当气体系统处于氦气5%，氮气和氢气100%时，通过浓度梯度分析可揭示实际泄漏情况。氢气在约10年内达到平衡，即输入与损失相等，损失包括氢气泄漏、氧化成水和产甲烷等过程。甲烷含量持续增长，40万年后达到稳定。氮气和氦气浓度在1000万年后缓慢上升，但1.5亿年内不达平衡。系统初期，气体几乎为纯氢，随时间推移，氮气和氦气浓度增加，1.6亿年后，氮气和氦气分别占95%和4%，氢气浓度1000万年后微降。甲烷含量15万年后达峰值（约52%），后因氮气稀释而下降。长期演化中气体组成变化规律对理解天然氢气藏形成机制有参考价值。也有学者分析全球不同含氢盆地气体化学组成，以三角图展示从纯氢到纯氮的演化，各地氢气聚集形成时间和阶段如下：马里布拉凯布古气藏含98%氢气、1%氮气、1.8%甲烷和0.05%氦气，约500年前形成；澳大利亚袋鼠岛气藏约2万年前形成；阿玛迪斯盆地气藏约100万年前形成；巴西圣弗朗西斯科盆地气藏与菲律宾和土耳其蛇绿岩相关气藏，形成时间分别为5000年前和4万年前（图3-9）。

综上所述，在氢气藏的演化过程中初始阶段氢的相对比例较高，但随着时间推移天然氢气会逐渐被甲烷或氮稀释，这主要取决于两个因素：储层中甲烷的生成量以及泄漏和局部蚀变。相关模拟结果表明经过一段时间的生产后，这种混合气的组成也会发生变化。生产过程通常会导致氢的比例增加，而氦和氮的比例降低，这种差异性不能完全归因于泄漏因素，氢、氦、氮的来源在质和量上可能更加多样化。对于像氢气这种短地质时间存在的气体，研究岩石中气体运移的微分动力学是一种有力的研究方法，有助于更好地预测未来的氢系统变化。总的来说，由于氢气扩散的性质，导致含氢气藏的演化机制是复杂的，需要综合考虑多种地质和生物化学因素。通过对多种因素的深入分析，才能更好地解释和预测天然含氢气藏的组成特征及变化规律。

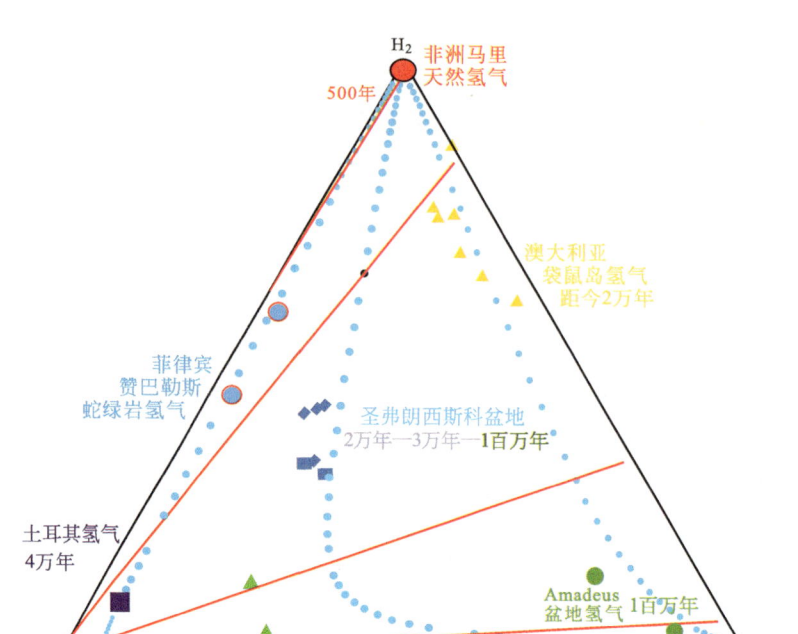

图 3-9　全球典型地区氢气形成富集时间预测（据 Prinzhofer et al.，2023，修改）

（三）氢气扩散的影响因素

外源地下流体（如碳氢化合物和二氧化碳）会取代沉积岩孔隙中先前存在的地层流体，并与之发生相互作用。对于氢气而言，通过地下水在含水层内的溶解迁移是地球浅层平流迁移的主要机制之一。氢气在沉积岩和地下水中的自然迁移的机理尽管尚未得到很好的解释，但在相关研究文献资料也有报道（Zgonnik，2020），其受到多种因素的影响，如盐度、温度、压力、地层流体成分以及流体—岩石相互作用等（Prinzhofer and Cacas-Stentz，2023）。溶解态氢气的扩散作用随着压力和温度的增加而增加，水分子可以通过氢键（H-）形成一个结构化的网格，这种网格结构可能在高压下重新排列，为溶解的氢气创造更有效的移动途径（Zhao and Jin，2019）。温度升高会使气体分子动能增加，从而增强氢气分子的动量、布朗运动和分子间力，进一步加强氢气在水中的扩散作用。氢气、二氧化碳、甲烷在不同情况下的扩散速率具有差异性（图 3-10）。与二氧化碳和甲烷相比，氢气的分子尺寸、黏度和密度更小，导致其在介质中的扩散速度更快，在地下储层中更容易散失（Vivian and King，1964）。因此，水中氢气比碳氢化合物中的氢气扩散更明显，氢气扩散损失在含水层环境中更易发生。相关气相运移的研究成果表明，氢气扩散率与其浓度梯度成正比，较低的氢气浓度意味着扩散作用较弱（Brini et al.，2017）。碳数越高的碳氢化合物与氢气的相互作用越强，导致其中溶解的氢气扩散速率越慢。此外，在高压下由于碳氢化合物密度的增加以及其分子的紧密堆积，会降低氢气分子扩散的作用（Bird，2002）。总的来说，流体的迁移机制是复杂的，涉及多种地质与物理化学因素。

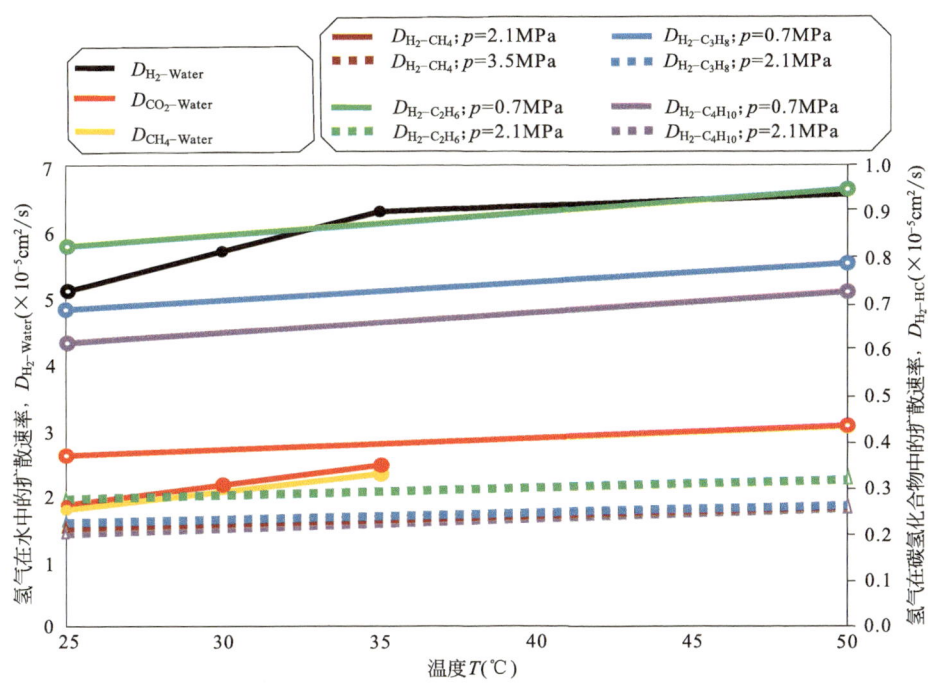

图 3-10 不同介质中氢气扩散规律及影响因素（据 Vivian，1964；Wang et al.，2023）

氢气在地下沉积岩中的扩散行为是一个复杂的过程。近年来，许多学者开展了一系列具有代表性的实验研究，模拟典型气藏环境下沉积岩中氢气的扩散特性（表 3-5），实验主要集中在 288~413K 的温度范围和小于 40MPa 的压力条件下进行。结果表明，温度是影响氢气在沉积岩中扩散的一个关键因素。在粉砂、黏土、煤、页岩和盐等不同岩性中，氢气扩散系数会随着温度的升高而显著增大，在仅 40K 的温度范围内就可出现超过 50% 的变化，这主要是由于温度升高能提高氢气分子的动能，从而增强扩散过程中的布朗运动和分子间力。相比之下，压力对氢气扩散的影响则相对较小。实验发现，随着压力的升高，氢气扩散系数会有所降低，这是因为在相同温度和体积条件下，流体密度的增加会抑制气体分子的扩散。但进一步研究发现，这种压力效应并不如温度效应显著，主要是因为压力变化对矿物吸附层的影响较小。此外，溶质浓度也是影响氢气扩散的一个重要因素。在模拟泥岩（蒙脱石）环境的实验中，当含水量达到 0.568g/cm³ 的阈值时，氢气扩散率降低了约 50%；当盐度从 8wt% 增加到 12wt% 时，氢气扩散率也下降了约 12%，这可归因于高含水量和矿化度会改变氢气分子与盐水的接触状态，导致扩散系数显著降低，有时甚至下降 5 个数量级。需要指出的是，岩石的孔隙和裂缝特征也会对氢气扩散产生重要影响。相比于干样，含水量增加后会改变孔隙结构，进一步抑制氢气的扩散行为，这种效应在盐岩中最为显著。氢气逸散时间可从 1h 增加至 843h（Vivian and King，1964；Wang et al.，2023）。

表 3-5　不同介质中氢气的扩散能力

岩石类型	扩散(m^2/s)	干燥介质扩散时间(a)	湿润介质扩散时间(a)	数据来源
砂岩	$(1.6 \sim 2.1) \times 10^{-9}$	2.5	3.3	Strauch et al., 2023
蒙皂石	$(4.25 \sim 8.27) \times 10^{-8}$	0.06	0.12	Liu et al., 2022
蛋白石	$(1.2 \sim 5.13) \times 10^{-9}$	1	4.4	Vinsot et al., 2014; Strauch et al., 2023
无烟煤	$(1.3 \sim 7) \times 10^{-8}$	0.08	0.52	Bagreev et al., 2004; Keshavarz et al., 2022
页岩	$(1.3 \sim 2.4) \times 10^{-8}$	2.2	3.7	Yaseri et al., 2022
石盐	$1.4 \times 10^{-9} \sim 1.3 \times 10^{-8}$	0.4	3.7	Strauch et al., 2023
纯水	$(3.9 \sim 6.1) \times 10^{-9}$	—	—	Ferreell et al., 1967; Jacops at al., 2017
空气	$(0.756 \sim 1.604) \times 10^{-4}$	—	—	Mostinsky, 2011; ToolBox, 2018
不锈钢	1.5×10^{-11}	352	—	Owczarek at al., 2000

断层是地球内部动力学作用发生的结果，它们在地质流体（如气体和液体）的循环和迁移中发挥着关键作用，这种复杂的地质过程由断层的开合机制所控制，为认识和分析地球深部系统提供了宝贵的窗口。断层开合的机制是多样的，断层的张开可由地震事件、流体超压或局部溶解等因素触发，而断层的闭合则可归因于机械作用导致的渐进式密封、化学过程以及断层表面粗糙度的变化。复杂的力学和化学过程使得断层在时间和空间尺度上表现出高度的异质性和变化性。断层在地壳流体的迁移过程中起到双刃剑的作用，一方面它们可以作为有效的通道允许深部流体沿断层面向上迁移；另一方面它们又可以成为流体运移的障碍，阻隔其在地层中的横向扩散。这种矛盾的功能主要取决于断层的几何形状、内部构造以及周围地层的岩性和地质力学应力状态。各个盆地中的这些断裂带可以有效地促进流体的垂直运移，为氢气的迁移提供理想的环境。此外，断层尺度的差异也对流体迁移过程产生重要影响，大型断层（千米级）可以影响沉积盆地尺度的流体运移路径，而小型断层（米级）则主导着局部尺度的流体通道（Sugisaki et al., 1983）。有研究显示，在马里、巴西等地富氢流体沿大型断层的平流迁移被广泛记录（Prinzhofer et al., 2019; Cathles and Prinzhofer, 2020）。相比之下，Lefeuvre 等人在北比利牛斯山脉观测到的断裂带内气态氢的日流量，则体现了较小尺度断层对流体迁移的调控作用，从蛇纹岩到上层储层，氢气在约 7km 的距离上迁移所需的时间约为 128~274a。

总的来说，流体的迁移机制是复杂的，涉及多种因素，通过深入研究对我们更好地理解和预测天然气藏的形成、演化过程至关重要。尤其是对于一些短生命周期气体——氢气，其在地质过程中的迁移特性更需要进一步探讨。只有充分认识流体在地下储层中的运移机制，才能更好地把握其分布规律，为合理寻找并开发天然氢气资源提供有力支撑。在地球的沉积盆地中，流体（如碳氢化合物和二氧化碳）通过多孔沉积岩的运移是一个重要的过程，同时氢气的迁移也可通过溶解在含水层中进行。氢气的迁移受到多种因素的影响，包括盐度、温度、压力、地层流体成分和流体—岩石相互作用。研究表明，氢的扩散速率在沉积岩中表现出强烈的与温度之间的正相关效应，但随着压力的增加而降低，含水量和盐度也会显著影响氢气的扩散速率。此外，断层在流体和气体在地壳中的循环中扮演着至关重要的角色，既是通道又是屏障。断层张开和闭合的复杂机制控制着流体和气体的迁移，这些机制受断层类型、几何形状、断裂带内部结构、周围地层和地质力学应力等因素的影响。研究表明，富氢流体沿着大型断层迁移，可在数小时到数天的时间尺度内完成数千米距离的迁移，这比生物消耗等量氢气所需的时间更短。

第三节 天然氢气动态聚集模式

氢气存在于地球上各种类型的环境中，但近年来人们才开始尝试寻找地下氢气的富集区域。1982 年，美国 CFA 石油公司在北美裂谷系钻探 Scott 井时，发现 Scott 井中氢气的含量约为 50%。到了 1987 年，该地区部分钻井中采集的气体中氢气含量依然高于 30%。发现表明，在某些地质条件下，天然氢气可以形成相当丰富的储量。西非也有类似的天然氢气开发记录，西非马里白云岩与砂岩中的氢气富集层，其气体流速足够高，可以运行一台发电机，为当地一个村庄提供所需的全部电力（Murray et al.，2020）。这说明在某些特殊地质环境中，天然氢气不仅资源丰富，而且具有较高的开采利用价值。俄罗斯根据对近地表"仙女圈"土壤气体成分的含量进行估算，表明"仙女圈"氢气泄漏含量每天可达到 $(2.1 \sim 2.7) \times 10^4 m^3$（Larin et al.，2015），这充分说明即使是地表的小型渗漏点，其潜在的氢气产出也是相当可观的。

地球上存在着丰富的天然氢气资源，其分布较为广泛且储量可观，目前已经发现的或许只是地下天然氢气的冰山一角。如果有针对性地在可能存在氢气的地点开展探测，相信会有更重大的发现。结合以往的研究发现，氢气资源的富集可能更集中在深层，尤其是前寒武纪基底，并可能符合动态富集成藏规律。天然氢气作为一种无碳、可持续的资源，其在上百乃至上千万年的地质过程中不断生成，在地下环境中时刻进行着运移—富集—消耗活动。因此，在地质圈闭中，氢气会不断消耗和逸散，但新的氢气又会快速充填进去，使之成为一种动态平衡的资源气藏。氢气的运移成藏是一个较短时间内的动态过程，尽管在短期内的氢气储量和体积是可以发生变化的，但氢气一旦形成气藏可以开发，具体资源总量取决于该地区氢气源的生成量（图3-11）。理想的天然氢气藏不会出现随着开发活动发生资源枯竭的现象，这是天然氢气与化石能源的本质区别，只要地球上关于氢气的地质过程依然持续进行，氢气资源就会不断补充，为人类提供持续的能源支撑。

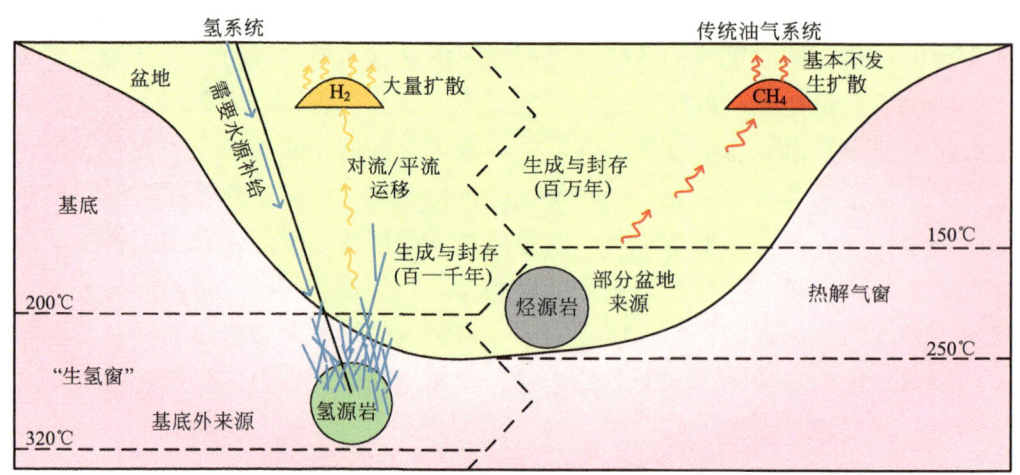

图 3-11 氢气与甲烷富集的差异性（据 Jacksonr et al., 2024，修改）

根据目前的研究，天然氢气系统由几个关键要素构成：生氢源岩、氢气消耗、储层—盖层及扩散通道，这些要素相互关联，共同形成地下天然氢气系统。首先，能够稳定生成大量氢气的岩石是主要的来源，天然氢气主要分为无机成因和有机成因两类。有机成因的氢气通常通过热作用和微生物作用产生，如有机质的分解和发酵等；无机成因则可分为多个类型，包括蛇纹石化、地球深部脱气、水的放射性分解等，其中蛇纹石化是最主要的成因。因此，煤、页岩、富有机质的泥岩以及蛇绿岩带等都可能成为潜在的氢气源岩。水的放射性分解作用也是氢气形成的重要机制，放射性元素如铀、钍和钾在衰变时产生的能量足以将水分解为氢气和过氧化氢，水的存在状态并不影响放射性分解过程，冰、水蒸气或盐水都可发生反应。此外，地球深部的脱气过程也是重要的氢气来源，主要通过火山喷发、地震和断裂活动等方式释放氢气。在火山和相关温泉中氢气浓度较高，而地震活动可导致更多深部氢气释放。蛇纹石化和水岩反应本质上是水与二价铁离子的氧化还原反应，形成的富氢流体通常 pH 值较高，最佳反应温度在 200～310℃之间，且存在 Ni^{2+} 的矿物可显著提高氢气的生成速率。氢气在地下储层中可能经历多种化学反应，这些反应对氢气的存储和利用至关重要。首先，微生物参与的反应会影响氢气的稳定性。例如，在产甲烷菌存在的环境中，氢气与二氧化碳反应生成甲烷，从而导致氢气损失。此外，铁还原菌和硫酸盐还原菌也会促进氢气与铁和硫等元素的反应，进一步消耗氢气。其次，氢气与矿物的化学反应同样会影响其稳定性。例如，氢气与黄铁矿反应生成磁铁矿，此反应需要特定微生物或环境作为催化剂，初期反应速率较低但会随时间加快，导致磁铁矿大量生成，从而改变储层的孔隙特性。此外，硫酸盐矿物在特定催化菌的作用下被还原为硫化氢，造成氢气损失。虽然碳酸盐岩矿物通常与氢气不发生反应，但在特定条件下，其物理性质可能发生变化，如体积膨胀或溶解，进而影响氢气的存储空间。最后，氢气与有机质之间的反应也会影响氢气的储层或含量。例如，在加氢热解过程中，有机质中的 S 原子反应生成硫化氢，O 原子反应生成水，并导致有机大分子中的杂原子结构脱落，并对氢气进行消耗。此外，热裂解产生的芳烃自由基在氢气的作用下会形成环烷烃，同时高热演化条件下外源氢气的参与也会导致自由基加氢，造成有机质消耗氢气形成烃类化合物。氢气在地下储层中可能经历微生物参与的反应、氢气与矿物的反应以及氢气与有机质的反应，这些反应以不同方式影响氢气的稳定性和储存（图3-12）。因此，具有潜力的天然氢气储存环境应尽量避免上述反应的发生。

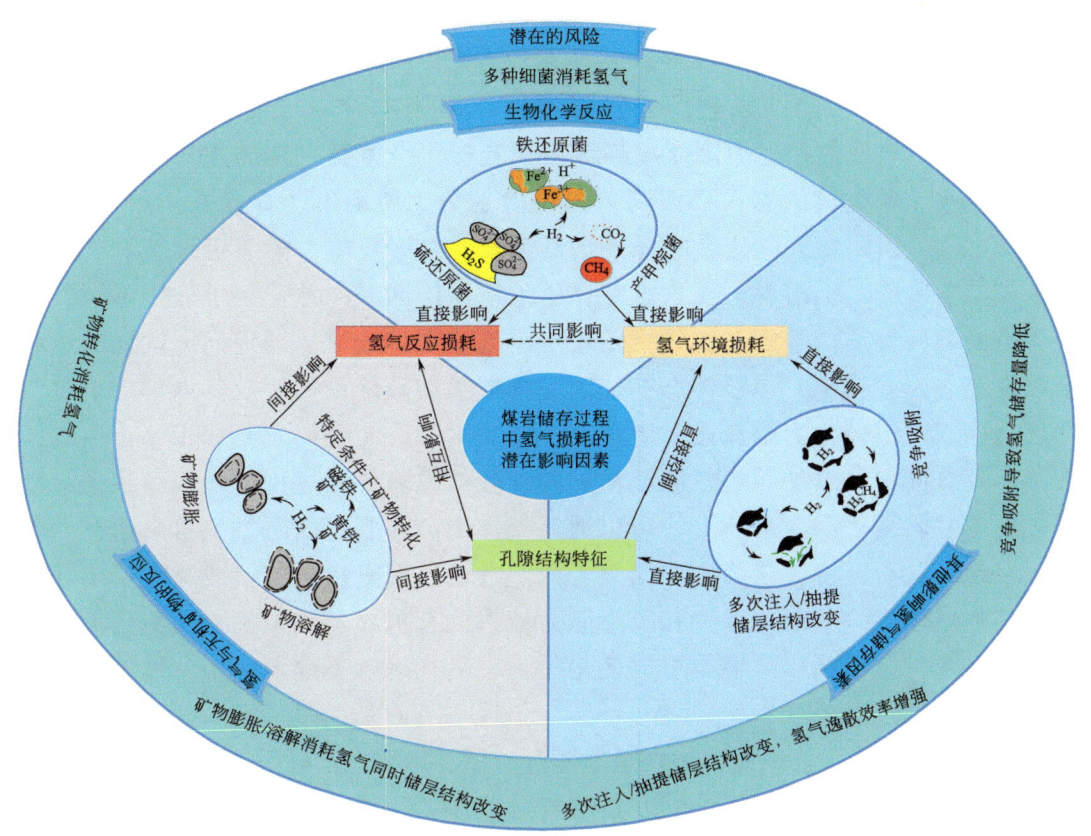

图3-12　地下天然氢气消耗机理（据韩双彪等，2024）

氢气储层—盖层是天然氢气系统的重要部分。尽管自然界中有丰富的天然氢气资源，但其赋存形式和储—盖组合类型却相当复杂，可能含有天然氢气的地质体包括砾岩、砂岩、白云岩、蒸发岩、煤、页岩、变质岩、黏土层、岩浆岩和辉绿岩等。例如，马里Taoudeni盆地的碳酸盐岩孔隙度为0.20%~14.30%，且岩溶孔隙中氢气含量较高，砂岩孔隙度为4.50%~6.40%，主要埋深小于1000m，含有蛇绿石（Maiga et al.，2023）；法国巴黎盆地的储盖层（蒸发岩、泥岩、砂岩、黏土层）埋深范围为988~1981m，孔隙度为7%~19%（Lefeuvre et al.，2024）；中国松辽盆地的氢气异常层段（砂岩、变质岩、岩浆岩、页岩、泥岩）深度分布在3000~6000m，平均孔隙度为0.39%（Han et al.，2022）；三水盆地的布新组三段由灰色泥岩、浅灰色砂岩、粉砂岩和盐层组成，总厚度为70~120m（Jin et al.，2024）；加拿大前寒武纪地盾部分样品（岩浆岩）孔隙度为0.9%~1.3%（Warr et al.，2005）；澳大利亚Roxby Downs花岗岩中有含氢包裹体与裂缝（Bourdet et al.，2023）。不同岩性的孔隙度范围广泛，从0.2%~14.3%不等，且赋存深度从几百米到几千米不等。储层中天然氢气的赋存状态多样，主要分为游离氢、包裹体氢、溶解态氢和吸附态氢。有关天然氢气的发现中，近一半为游离态氢气，存在于各类岩体、间歇泉、矿体、油气藏、裂谷和断层中；约1/4以包裹体态存在于不同类型的岩石和含煤盆地，另外1/4则作为溶解气存在于油田水和地下水中（Zgonnik，2020）。关于吸附态氢气的报道较少，但有研究显示其可以在煤和黏土矿物中以吸附态存在，对加拿大雪茄湖铀矿床上伏的黏土层岩石样品进行的升温气体解吸实验结果表明，氢气能够以吸附态赋存于黏土矿物中（Truche et al.，2018），氢气的相态会因储层环境而相互转化且遵循一定的规律。例如马里深部的氢气几乎全部为溶解态，而浅部氢气绝大部分为游离态，少量为溶解态（Maiga et al.，2023）。因此高压低盐度的地下水是氢气的良好载体，类似于致密页岩或者蒸发岩的储—盖一体。但溶解态氢气多存在于地下深层区域，并受制于低压下氢气含量几乎为零的溶解性质。溶解态氢气在随着水沿裂缝运移或流体通道向上运移的过程中逐渐以游离态形式析出，包裹体态往往因为构造活动破碎进而释放其内部的氢气，并根据环境因素可以转化为游离态、溶解态或者吸附态。与游离态氢气相比，包裹体态氢气同样具有随深度增加而氢气浓度增加的特征，但需要通过构造作用导致的活动和碎裂中释放并转变为游离态后，才可以通过流体通道和裂缝断层发生自由运移。吸附态氢气在现有的研究中被认为主要储集于深部的贫甲烷有机质储层或黏土层中，高压环境、其他气体竞争吸附的缺失和吸附能力较强的有机质与黏土矿物孔隙是氢气吸附赋存的良好条件。但高压环境也可以使得吸附态氢气溶解于地下水中，进而无法完全阻止氢气的扩散运动。

虽然天然氢气的主要来源集中在地球深部，但其运移能力较强，使得大量氢气最终聚集在中浅层的储层中，这主要由氢气本身的性质决定：氢气分子小、质量轻，在混合气体中容易浮于上层。同时，氢气还可以通过扩散和平流的方式，在浮力和浓度梯度的作用下从深部迁移到浅层储层，这种运移过程的关键通道就是地壳中的断层—裂缝系统。断层和裂缝为氢气提供了垂直和水平的迁移通道，使得地表常出现"仙女圈"或土壤中的氢气泄漏现象。"仙女圈"的分布往往与地下断裂和断层的空间分布高度吻合，仙女圈中的氢气流通常集中在小型或大型构造的凹陷中心。

基于上述的认识，在众多地区的天然氢气渗漏勘探活动中提出了天然氢气系统的模型。充足的水源（大气降水，地下水）可以为水岩反应或者放射性分解提供充足的反应物质条件；深部形成的氢气依靠地下流体（溶解态）或者断裂系统（游离态）运移至潜在的储—盖系统之中富集（吸附、游离、溶解、包裹体），但盖层或者构造圈闭的封存效果是有限的，部分氢气会扩散离开储层在地表渗漏形成"仙女圈"，这也是为什么"仙女圈"往往分布在断裂发育的地方（图3-13）；深部形成的氢气时刻不停地补充着由扩散作用引起的氢气损失，在一定范围内形成输入损失的动态气藏（魏琪钊等，2024）。

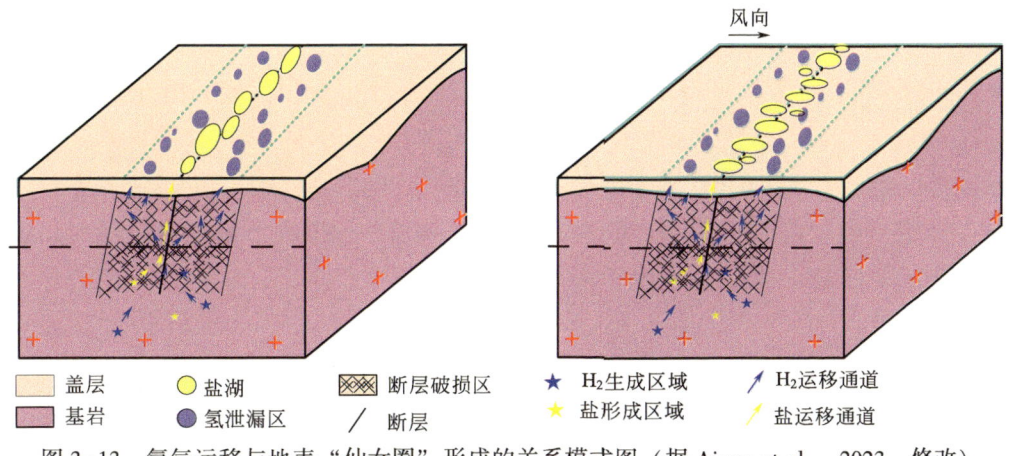

图 3-13　氢气运移与地表"仙女圈"形成的关系模式图（据 Aimar et al., 2023, 修改）

那么氢气都是以稳定的动态成藏存在于地下环境中吗？答案或许是否定的。美国堪萨斯州几口钻井中发现了高浓度的氢气，这说明氢气确实可以在地下大规模富集。Sue Duroche 2 井最初高达 91.7% 的氢气含量足以证明这一点。然而，随着时间的推移，井中的氢气含量出现了不同的变化趋势。Sue Duroche 2 井的氢气含量急剧下降，从 2008 年的 91.7% 降至 2014 年的 0.1%。这可能意味着这口井中的氢气并非存在长期稳定的气体补充，而是随开发过程逐渐消耗，这种氢气含量变化规律不符合动态富集成藏，更类似于常规油气藏。Sue Duroche 2 井中的氢气可能是较长时间内从远处扩散至此聚集并被水层封闭，随着钻井开发后逐渐被耗尽。在数年过后 Sue Duroche 2 井中再次检测到微量的氢气，这说明的确存在氢气的补充，但补充的速率较慢，形成可供开发的动态氢气藏较为困难，或许只能经过长时间的积累形成一次性的氢气藏。相比之下，Scott 1 井和 Heins 1 井的情况则有所不同。它们的氢气含量虽然在一定时期内有所下降，但最终趋于稳定，这可能意味着这两口井内的氢气可以划分为两部分，一部分为类似于 Sue Duroche 2 井中的在较长地质时期内积累的氢气，另一部分则可能是近源存在着氢气源岩可以快速补充大量的氢气缺失，这种气藏类型更符合动态成藏的特点。而非洲马里已经开发的天然氢气藏则符合 Scott 1 井和 Heins 1 井理想的动态成藏模型，且氢源补充氢气的能力更强，即在马里天然氢气钻井的开发过程中氢气的含量与流速没有出现降低的情形，而且井底压力出现增大的现象。综上所述，这些存在长时间资料记录的钻井情况说明，氢气确实存在大规模地下聚集的可能，但其富集成藏规律具有特殊性。一种氢气藏可能是动态的，存在充足的氢气随时填补气藏中氢气的损失。另一种氢气藏则可能是相对静态的，尽管其氢气补充量极小但由于封闭条件较好使得其在一定时期内持续积累得以形成一定含量的气体储集，这种氢气藏往往是一次性，短时间内无法再形成可供开发的氢气藏。而还有一种氢气藏是前两种氢气藏的结合，前期以长时间积累的高含量氢气为主，后期则以相对高含量补充氢气为主，尽管氢气整体含量可能低于第一种氢气藏，但从长远的角度出发，其开发潜力要高于第二种氢气藏，具有可持续开发的潜力。

天然氢气藏赋存环境复杂，不同类型地质环境中都有可能存在氢气，复杂的赋存环境也决定了天然氢气资源的勘探活动面临诸多挑战。首先，氢气含量变化幅度很大，从百分之零点几到90%以上不等。其次，不同赋存状态的氢气可能需要采取不同的开采和利用技术，这也带来了技术难题。最后，氢气容易从储层逸散，且易被其他气体组分争夺赋存位，给寻找有利的氢气富集储层带来挑战。因此深刻认识天然氢气系统的组成因素是极为重要的。由于氢气藏之间存在差异，未来在勘探和开发氢气资源时，需要区分不同类型的氢气藏，采取并制定相应的勘探开发策略。

第四章

天然氢气勘探关键技术

长时间以来受到传统观念影响，前人认为氢气在地下难以存在或量太少而不具备勘探价值。然而，随着世界各地多次在地表或井下检测到氢气的存在，使其成为全球能源地质领域关注的热点，国外多个国家和地区已制定了天然氢气的勘探开发和利用计划。马里最早实现了天然氢气的商业开采，美国、澳大利亚、西班牙也已成功钻探天然氢气勘探井。天然氢作为一种潜在的零碳可再生资源，具有巨大的开发前景，如何高效做好天然氢气开发利用的技术储备变得尤为关键。目前国外天然氢气的勘查体系主要为遥感、地球化学勘探、地震和航磁、钻探和实验室测试等，通过选择有利区开展资源调查，明确天然氢气的来源、成因、运移和成藏等相关机理。氢气的检测技术是限制人们认识这种自然资源的主要因素之一。但是氢气勘探技术目前还处于起步阶段，主要在已知存在氢气的地表或者井附近进行勘探。由于氢气赋存地质环境的差异性，无法定义具体的勘探工作流程，结合多学科方法（包括遥感、地球化学勘探、地球物理勘探和钻探）的天然氢气勘探可能是进一步的发展趋势。通过对天然氢气勘探技术的研究，旨在为天然氢气勘探开发提供借鉴。

第一节 天然氢气地表检测

一、遥感技术

现代遥感技术历史悠久，20 世纪 60 年代第一次提出"遥感"。1961 年，在美国国家科学院和国家研究理事会的支持下，在密歇根大学的威罗兰实验室召开的"环境遥感国际讨论会"。此后，遥感作为一门新兴学科飞速发展起来。但是，类似遥感的学科技术自从 17 世纪就已经开始发展了。1957 年 10 月 4 日，苏联第一颗人造地球卫星的发射成功，标志着人类的空间观测进入新纪元。此后，美国发射了"先驱者 2 号"探测器拍摄了地球云图。真正从航天器上对地球进行长期探测是从 1960 年美国发射 TIROS-1 和 NOAA-1 太阳同步卫星开始。从此，航天遥感取得了重大进展，此外多种探测技术的集成日趋成熟，如雷达、多光谱成像与激光测高、GPS 的集成等可以同时取得经纬度坐标和地面高程数据，用于实时测图。总之，随着遥感应用向广度和深度发展，遥感探测更趋于实用化、商业化和国际化。

遥感技术是一种通过远距离传感器获取、记录并分析地球表面信息的科技手段。主要是通过人造卫星、飞机或其他飞行器收集地物目标的电磁辐射信息，来识别地球环境和资源。任何物体都有不同的电磁波反射或辐射特征，航空航天遥感就是利用安装在飞行器上的遥感器感测地物目标的电磁辐射特征，并进行识别和判断，在农业、环境监测、地质勘查、城市规划等领域发挥着重要作用。任何物体都具有光谱特性，具体地说，它们都具有不同的吸收、反射、辐射光谱的性能。在同一光谱区各种物体反映的情况不同，同一物体对不同光谱的反映也有明显差别。即使是同一物体，在不同的时间和地点，由于太阳光照射角度不同，它们反射和吸收的光谱也各不相同（图 4-1）。遥感技术就是根据这些原理，对物体做出判断。遥感技术通常是使用绿光、红光和红外光三种光谱波段进行探测。绿光段一般用来探测地下水、岩石和土壤的特性；红光段探测植物生长、变化及水污染等；红外光段探测土地、矿产及资源。此外，还有微波段，用来探测气象云层及海底鱼群的游弋。现阶段遥感技术可以接收地物反射的自然光，也可以接收地物发射的长波红外辐射，并且还可以通过合成孔径雷达和激光雷达主动发射电磁波，实现全天候的对地观测。进入 21 世纪，遥感科技已显现出高空间分辨率、高光谱

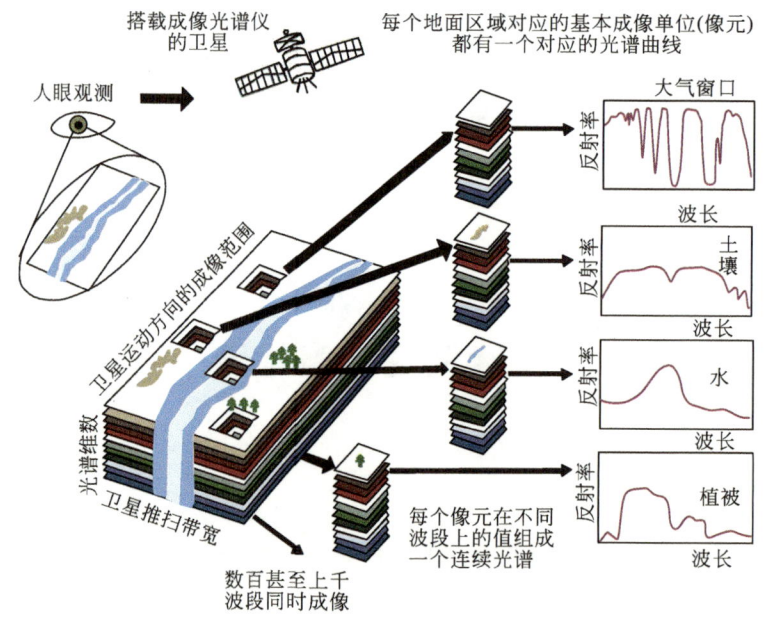

图 4-1　卫星遥感原理示意图

分辨率、高时间分辨率的"三高"新特征,并开拓了更多的应用新领域。

遥感技术在天然氢气方面的应用是一个新兴且备受关注的领域,主要用于氢气资源勘探,可以通过多光谱数据、雷达测量、红外遥感技术等识别潜在的氢气富集区,表征氢气藏的构造特征和分布规律。通过遥感技术,也可以检测生产过程中氢气的泄漏情况,利用遥感技术监测氢气生产对周围植被覆盖、土地利用和生态系统的影响,有助于实施生态保护和修复措施。目前遥感技术在天然氢气野外勘探方面应用主要是"仙女圈"选择、断层识别和氢气泄漏监测技术。澳大利亚、俄罗斯、巴西和纳米比亚(Frery et al., 2021; Larin et al., 2015; Prinzhofer et al., 2019)等很多国家都有很多圆形或亚圆形洼地的地貌特征,但是发现的氢气相关渗流却截然不同,通过卫星图像和地图观察这种地貌特征随时间的演化过程,有助于分析其影响因素并进行区分。遥感技术在识别断层方面的应用可用于研究氢气的运移规律,为判断可能存在的富氢地区提供参考价值。遥感技术在氢气泄漏监测技术中的应用主要是能够实现对氢气泄漏的实时监测,便于及时采取措施,确保系统的安全运行。

(一)"仙女圈"选择

由于天然氢气可以通过运移通道从地下渗漏到地表,地面常表现为具有植被异常的亚圆形洼地,一些学者将其非正式地命名为"仙女圈",比如巴西的圣弗朗西斯科盆地、美国的北卡莱罗纳州、澳大利亚的珀斯盆地和俄罗斯的中部地区都存在这样的"仙女圈"(Zgonnik et al., 2015; Prinzhofer et al., 2019; Frery et al., 2021; Larin et al., 2015)。对巴西圣弗朗西斯科盆地进行长期监测,发现氢气在土壤中的测量值在时间和空间上变化很大。土壤中的氢气含量随时间变化差异性较大,由于土壤特性和微生物细菌的影响,氢气具有优先运移途径,且测量得到的氢通量一般小于实际值。在陆地上,氢气渗漏形成的"仙女圈"通常是天然氢气勘探的有利区域(Myagkiy et al., 2020)。并非所有的"仙女圈"形成的亚圆形凹陷都与氢气的渗漏有关(Moretti et al., 2021; 2022)。澳大利亚西南部克拉通地区可以看到很多类似于"仙女圈"的表面特征,但结合文献综述、遥感、现场和实验室测量等方式研究,发现虽然盐湖的地貌与氢气渗漏形成的地面凹陷表现相似,但盐湖的形成并不是由于氢气渗漏引起的(Aimar et al., 2023)。

"仙女圈"存在于世界各地,并且具有不同的直径、位置和密度,在遥感卫星形成的地图上,它们通常是寻找天然氢气的良好标志。遥感卫星数据旨在识别"仙女圈"以厘定潜在氢气富集区域,使用便携式气体检测器和色谱分析对俄罗斯克拉通表面的亚圆形结构进行研究,证实氢分子浓度与"仙女圈"的几何形状密切相关,在"仙女圈"内部或沿"仙女圈"边界可检测到氢气最大浓度,但在"仙女圈"外部的相邻区域几乎没有检测到氢气含量(Larin et al., 2015)。对北卡罗来纳州(美国)的氢气潜在运移机制进行分析,通过卡罗来纳湾是由于深部氢气的岩石蚀变引起的局部坍塌从而形成氢气运移通道这一假设,表明卡罗来纳湾氢气渗流从而导致地表形成椭圆形洼地

(Zgonnik et al., 2015)。对巴西圣弗朗西斯科盆地地表氢气含量进行长期监测，检测到氢气从具有特征性亚圆形形状的地表凹陷中渗出。氢气分析仪表明圆形结构中氢气含量在 0.004%~0.02% 不等，氢气浓度随时间波动较大，氢气分子可能通过多种介质从土壤中渗出，氢气运移的动态扩散包括纯扩散、平流或者扩散和平流的混合，表明氢气渗漏机制的复杂性（Prinzhofer et al., 2019）。

"仙女圈"在地貌上表现为轻微的凹陷，大小从几十米到几百米不等，但很少直径超过 500m，并且凹陷深度不会很深，典型深度为几米。但是气体逸出并不是唯一可能在空间图像上产生的小凹陷，碳酸盐岩通过岩溶作用溶解、坍塌和沉降也可能产生圆形到亚圆形的平面形状，这种凹陷直径一般从几米~1km 不等（Ford and Williams, 2007; Palmer, 2007）。通过洼地两侧的斜坡斜率可以分辨"仙女圈"和岩溶，图 4-2 中（a）和（b）分别为澳大利亚和巴西"仙女圈"，（c）和（d）分别为西班牙和墨西哥岩溶地貌，通过对巴西"仙女圈" 700 多个测量点的测试结果可知，"仙女圈"洼地的斜坡斜率远小于喀斯特岩溶斜坡斜率（Moretti et al., 2021）。这个特征有助于区分"仙女圈"和岩溶溶蚀孔（白云石）。基于坡度最大值和平均值的标准，可以识别墨西哥的喀斯特洼地。但是这种基于大小、深度和斜率的区分并不完全精确，由于"仙女圈"洼地周围一般没有植物包围，所以还可以通过卫星数据计算植被指数来区分这些结构。

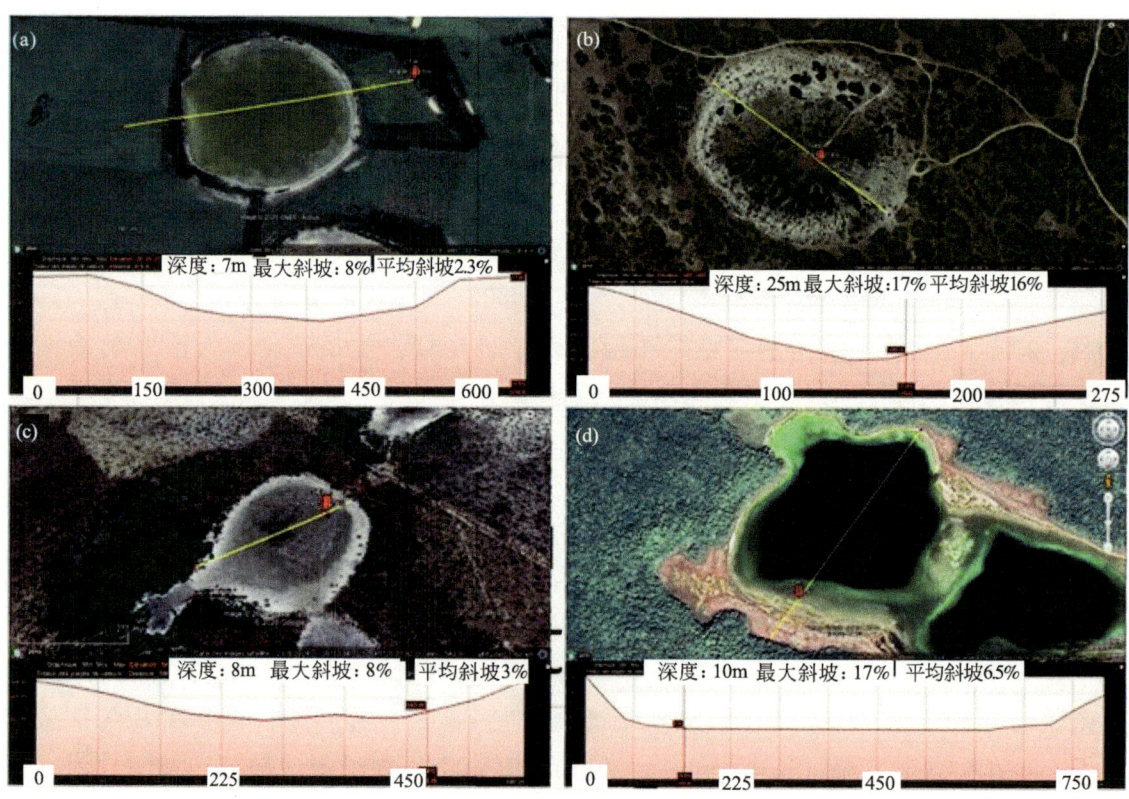

图 4-2 "仙女圈"与岩溶遥感卫星图像（据 Moretti et al., 2021，修改）
（a）澳大利亚"仙女圈"；（b）巴西"仙女圈"；（c）西班牙岩溶；（d）墨西哥岩溶

遥感数据在区分凹陷结构时，主要采用数字高程模型（DEM）、卫星图像、数字地质图和植被指数等多光谱数据来确定天然氢气的富集区域。卫星图像可以清楚地识别出椭圆—圆形表面特征的形状、大小和分布模式，可以使用其选择采样地点。数字高程模型（DEM）可以用于得到研究区的形貌特征，所得数据可与 Landsat 影像结合使用，通过陆地成像仪（OLI）传感器获取地表反射率。并在 30m 的空间分辨率下对获取的遥感图像数据进行云去除、影像光谱校正、影像滤波等预处理。使用的表面反射率波段如下：

波段 1——海岸气溶胶，（433~453）nm~30m 分辨率

波段 2——蓝色，（450~515）nm~30m 分辨率

波段 3——绿色，（525~600）nm~30m 分辨率

波段 4——红色，（630~680）nm~30m 分辨率

波段 5——近红外，（845~885）nm~30m 分辨率

波段 5——短波红外，（1560~1600）nm~30m 分辨率

通过数字地形模型，可以描述包括高程在内的各种地貌因子，如坡度、坡向、坡度变化率等因子在内的线性和非线性组合的空间分布。根据波段计算归一化植被指数（NDVI），该指数使用红色波段和 NIR 波段来评估植被及其健康状况。其取值范围为 $-1~1$ 之间，其中 $0~1$ 代表植被活跃、健康和茂密。低于 0 的值代表水体、没有植被的区域，如建筑物或死植被。计算方法如下：

$$NDVI = \frac{NIR-Red}{NIR+Red}$$

然而，当植被覆盖率低或没有植被覆盖时，它对土壤的反射率很敏感。为了克服此限制，提出了 SAVI 指数，起到图像动态范围增强器的作用（Huete，1988）。引入校正因子 L 可以考虑到中等植被密度，$L=0$、0.5 和 1，分别对应于高植被覆盖（NDVI 当量）、中等植被覆盖或无植被覆盖（Ray，1994）。结果表明，NDVI 只有在植物覆盖率高于 30% 的地区才能有效发挥作用，而 SAVI 可以在植物覆盖率低至 15% 的地区起作用。

$$SAVI = \frac{(NIR-Red)(1+L)}{NIR+Red+L}$$

对于干燥植被和悬浮物浓度高的水体，我们还使用 NDBI 指数，它主要是通过 SWIR 和 NIR 波段来显示某些类型植被的反射率。

$$NDBI = \frac{(SWIR-NIR)}{(SWIR+NIR)}$$

Okakarara 地区是由氢气地下渗漏引起的，Kalahari 沙漠则是没有氢气渗漏的，通过研究两种类似形状的圆形凹陷的形态特征和遥感指数来研究它们的差异。在 Okakarara 地区，具有很多与氢气渗漏有关的亚圆形凹陷，主要研究其 SCD（图 4-3 和图 4-4）。形态特征分别对应卫星地图上亚圆形凹陷的外观、数字高程模型（DEM）和相邻结构斜坡洼地斜率。遥感指数分为对应植被指数 SAVI、NDBI 和沿海气溶胶带。

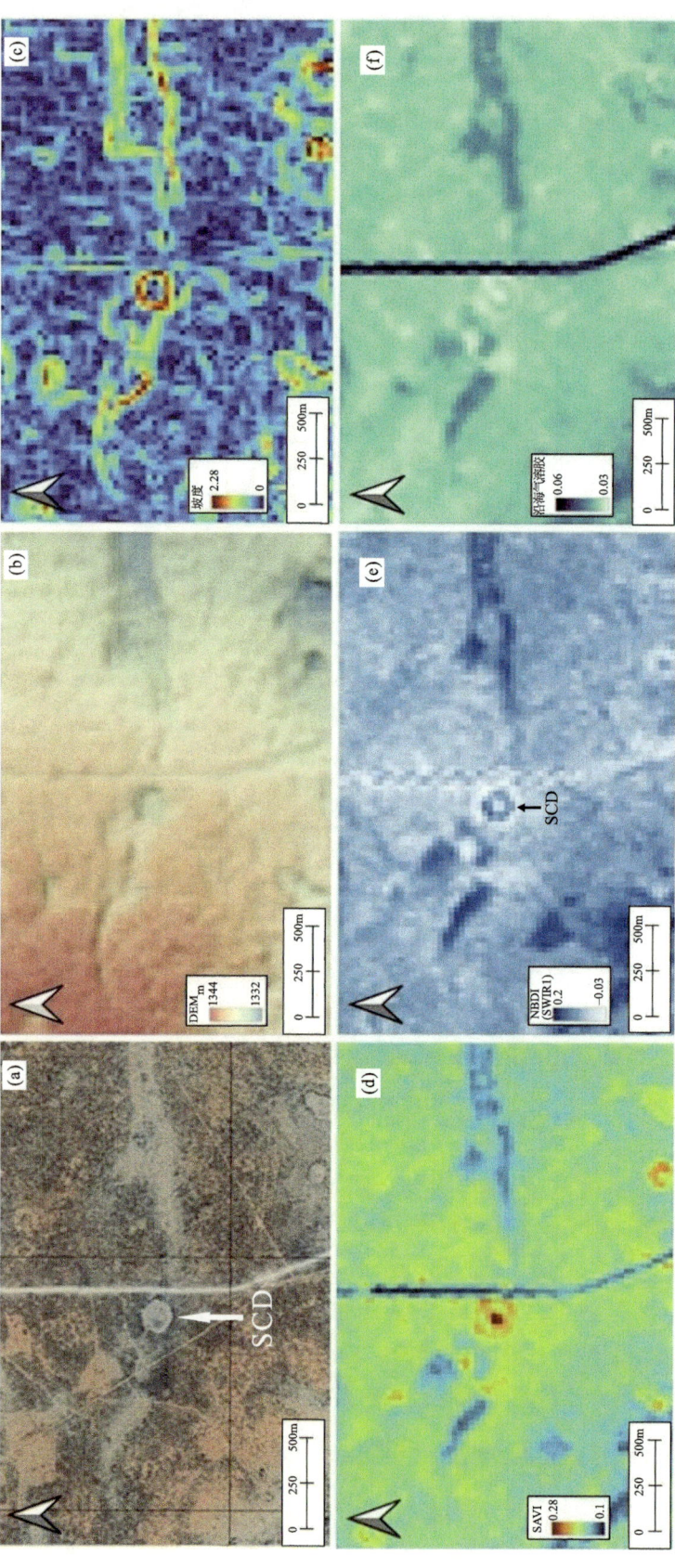

图 4-3 Okakarara 卫星图像与遥感数据成像（据 Moretti et al., 2022, 修改）

(a) Okakarara 卫星图像；(b) DEM（m）；(c) 相邻结构斜坡斜坡连地斜率（源自 DEM 法）；(d) $L=0.5$ 时的 SAVI 指数；(e) NDBI 指数；(f) 沿海气溶胶带

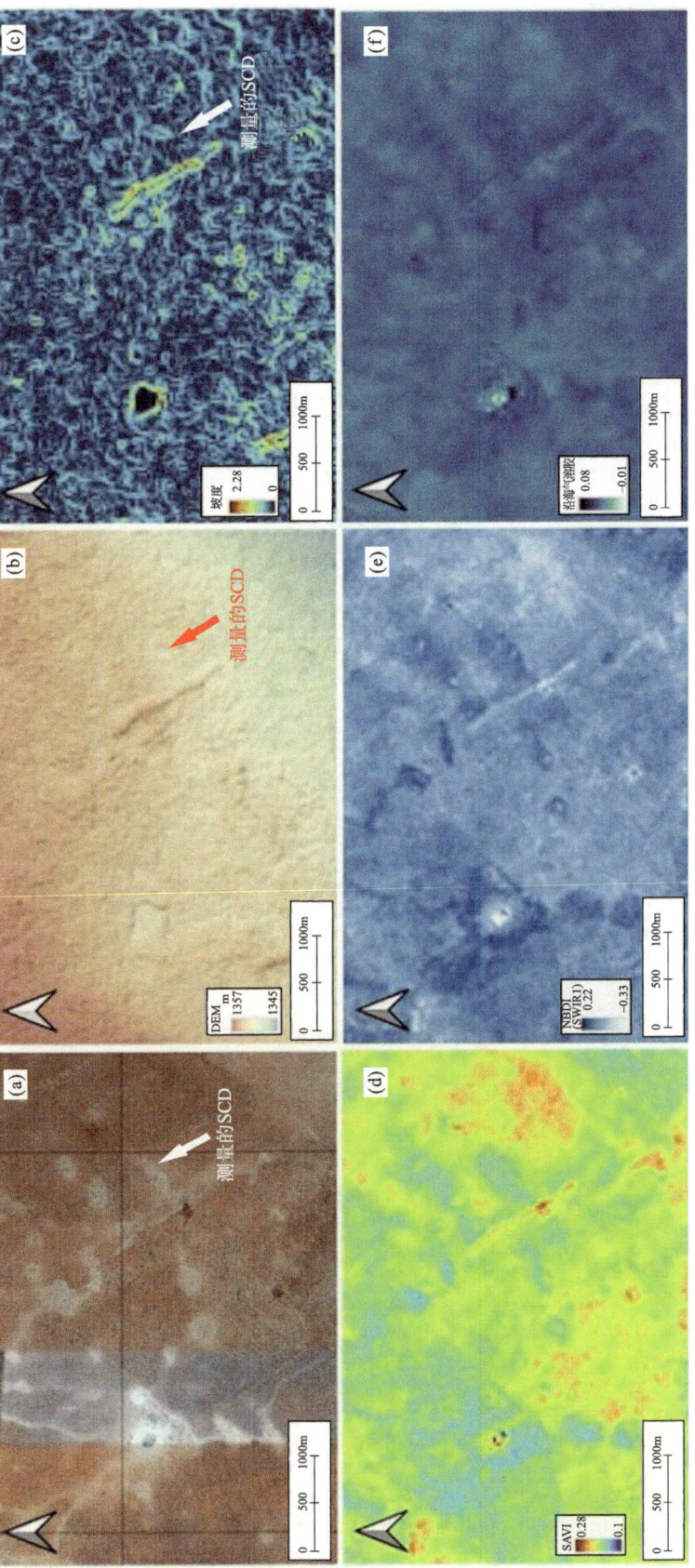

图 4-4 KalahariDesert 卫星图像与遥感数据成像（据 Moretti et al., 2022, 修改）

(a) KalahariDesert 卫星图像；(b) DEM (m)；(c) 相邻结构斜坡连地坡率源自 DEM 法；(d) $L=0.5$ 时的 SAVI 指数；(e) NDBI 指数；(f) 沿海气溶胶带

SAVI 图像显示的背景值约为 0.18（绿色），一些区域的 SAVI 值较低，约为 0.14（蓝色）。SAVI 最低值与道路对应，SCD 显示出更高的 SAVI 值约为 0.22 [图 4-3(d)]。在 NDBI 指数图像上，可以观察到背景值约为 0.07（中蓝色），局部较高的区域值约为 0.14（深蓝色）。其 SCD 值在 0.00 附近较低，这是干旱植被较少的标志 [图 4-3(e)]。在所示的沿海气溶胶带上，背景值在 0.05 左右（浅绿色），局部斑块的背景值更高，为 0.08（深绿色），对应着 SAVI 的最低值和 NDBI 的最高值 [图 4-3(f)]。

有氢气含量的圆形凹陷根据 SAVI、NDVI 和气溶胶可以划分为三个区域：凹陷中心、第一环（没有植被的区域）和第二环（植被增加的区域）（图 4-5）。Kalahari 沙漠虽然也有相似的形态特征，但是它周边植被分布没有差异，且沿海气溶胶在该地区完全均匀，具有与由氢气渗漏的亚圆形凹陷完全不同的遥感指数特征。

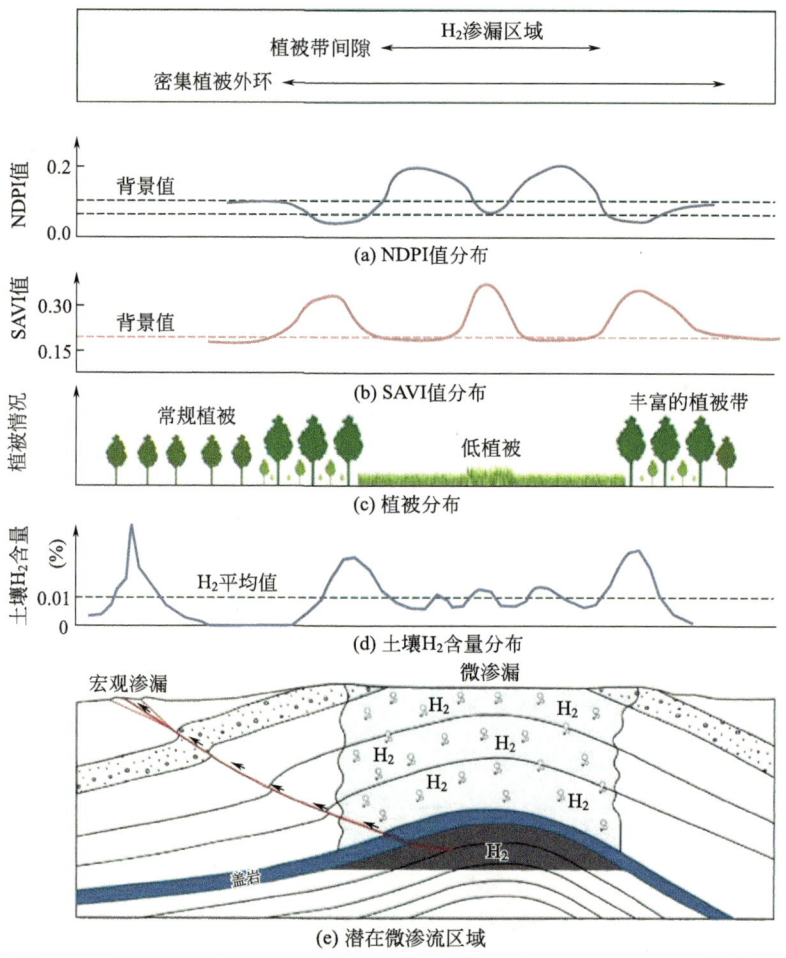

图 4-5　氢气渗漏与植被指数变化规律（据 Moretti et al., 2022，修改）

遥感技术是确定"仙女圈"的理想选择。遥感技术作为一门新建立的空间学科、信息技术以及光传递等相关学科，不仅能够实现非接触性技术观察，而且能够实现一系列的技术信息的接受与处理。这种技术处于世界先进水平，拥有着以往技术不具备的优点，能够快速及时地传递动态信息，同时信息具备多层次多方面的技术理论特点。遥感技术的优点包括：增大了观测范围，能够提供大范围的瞬间静态图像，用于监测动态变化的现象；进行大面积重复观测，包括人类难以到达的偏远地区；遥感使用的电磁波波段从 X 射线到微波，远远超出了可见光范围，加宽了人眼所能观察的光谱范围；空间详细程度高，航空相片的空间分辨率可以高达厘米级甚至毫米级；具有较强的时效性，遥感数据通过传感器实时获取，适用于全球或大范围区域。

（二）断层识别

天然氢气的富集需要氢气来源以及运移通道，其中，氢气来源主要是水岩反应、地球内部脱气以及水放射性分解形成的氢气，运移通道则主要由断层构成，断层是流体在地壳中运移的有利通道（Lefeuvre et al., 2021）。沿断裂带面分布着许多连通和开放的裂缝，因此，断层可能将深层氢源与地表连接起来，地表断裂带中经常检测到异常的氢气浓度（Kita et al., 1980; Sugisaki et al., 1983）。目前一些研究侧重于监测断层附近土壤中的氢气，以评估地震前兆。地震发生前的一段时间，通常在覆盖活动断层的土壤中会出现异常高的氢气浓度（Wakita et al., 1980; Sato et al., 1986）。另一项研究分析了地下水中的氢气测试结果，与深断裂相关的地下水氢气浓度比周围地区的地下水氢气浓度高两个数量级（Levy et al., 2023a）。马里的陶代尼盆地具有大量生成氢气的富铁基岩，并且这些辉绿岩中存在断层，可为氢气向上运移提供可控的通道（Prinzhofer et al., 2018）。为了研究法国北比利牛斯断层尺度上的氢气运移，对土壤气体和电磁样带进行分析，加上来自深度流体迁移的文献证据，表明氢气主要来源于地幔岩石蛇纹石化，并沿着主要的逆冲断层被带到地表，法国比利牛斯山可能是氢气勘探的有利远景区（Lefeuvre et al., 2022）。

断层解释是地震资料解释的基础与关键，准确合理的断层识别关系到构造图的精度，对地质资源开采起着至关重要的作用，但目前如何从地震数据中准确识别出断层一直困扰着学者们，但随着科学技术的发展，多种断层识别方法应运而生。对断层解释精度需求也日益提高，单纯通过人工解释难以达到较高的精度，遥感技术由于其宏观性和直观性等优势，在活动断裂研究中的应用越来越广泛，目前已发展成为活动断裂研究中不可或缺的技术，为活动断裂研究提供了丰富的定量化数据。随着高分辨率遥感技术的发展，目前所获取的卫星影像的分辨率可达亚米级，通过无人机立体像获得的影像，其水平和垂向分辨率可达厘米级，这些高精确的遥感图像均为活动断裂及构造微地貌精细结构的定量研究提供了经济有效的手段（Arrowsmith and Zielke, 2009; Klinger et al., 2011）。

高分辨率遥感技术可以对断层进行全面深入的定量研究，分析其几何形态、结构特征与构造变形，进而明确断层运动学特征及力学机制，为活动断层大比例尺调查提供了高效的技术方法。通过大量典型的高分辨率遥感影像特征，建立遥感解译标志、构造微地貌与活动断层之间的关系模型。利用遥感资料分析活动断层时，需考虑不同类型断层形成构造地貌的相似性与叠加性，根据遥感解译标志，对构造地貌模型及其形成的断层力学环境进行综合判定。

(三) 氢气泄漏监测技术

激光雷达是一种利用激光发射器和探测器进行测距、测速和测量物体形状等信息的遥感技术。激光雷达能够精确测量距离和位置，将三维信息转化为数字模型或点云的形式。激光雷达在遥感领域具有非常广泛的应用，尤其是在地形测绘、地面定位和车辆自动驾驶等领域。在地形测绘方面，激光雷达可以精确地测量地表和地下物体的高程、形状和位置信息，生成高质量的数字地形模型和地形图；在地面定位领域，激光雷达可以为无人车提供精准的位置和距离信息，实现车辆在困难道路条件下的安全自动驾驶。

拉曼激光雷达系统是实现氢气气体遥感探测的技术之一（图4-6），它能够远程测量氢气气体分布范围和氢气气体浓度。由于氢气气体拉曼反向散射截面小，拉曼散射信号弱，特别是自然光条件下干扰较强，加大了远距离遥测的难度。因此，需要通过有效的拉曼增强技术和智能化的光谱识别与处理技术来提高检测灵敏度和精度。

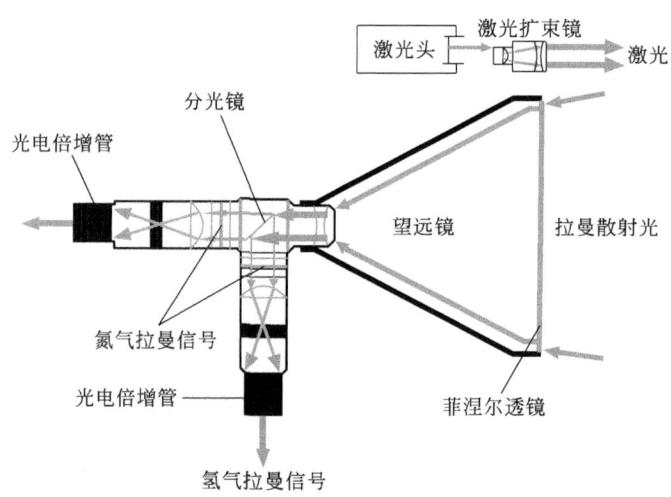

图4-6 拉曼激光雷达示意图（据Asahi et al., 2012, 修改）

氢气物性活泼，容易泄漏引发着火爆炸事故。在布置点型氢气传感器的基础上，通过拉曼激光雷达遥测技术加强氢气泄漏非接触式远距离、大覆盖面检测，能够为氢能利用场景多元化的高速发展和保障氢能安全高效利用提供支撑。

二、地球化学勘探

地球化学勘探是通过系统测量天然物质的地球化学性质，发现各种类型的地球化学异常的一种调查方法。天然物质可以是岩石、土壤、水、水系沉积物、冰积物、植物或气体等。所测量的地球化学性质主要是元素的含量。地球化学勘查的目的是通过分析地球表层及其相关环境中的化学成分，寻找和评估矿产资源、地下水、土壤质量等,地球化学勘查的应用正在逐步扩大,它可以为解决各种地质问题提供有价值的资料。

地球化学勘探技术在天然氢气来源识别及分布特征分析方面发挥着重要作用。目前野外勘察天然氢气主要是依据天然氢气渗漏留下的表面现象,比如"仙女圈"、干气喷出、温泉冒泡等,从化学勘探技术出发,对可能产生天然氢气区域进行分析,通过气体成分、同位素组成和烃类物质可以判断氢气的来源和富集情况,为后期实验室分析提供可靠的数据支撑。目前通过地球化学探勘方法,在土壤、温泉水和岩石样品中都发现了天然氢气的存在,比如在澳大利亚进行土壤采样是利用便携式多气体分析仪和氦气检测器来测甲烷、二氧化碳、氧气、氢气和氦气浓度,从而探明天然氢气渗漏的原因(Aimar et al.,2023)。在研究中国东部沿海温泉富氢气体成因与演化时,通过对研究区水样和气样采集,利用便携式多参数系统现场测量地热水的温度、pH 值、氧化还原电位和水质,并将采集的流体样品送往实验室分析,通过野外化学勘探实测数据为后续分析提供依据(Hao et al.,2020)。利用对岩石取样来了解其性质,从而确定氢气来源的各种过程,比如纳米比亚由于含磁铁矿岩石分布的原因,岩石与流体在水岩反应的作用下产生氢气。对于岩石取样,有的时候需要在不同地方选取多个样品以保证数据分析的可靠性,除了采露头外,当油井数据可用时,岩心和岩屑也是获取储层信息的重要依据(Levy et al.,2023)。

目前野外勘探仪器中便携式氢气探测器使用较多的有 GA5000、MS400 等,主要用于氢气的原位测量。GA5000 操作简单、校准方便,可以直接测量 CH_4、CO_2、O_2、CO、H_2 和 H_2S 等气体含量,GA5000 测量氢气的上限值为 0.1%(表4-1)。当测量富氢气渗漏点超过 0.1% 时,这种仪器就已经不再适用。Variotec 460 Tracerga 仪器最初用于监测工业基础设施和建工工地中氢气泄漏,它的主要优点是能覆盖 0~100% 的氢气体积浓度,但是缺点是只能检测氢气。因此将其与 GA5000 相结合能更全面地分析现场采集期间获取的气体成分。这些仪器并不是唯一的,目前市场上还存在其他便携式气体分析仪。

表4-1 气体浓度范围(CH_4、CO_2、O_2 和 H_2)和气体分析精度

仪器	气体成分	检测范围	精度
GA-5000	CH_4	0~100%	0~70%±0.5%;70%~100%±1.5%
	CO_2	0~100%	0~60%±0.5%;60%~100%±1.5%
	O_2	0~25%	0~25%±1%
	H_2	0~0.1%	±0.0002%
MS400-FU-H_2	CH_4	0~100%	≤±3%F.S
	CO_2	0~100%	
	O_2	0~100%	
	H_2	0~0.1%	

MS400-FU-H_2 便携式氢气气体检测报警仪用于快速检测氢气气体浓度、环境温湿

度，并具备超标报警的功能（图4-7）。采用2.31寸高清彩屏实时显示浓度，选用进口品牌气体传感器，主要检测原理有：电化学、红外、催化燃烧、热导、PID光离子。采用先进的电路设计、成熟的内核算法处理。MS400-FU-H_2可以检测管道中或受限空间、大气环境中的气体浓度，可以检测气体泄漏或各种背景气体为氮气或氧气的高浓度单一气体纯度，检测气体种类超过500种，可以直接测量CH_4、CO_2、O_2、CO、H_2和H_2S等气体含量，其中对氢气检测范围为0~0.1%（表4-1）。

图4-7 MS400-FU-H_2氢气气体检测仪显示界面

但是这些便携式气体检测仪器也有自身局限性，在使用这些仪器时必须用泵将气体输送到检测器中，抽气量可达500mL/min。如果在土壤气体检测过程中管与空隙壁之间的接触较弱，则可能会混入空气从而产生污染。为了避免这种偏差，钻头的直径要接近管径。还要注意电池电量对检测气体含量的影响，及时充电。

测量土壤中氢气含量时，首先需要在土壤中钻孔，由于土壤类型的变化，钻探深度一般为0.5~1m，钻孔完成后将钻头拔出，立即将不锈钢钢管插入孔中测量，待读数稳定后，可以直接得到气体含量数值。对于测量温泉中的冒泡是否存在氢气时，首先通过便携式多参数系统现场测量温泉水温度、pH值、氧化还原电位和TDS，然后通过排水法采集气体，再通过气体分析仪测试气体成分和含量。

虽然野外气体测量具有时效性的优点，但是由于仪器自身的精确性、采样环境、操作方式等因素的影响，测出的气体含量具有一定的不确定性，所以可以取一定的样品送往实验室进一步分析，从而得出更准确的结果。所以当研究区确定存在一定含量的氢气之后就可以对其进行取样，目前主要存在三种取样方式：气体取样、流体取样和固体取样。气体取样根据取样介质可以分为：冒泡水、喷气孔、井口和土壤；流体取样是气体和水一起取样；固体取样则分为岩石取样和土壤取样。不同的样品采用不同的取样方式，具体如下：

对于喷气孔［图4-8(a)］或冒泡水［图4-8(b)］，可以把一个漏斗倒挂在气流上方，用漏斗与硅管相连（硅管在100℃左右的高温下具有电阻性）。然后将管子的一端放在一个水容器中，观察气泡的形成，确保气体在整个管子中循环，等待几分钟以实现管道中残留的环境空气被完全排出。在冒泡水源的情况下，除漏斗应放置在水面以下以防止空气污染外，方案相同。如果需要观察微生物作用是否消耗氢气或者产生氢气，可以加入微生物过滤器。

对于井眼［图4-8(c)］，通道化已经由套管本身完成。如Gusamuard所述，堵塞的钻孔头可以防止任何空气污染，并允许自由气相或水压的积聚，这取决于钻孔内的自流压力。在自流井的情况下，为了有利于气体溶解，必须将井内旋塞阀连接到半封闭的容器上。

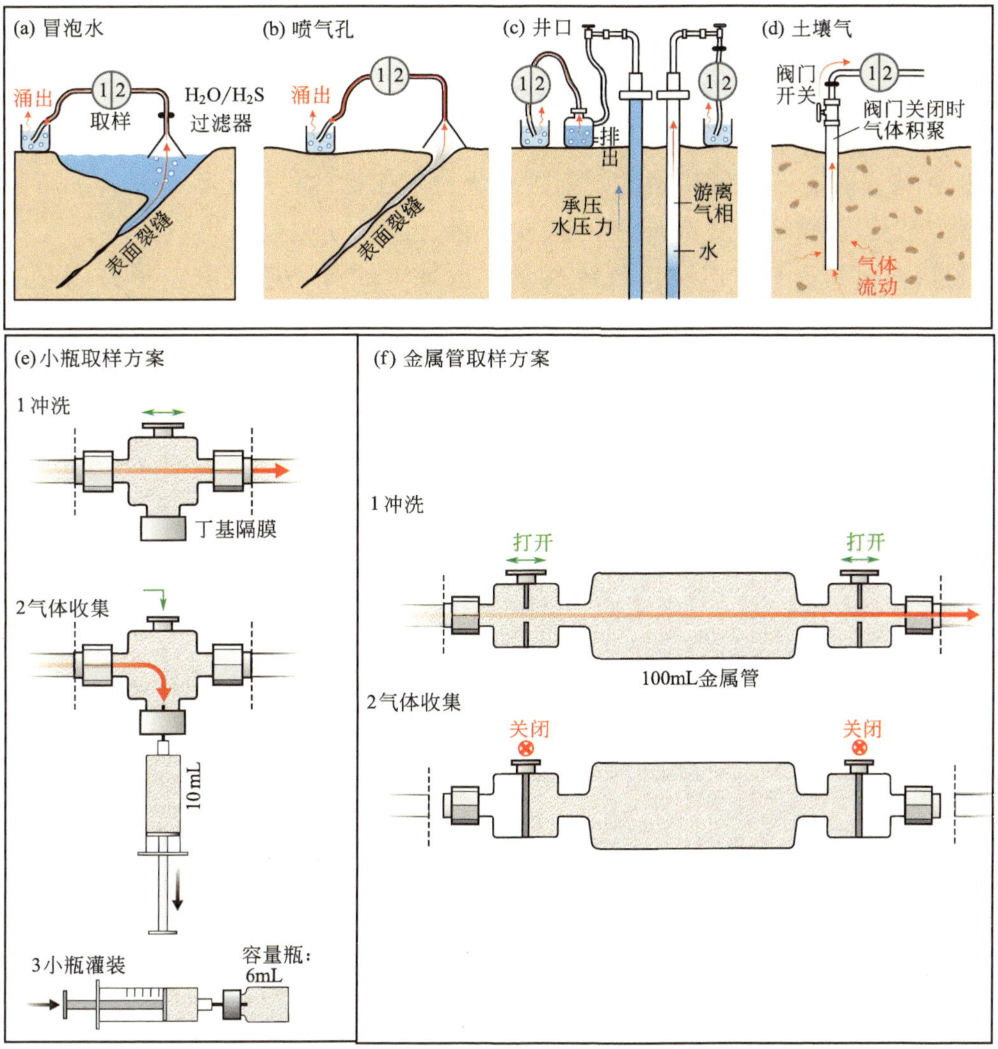

图 4-8 氢气气体采样、取样简化方案（据 Levy et al.，2023，修改）

对于土壤［图 4-8(d)］，因为土壤中氢气流量较弱并且不连续，目前在土壤中的氢气采样方式并没有达成共识。工作流程首先是以潜在的氢气异常位置为目标，标定具体位置后，再继续在土壤上钻一个 1m 深左右的洞。为了限制与钻井中钻头产生氢气的影响，应该优先考虑冲击而不是旋转，但依据前人勘探经验，钻头产生的氢气对实验结果的影响基本可以忽略。随后，一根底部有几个孔的管子在钻孔中向下拉，将气体引导到管子的顶部。通过关闭管道顶部的阀门，向上移动的土壤气体开始积聚，根据所涉及的通量（小时到天），在不同的积累时间后进行采样。

小瓶取样方案和金属管取样方案是两种气体取样方案［图 4-8(e) 和图 4-8(f)］。第一种方法显示了气体取样到用于主要气体分析的小瓶中。该技术是在油管上连接一个三通阀来引导气体通量。并配备了丁基隔膜，允许气体在冲洗后积聚。用注射器刺穿已经处于真空状态的小瓶的隔膜，然后收集加压气体。虽然容器隔膜应该是完全气密的，但通过对玻璃容器进行轻微的过压，以确保在运输过程中隔膜轻微破裂时气体泄漏向外，从而保持样品的质量。通常，过压大概是 1/3。在样品长时间储存的情况下，还应该添加清漆来覆盖隔膜。使用小瓶是快速和经济的，因此在收集大量样品时显得非常合适。但是该方法在采样期间涉及几个可能的污染源，除运输和储存气样可能会与大气接触造成污染，针头与大气接触的注射器或隔膜气密性的不确定性也是样品可能的额外污染源。金属管取样是更高质量的采样技术。这种方法包括将气体容器（称为等分管）直接连接到油管上以驱动气体通量。该装置的每一端都配备了关闭/打开阀门，使采样系统与通道化油管分离。当流量足够大时，在冲洗几分钟后关闭阀门收集气体，以确保采样纯度。这种技术是非常有效的采样，但意味着取样成本会升高，因此只收集了少数样本。这种方法被认为在处理非常低浓度的气体含量时非常有效，例如在稀有气田采样。

目前根据取样环境的不同可以分为三类：

（1）水样收集。水样采集一般分为地表水采集和地下水采集，采集地表水时通常采用直接汲取的方法，用系有绳子的采样瓶采样；对于地下一定深度的水则采用抽汲的方法，一般需要先放数分钟排除杂质，然后再收集在采样瓶中。

（2）岩石样品收集。岩石样品由于其采样目的不同导致采样的原则和要求不尽相同。采样原则是需要尽量采集新鲜的岩石，并做好野外地质观察描述工作。许多研究表明岩石中铁含量在不同的分布范围具有很大的非均质性，因此需要从不同地方取多个样本来反映非均质性（Roche et al.，2024）。吉布提共和国的 Asal 裂谷的天然氢气潜力备受关注，当钻井数据可用时，为了描述 Asal 裂谷中氢气的来源与分布，通过岩心或岩屑是获取完整的生成氢气层段地质剖面的理想方法（Pasquet et al.，2022）。为了避免风化作用对磁铁矿等岩石的铁磁性影响，这些测量必须在新的露头上进行，可以采用便携式 KM_7，它只需要一个小的平面接口来执行测量，并且磁场的测量可以在同一类型的岩石中进行，不仅能避免近地表风化的影响，还可避免影响 Fe^{2+}/Fe^{3+} 的比率（Levy et al.，2023）。

（3）土壤样品收集。土壤取样时需选择具有代表性的采样点，避免在边缘地带、人为干扰严重或污染区域采样。根据分析目的确定采样深度，一般分为表层样（0~20cm）和剖面样。使用干净的采样工具，避免铁锹等工具上的油污或铁锈污染样品。土壤取样是为了获取有代表性且均匀的样品以供后续的化学或物理分析。在有氢气渗漏的喷口附近提取土壤样品，主要是为了研究微生物在新陈代谢中是否消耗或生成氢气。

野外氢气探测是勘探工作的一部分，通过在自然环境中采集样品和数据来获取地球化学信息。然而，野外探测通常只能提供初步的数据和信息，需要进一步到实验室进行分析和测试，以获取更精确、可靠的结果。比如对非洲裂谷进行现场测量和气体采集，在收集气体的同时，还对水、岩石和土壤进行取样。气体成分可以确定高含量氢气的区域。碳和氢的同位素可以确定这些气体的来源（有机成因、无机成因等）。收集到的水和气体之间的耦合提供了关于深层流体循环的信息。野外氢气勘探技术的应用为氢气资源的开发提供了显著的优势，包括成本效益、精确定位、环境友好、安全性增强及经济社会收益等。随着技术的不断进步，野外勘探在未来的氢气开发中将发挥越来越重要的作用，为实现可持续发展目标贡献力量。

三、地球物理勘探

地球物理勘探简称物探，它是指通过研究和观测各种地球物理场的变化来探测地层岩性、地质构造等地质条件的方法。由于组成地壳的不同岩层介质往往在密度、弹性、导电性、磁性、放射性以及导热性等方面存在差异，这些差异将引起相应的地球物理场的局部变化。通过测量这些物理场的分布和变化特征，结合已知地质资料进行分析研究，就可以达到推断地质构造的目的。该方法兼有勘探与试验两种功能，和钻探相比，具有设备轻便、成本低、效率高、工作空间广等优点。但由于不能取样，不能直接观察，故多与钻探配合使用。

（一）地震勘探

地震勘探是利用地下介质弹性和密度的差异，通过观测和分析大地对人工激发地震波的响应，推断地下岩层的性质和形态的地球物理勘探方法。它利用人工方法激发的弹性波来定位矿藏，获取工程地质信息。地震勘探是钻探前勘测石油、天然气资源及固体资源的重要手段，在煤田和工程地质勘查、区域地质研究和地壳研究等方面得到广泛应用。

在地表以人工方法激发地震波并向地下传播，当遇有介质性质不同的岩层分界面时，地震波将发生反射与折射，在地表或井中可用检波器接收这种地震波。收到的地震波信号与震源特性、检波点的位置、地震波经过的地下岩层的性质和构造有关。通过对地震波记录进行处理和解释，可以推断地下岩层的性质和形态。

地震勘探在分层的详细程度和勘查的精度上，都优于其他地球物理勘探方法。地震勘探的深度一般从数十米到数十千米。地震勘探的难题是分辨率，高分辨率有助于对地下构造的精细研究，从而更详细地了解地层的构造与分布。

天然氢气源的潜在位置与矿床相关联，可以使用地球物理技术（重力和磁异常）进行远程识别。土耳其采用地震技术确定了释放氢气的矿体位置，并发现该地一直被探测到不断有氢气渗漏（Hosgormez et al.，2008）。澳大利亚通过 2D 地震数据成像来研究天然氢气潜在迁移途径与地表凹陷之间的关系，对 Moora 地区地震相和井系进行解释（图 4-9），可以清楚地看到东倾的 Darling 断层和较小的对立伴生构造，解释了目前氢气潜在迁移途径的断层与已知的地表洼地或"仙女圈"（Frery et al.，2021）。研究比利牛斯山脉西北部莫雷昂盆地，发现该地区的超铁镁质地幔体位于盆地下方浅层，处于有利于蛇纹石化的温度和压力条件，北比利牛斯山前缘逆冲等主要断裂构成了大规模的流体流动汇聚和排水，这种地壳构造容易沿着断层排出深层流体。通过对历史井数据的研究，结合该地区的地质和地球物理调查，表明氢气最有利圈闭为莫雷昂盆地 2800~4000m 深处的三叠纪盐层（Lefeuvre et al.，2021）。

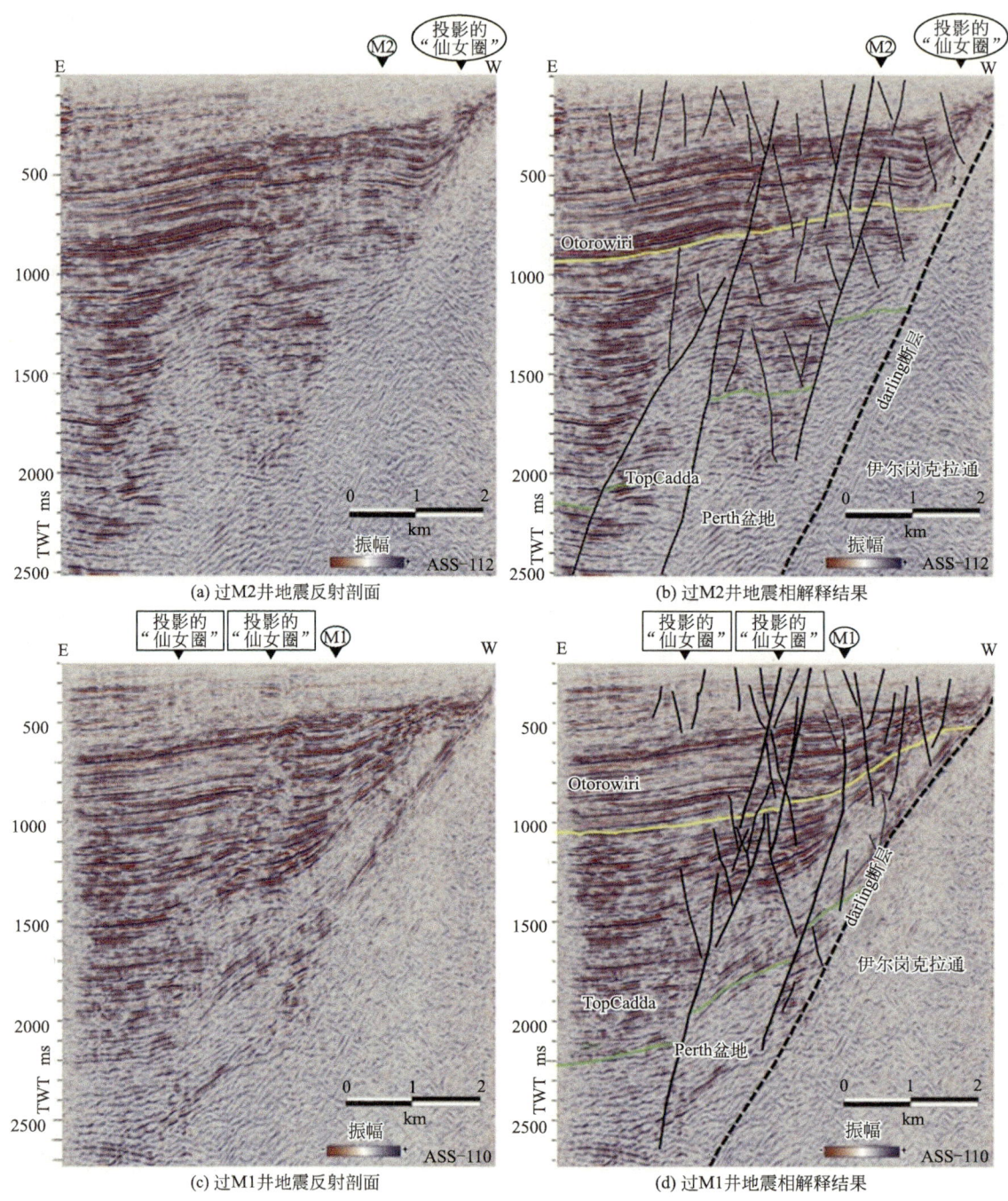

图 4-9　澳大利亚地震数据成像（据 Frery et al.，2021，修改）

（二）航磁技术

航空磁力测量，又称航空磁测或航空磁力勘探，是航空物探方法中最成熟、使用时间最早和最多的磁测方法。它是将航空磁力仪及其配套的辅助设备装载在飞行器上，在测量地区上空按照预先设定的测线和高度对地磁场强度或梯度进行测量的地球物理方法（图4-10），与地面磁测相比具有较高的测量效率，且不受水域、森林、沼泽、沙漠和高山的限制。同时由于飞行是在距地表一定的高度进行的，从而减弱了地表磁性不均匀体的影响，能够更加清楚地反映出深部地质体的磁场特征。

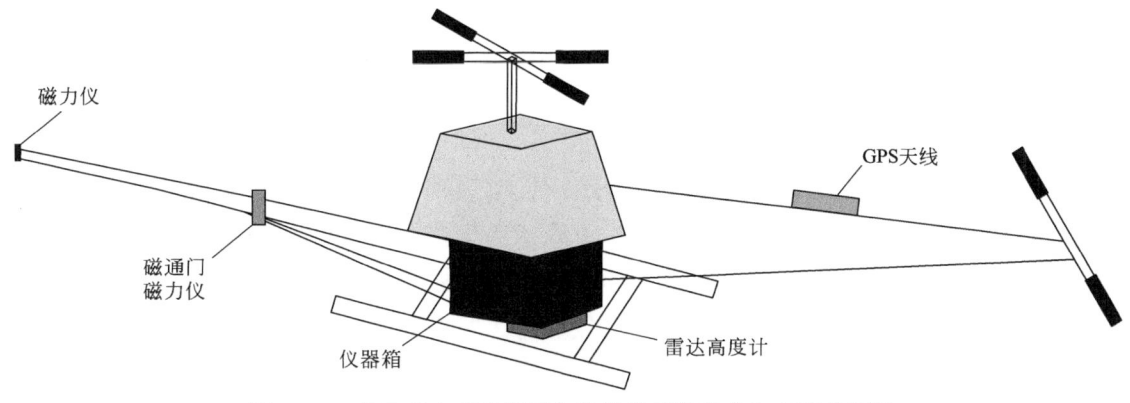

图4-10　基于无人直升机平台的航磁系统集成与应用示意图

目前天然氢气主要来源之一是地幔深部岩石的蛇纹石化作用，富含蛇绿岩的地幔岩石为氢气的生成提供了一定的物质基础，断层和裂缝的存在为氢气向上运移提供了通道，蛇绿岩带是氢气勘探的有利前景区。以往针对蛇绿岩分布的研究和总结，基本依赖野外发现的蛇绿岩相关资料或者是针对地质构造和一些地球化学数据，只是通过表面现象去识别蛇绿岩，对于隐伏或埋深较大的蛇绿岩的特征和分布有待深入研究。航磁资料适合大区域乃至全国范围内的研究工作中，具有覆盖范围广、包含大量深部信息的优势。依据蛇绿岩的高磁性特征，航磁数据不仅能识别蛇绿岩，还能够识别巨厚沉积物覆盖下的蛇绿岩带，并反映其水平和地下延伸范围、线性特征。目前可以通过航磁数据结合重力、地震、岩石物性、遥感等地学数据的综合地球物理反演和解释方法直接用于蛇绿岩的识别，也可通过航磁数据反映的地质构造来间接识别蛇绿岩。

航磁是一种快速、高效的地球物理勘探方法，它在大面积的金属矿产普查、地质填图、地球内部结构探测、油气勘查、区域地质调查、工程地质调查等领域发挥着重要作用。航磁资料在蛇绿岩的分布和产状识别等方面发挥着重要作用。

随着中国陆域航磁资料的积累，中国学者在采用航磁数据识别蛇绿岩或缝合带方面也开展了一些研究。例如，通过对青藏高原高精度航磁资料的分析，总结了蛇绿岩（镁铁—超镁铁质岩）的分布特征，并发现雅鲁藏布江南北两条蛇绿岩带，同时根据航磁处理转换结果推断布仁县以西存在隐伏蛇绿岩带，且向下有更大的延深（熊盛青等，2001）。根据阿里地区航磁异常分布位置和范围，识别雅鲁藏布江缝合带最西端的东波超镁铁质岩体并推断其深部产状，结合岩相学和矿物组分与已知的罗布莎地幔橄榄岩对比，推断东波岩体为寻找铬铁矿的有利蛇绿岩体（杨经绥等，2011）。在雅鲁藏布江缝合带，以航磁和区域重力异常识别蛇绿岩带分布位置和范围，结合大地电磁测深和反射地震剖面，反演岩体的深部结构和地下延伸情况，有利于进一步圈定蛇绿岩铬铁矿的找矿远景范围。综合地球物理方法同样在罗布莎蛇绿岩体研究中发挥作用，通过航磁和区域重力异常识别与反演计算，预测出隐伏的高磁高密度的超镁铁岩体。基于航磁和重力资料的处理与反演，表明贺根山岩块贯穿地壳且存在超壳断裂，结合大地电磁剖面测深进一步证实贺根山缝合带存在根部。通过1∶50000高精度航磁和航空γ能谱资料，厘定丹凤资峪—郭家沟一带蛇绿岩范围，同时推断了残存的蛇绿岩型镁铁—超镁铁质岩。

航磁在圈定蛇绿岩带中不仅可以圈定蛇绿岩型镁铁—超镁铁质岩带，还可以揭示蛇绿岩带的三维结构，为寻找蛇绿岩提供基础地球物理资料。航磁圈定镁铁—超镁铁质岩与蛇绿岩带的方法主要是依据岩石的磁异常，利用航磁资料进行岩浆岩填图，通常是结合地质资料和重力等其他地球物理资料综合分析，对不同类型已知岩浆岩引起的磁异常进行分析、归类，再依据磁异常形态、强度、规模以及变化规律等建立超镁铁质岩、镁铁质岩、中酸性岩、酸性侵入岩和火山岩的磁异常解释标志，进行各类岩浆岩的圈定。因岩性不同异常强度就存在差异，从酸性岩到超镁铁质岩随着暗色矿物含量的增加，磁性增强，引起的磁异常强度也逐渐增大，这是区分不同类型侵入岩的重要依据。需要说明的是，同一类岩体因其产出时代和条件不同，磁性可能变化很大，引起的磁异常强度也不同。另外，当岩体埋藏深度不同时，其磁异常强度也是不同的，这些因素给确定岩体的岩性增加了难度。

超镁铁质岩类磁性强，但是通常规模不大，引起的异常范围较小，磁场反应为等轴状或似等轴状、椭圆状、条带状磁异常。镁铁质岩类主要指辉长岩、辉绿岩类。一般镁铁质岩都具有较强的磁性，形态规则或较规则，梯度较陡。在磁场上反应为似等轴状、椭圆状、条带状磁异常。镁铁质岩类与超镁铁质岩类引起的磁异常形态差别不大，仅是磁异常强度大小存在差异。在许多情况下，既有超镁铁质岩又有镁铁质岩，在有的地区为蛇绿岩型，即为古洋地幔和洋壳残片，有的则为岩浆侵入型，它们是引起沿深断裂带展布的高值磁异常带和线性磁异常的主因。因保留完整的蛇绿岩层序组合的地质体并不多，且产出方式和岩性又十分复杂，无法细分，统称为镁铁—超镁铁质岩。这类岩体一般磁性强，规模较小，引起磁异常范围不大，多表现为局部升高的强磁异常、断续窄小磁异常和线性升高异常，异常强度达几十至几千 nT 不等，异常形态规则，梯度大，这是与中酸性岩体引起的异常相区别的主要标志。

航磁图提供的是一种透视信息，可确切地指出深断裂的存在和位置，但依据航磁图划分出的断裂位置与在地表确定出的构造位置有时并不完全吻合，这可能缘于航磁反映的是中深层的断裂构造。通过航磁异常特征对全国深大断裂的解释，可以看出镁铁—超镁铁质岩体基本都沿着深大断裂分布。利用航磁异常圈定的镁铁—超镁铁质岩带与中国陆域大型缝合带、造山带位置基本一致，这对于蛇绿岩带的识别有重要意义。

第二节

天然氢气实验测试

野外工作中收集的气体、流体、固体样本必须在实验室进行进一步的分析，进而实现样品的化学和岩石学测量，从而为了解氢气的来源、圈闭、运移机制提供线索。

一、气体样品

野外采集的气体样品在实验室进行测试时，首先要对样品进行气体成分分析，可以得到氢气样品中 H_2、He、CO_2、CH_4、C_2H_6、C_3H_8、i-C_4H_{10}、n-C_4H_{10}、O_2 和 N_2 的相对气体组成，初步评估氢气气体含量，绘制气体数据图。前人通过绘制 H_2-CH_4-N_2 三元图对蛇绿岩来源进行分类，但一些特殊地区如马里的布拉凯布古地区难以通过气体数据绘制的三元图来区分氢气来源（Vacquand et al., 2018；Prinzhofer et al., 2018）。如果想更深入地了解氢元素的来源、演化、迁移等信息，就需要使用同位素数据。通过质谱仪进行 $δ^2D$ 和 $δ^{13}C$ 同位素值测量。同位素资料在有些情况下可用作地温计，提供温度或来源之类的重要信息，也可用作不同地质来源的示踪剂。特别是对于氢气，必须通过结合几个同位素系统来解释才能得出结论。

目前常用的气体分析方法有气相色谱法（Gas Chromatography，GC）和质谱法（Mass Spectrometry，MS）。气相色谱法常适用于微量含氢分析，可以检测低浓度二氧化碳、一氧化碳、甲烷、氩气、氧气、氮气和高纯氢气中的其他杂质，从而实现对天然气全组分的定性和定量分析。其原理为被分析的混合物在流动体的推动下，流经一根装有填充物（称固定相）的管子（称色谱相），由于填充物对不同组分具有不同的吸附或溶解能力，因此，混合物经过色谱柱后，各种组分在流动相和固定相中形成的含量分配关系不同，最终导致从色谱柱流出的时间不同，从而达到组分分离的目的。当样品混合物到达色谱柱末端时，检测器将不同成分的含量转换为电信号，产生的离子信号经过放大后，在记录仪上形成组分曲线图，即为色谱峰。根据色谱峰峰面积或峰高就可对样品中各组分的含量进行定量分析。对材料直接进行定性分析时，要用已知数据与相应的色谱峰进行对比，或与其他方法（如质谱、光谱）联用，方可获得较为精确的结果。在定量分析时，需用已知物纯样品对检测后输出的信号进行校正。典型的气相色谱仪由载气源（流动相）、色谱柱（固定相）和检测器组成（图4-11）。气相色谱的优点包括灵敏度高、分辨率高、可重复性好、分析速度快等。但是，它的缺点是可能需要对样品进行预处理和净化，并且需要一些专业技术来进行操作和维护仪器设备。

质谱法基于气态分子的质量和荷质比之间的关系，通过将气体样品离子化、分离、检测，得到气体成分的质量和相对丰度信息。在质谱法中，气体样品首先被离子

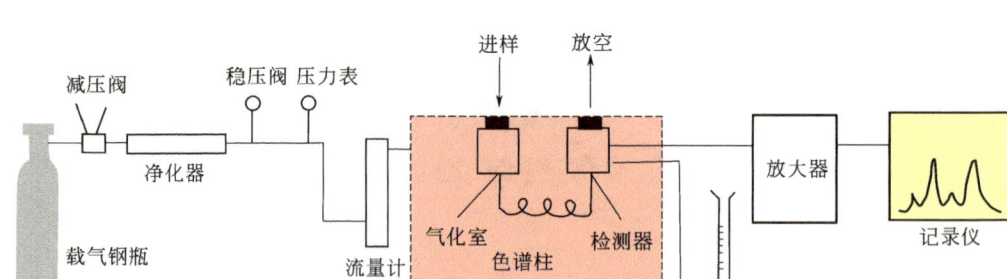

图 4-11 气相色谱仪示意图

化,通常使用电离源,例如电子轰击源或化学离子化源。离子化后的气体分子会带电并进入质谱仪中,经过多重离子源、质谱分析器、检测器等的分析和处理,可以获得气体成分的质谱图谱,包括分子的质量、相对丰度等信息(图4-12)。质谱法可以用于检测气体混合物中的各种成分,例如甲烷、氢气、氧气、氮气、一氧化碳、二氧化碳、有机化合物等。它的优点包括分析灵敏度高、选择性好、可靠性高、分析速度快等。但是,质谱法需要专业的操作和维护设备,并且设备成本高,需要一定的技术和经验支持。

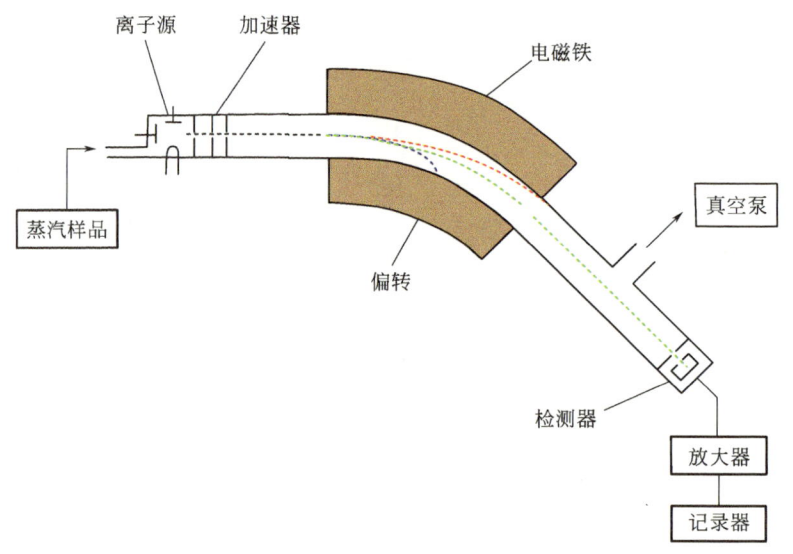

图 4-12 质谱仪原理图

不同的气体成分分析方法有各自的适用范围和优缺点,在选择气体成分分析方法时,需要考虑多种因素,如分析目的、分析样品、分析时间、分析精度等,以选择最合适的方法。例如,如果需要对混合气体进行高精度分析,可以选择气相色谱法;如果需要分析气体中特定成分的含量,可以选择质谱法。此外,不同的方法也可以结合使用,以获取更全面和准确的分析结果。例如,可以结合使用气相色谱法和质谱法,以获得高分辨率和高灵敏度的分析结果。

测量氢同位素的丰度有多种方法，如质谱法、折射率法、色谱法、光谱法等。其中质谱法是最通用的基准方法，它利用不同氢同位素分子在电磁场中偏转程度不同的原理，来测定样品中各种氢同位素分子的相对数量。表示氢同位素的丰度时，常用 δD 值，它是指样品中 D/H 比与标准海水（SMOW）中 D/H 比之间的相对偏差。由于氢同位素之间的变化范围很大，导致它们在不同条件下会发生显著的分馏效应，测试难度较大。因此，需要建立可靠的标准物质和校准方法来保证结果的可比性和可追溯性。

前人提出了一种利用 H_2-CH_4 与氢同位素组成之间的关系来识别氢生成的方法。如果氢气主要来源于地壳，那么参与水岩反应的岩石和水都来源于地壳，这可能是沉积岩中的放射性物质对水分解造成的。地壳氢气的主要地球化学特征是氢同位素组成大于 $-700‰$，$\ln(CH_4/H_2)$ 小于 -8。幔源氢气，如与水和岩石反应的矿物，主要来源于含 Fe^{2+} 的深源矿物，水来源于深部地质条件。幔源氢气的主要地球化学特征是氢同位素组成小于 $-700‰$，$\ln(CH_4/H_2)$ 大于 -4。富 CO_2 流体氧化后表面残余氢气含量较少，且氧化前后甲烷含量差异不显著。地表因素对氢气有影响，氢同位素组成 δD 值大于 $-700‰$，$\ln(CH_4/H_2)$ 大于 -8 为主要地球化学特征。深源富氢流体在表面氧化后，氢气保持了深源的特征。但部分氢气被氧化后，甲烷含量降低，$\ln(CH_4/H_2)$ 值降低。剩余部分氢气的 δD 值小于 $-700‰$，$\ln(CH_4/H_2)$ 小于 -4（Meng et al., 2015; Han et al., 2024）。

二、流体样品

（一）离子浓度

利用光谱分析技术可对无色水溶液 pH 值进行测定，该方法能够快速便捷地检测溶液中氢离子浓度。首先通过酸碱指示剂对待测溶液进行显色处理，再利用光谱仪对其各波长吸光度进行测量。在指示剂变色范围内，吸收光谱曲线将出现多个吸收峰，通过测量各吸收峰峰值，并计算其比值，结合朗伯比尔定律代入由定标溶液确定的比值函数曲线，得到待测溶液的 pH 值。由于采用比值计算，该方法操作简便易行，无须要求每次滴入指示剂的量相同，可在实验室中对溶液样本快速地进行 pH 值测量，且结果误差小于 0.05。

（二）测定 pH 值

用蒸馏水冲洗电极并用滤纸边缘吸去电极表面水分，现场测定时根据使用的仪器取适量样品或直接测定。实验室测定时将样品沿杯壁倒入烧杯中，立即将电极浸入样品中，缓慢水平搅拌，避免产生气泡。待读数稳定后记下 pH 值。具有自动读数功能的仪器可直接读取数据。每个样品测定后用蒸馏水冲洗电极。

三、岩石样品

（一）岩石分析

1. 扫描电镜

SEM 背散射电子成像能够突出所考虑的矿物化学元素的变化，特别是包括 Fe、Ni、Mn 和 Ti 在内的过渡金属。这些变化有助于识别氧化物集中的区域或矿物中存在分区的区域。

2. X 射线衍射（XRD）

X 射线衍射通常用于评估块状岩石样品的矿物特征，从而确定哪个相携带感兴趣的元素（即 Fe、U、Th 或 K）。可以采用 Rietveld 方法等量化算法，进而评估矿物组合中每个相的比例。

3. X 射线荧光（XRF 光谱仪）

这是一种快速的、非破坏式的物质测量方法，是用高能量 X 射线或伽马射线轰击材料时激发出的次级 X 射线，通过物质的相互作用，X 射线被重新发射并可以进行分析。通过分析反射射线的光谱可以得到以下元素的浓度：Ba、Nb、Zr、Y、Sr、As、Zn、Cu、Fe、Mn、Cr、V、Ti、Ca、K、Al、P、Si、S 和 Mg。该方法快速、可靠、无损，并提供了岩石中主要元素浓度的信息，被广泛用于元素分析和化学分析。

（二）X 射线计算机断层成像

富铁岩性中铁的氧化是天然氢气生成的机制之一，评估通过这一途径产生氢气的潜力是表征产氢岩石的一个重要方面。然而，由于传统分析中使用的大规模异质性和小样本量，准确估计铁的氧化可能具有挑战性。在这里，提出了一种关联成像技术，通过将 2D 化学信息与使用 X 射线计算机断层扫描（显微 CT）成像的岩石的 3D 体积相结合，评估富铁烃源岩中氢气的产生潜力。该方法的优点在于它能够分析烃源岩的整个钻探岩心，以获得最具代表性的值，同时保持样品的完整性。通过对美国堪萨斯州一口天然氢气排放井的裂隙二长闪长岩上进行了验证，得出的上限估计为 707.93mol±49.18mol（H）/t（烃源岩）。该方法可用于表征烃源岩，并在天然氢气勘探的早期阶段初步评估其自然产氢潜力。

X 射线显微计算机断层扫描（显微 CT）是一种无损成像技术，可以对包括岩石在内的许多材料进行表征（Bultreys et al., 2016; Hanna and Ketcham, 2017; Ketcham and Carlson, 2001; Mascini et al., 2021）。显微 CT 中的图像形成基于材料的 X 射线线性衰减系数（LAC），它是密度和原子序数的函数。因此，该方法已成功应用于区分具有不同密度或矿物成分的相。然而，使用显微 CT 分析火成岩一直具有挑战性，因为火成岩由多种矿物组成，具有大致相似的 LAC。尽管这些矿物质具有不同的化学成分，但显微 CT 缺乏化学信息，这是这种强大技术的主要限制。化学信息可以通过多模态成像整合到显微 CT 中，以表征各种地质材料，包括储层和盖层岩石、变质岩、沉积物、火山凝灰岩、流体夹杂物、矿石、陨石、行星物质和花岗岩。这些研究表明，多模态方法基本上取决于样本类型、样本量和需要成像的异质性的大小。

为了更好地了解天然氢气的生成过程，必须对所取岩石样品整体进行岩石学和矿物学定量分析，明确岩石类型、烃源岩特征和构造环境等。可以通过 XRF 光谱仪获得大块样品中铁、铀、钍和钾以及其他主要元素和微量元素浓度。但是如果分析携带两种不同的富铁矿物生成氢气的矿物来源时，就需要从微观尺度上观察它们，从而收集它们各自在矿物组合中的稳定性信息。存在两种不同类型的观察工具：光学显微镜和电子显微镜。它们本质上的区别在于与样品相互作用的粒子（光子或电子）的性质以及它们能够成像的特征大小。

扫描电子显微镜与光学显微镜相似，光学显微镜的分辨率较低，为微米级。在这样的分辨率下，可以观察到 Fe^{2+} 矿物的蚀变环、含氢气流体包裹体以及黑云母内部的放射性衰变。电子显微镜如扫描电子显微镜（SEM）或透射电子显微镜（TEM）具有更高的分辨率，低到纳米级，可以揭示岩石矿物的形貌信息和各矿物颗粒的化学成分信息。结合电子显微镜和原位定量技术，如电子探针微分析仪（EPMA），使我们能够准确地确定矿物的化学成分，可以更好地分析天然氢气的生成环境。

结合多年研究成果，开发了基于实验室的天然气和岩石潜在氢气分析工作流程（图 4-13）。

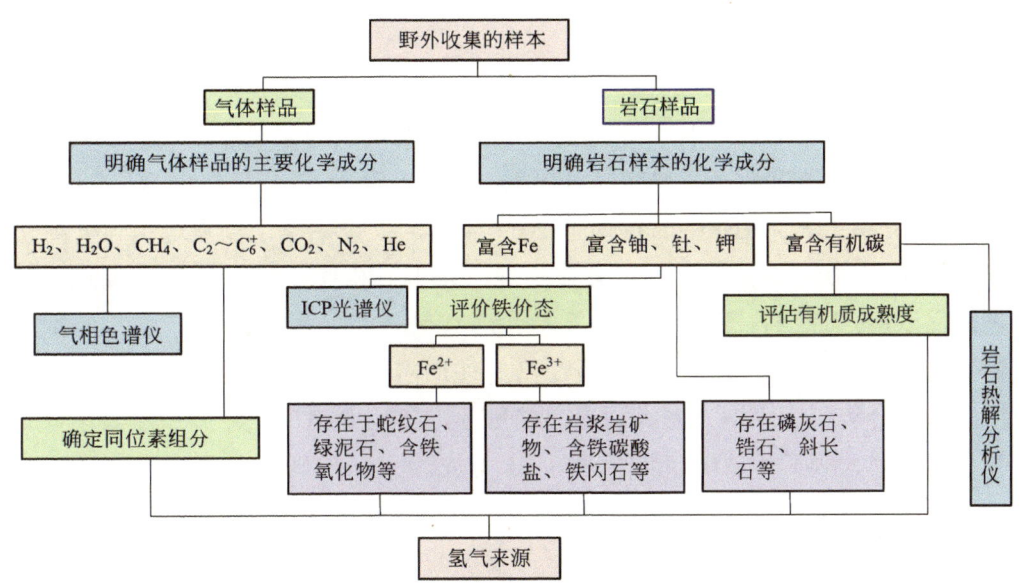

图 4-13 实验室分析工作流程

1. 进行电感耦合等离子体（ICP）分析

以确定元素（如铁、铀、钍或钾）的总体积浓度。对于可能过成熟的富总有机碳烃源岩，岩石评价分析应区分富有机质岩总有机物含量，并对其成熟程度进行量化。如果已知未成熟烃源岩的特征，则可以直接从热解器数据中完成，但镜质组反射率或其他古温度表等附加值允许进行额外的量化。

2. 对富铁岩石进行光谱分析，确定铁的形态

Fe_2O_3 的岩石在氧化还原过程中应被认为是高氢气生成电位的岩石，而富 Fe_2O_3 的岩石虽然在过去可能产生氢气，但不应被认为是未来氢气生成电位的岩石。

3. 对携带 Fe^{2+}、磷、铀、钍或钾的矿物鉴定

使用光学和电子显微镜在薄片上进行。含铁矿物的识别应有助于评估岩石的氢电位，这取决于每种矿物在水岩相互作用过程中的适当反应性。

最后，应该在岩心样品上进行 X 射线计算机断层成像（XCT），以在更大的尺度上推断在小尺度上进行的量化和观察，从而估计氢气实际的生成潜力。必须指出的是，XCT 对于有效评估氢气的资源量至关重要，它可以在微米尺度上考虑矿物非均质性。为了在所研究的 XCT 体积中正确识别含铁或铀、钍、钾相，必须了解所研究岩石的矿物组合。

第三节

天然氢气钻井探测

一、钻探依据

全球天然氢气勘探如火如荼，但仍缺少勘查开发靶区的大规模发现，尤其是钻探验证。1987 年在西非马里的布拉凯布古村钻探寻找水源时发生意外爆炸，随后加拿大 Petroma 公司（后更名为 Hydroma）通过 2011 年后的大量钻探工作发现了纯度高达 98% 的氢气，并于 2012 年实现了商业开采和小规模发电。相比于马里的意外发现，目前的天然氢发现以地表"仙女圈"现象的显示、已有钻井测井资料的氢气异常显示以及土壤气体测量为主要手段，但进一步的资源潜力评估需要多种地球物理和地球化学勘探方法与钻探的综合应用。美国、澳大利亚、西班牙近年相继钻探了专门用于天然氢气勘探的钻井，其中澳大利亚于 2023 年 10 月和 12 月先后完钻拉姆齐 1 和拉姆齐 2 天然氢专探井，在不同深度地层钻获气体和流体样品中分别测量到高含量氢气异常显示，确认地下高纯度氢气赋存可能，实现天然氢气资源发现的重大突破。通过对全球天然氢气资源勘查开发进展的持续跟踪，发现 Gold Hydrogen 公司在澳大利亚南部约克半岛刚刚完成的天然氢气专探井测得极高纯度氢气含量，初步评估项目区域的氢气资源量为 $131×10^4 t$（标准状态下体积量为 $147×10^8 m^3$），实现全球天然氢气资源勘探重大突破，澳大利亚天然氢气资源勘查工作思路为后续勘探开发提供了参考。

各国陆续通过地表卫星图像识别、地球化学气体分析和土壤检测、地球物理手段以及井下测井（主要是中子测井和声波测井）来识别和勘探天然氢气。但该工作受制于技术设备不足与观念上不重视等原因，同时由于天然氢气当时与其他目标产物在地质上的特征不同，在以往的钻孔及采矿的样本中并没有对氢气进行采样和分析，使得历史数据记录不足。在氢气勘探中，钻探技术发挥着关键作用，钻井是天然氢气勘探开发最常用的方法之一，通过在不同深度地层中钻获气体和流体样品，为确定高纯度氢气赋存可能提供参考。通过钻探获取的岩心、岩屑样本和水钻井液样品为分析氢气来源、成因及储层性质提供了不可或缺的数据支持。钻探技术为实现全球天然氢气资源的勘探开发突破提供了重要依据。

科学的钻井体系可以依据现代化的技术设备，使勘探工作更加高效和准确。通过科学钻井体系，可以更好地了解地下地质情况，提高天然氢气的勘探效率。传统的钻井方法往往不适用于复杂的地质条件，勘探过程中会面临较大的风险，而科学的钻井体系可以通过不同的地质情况制定相应的钻井方案，降低勘探风险，保证勘探工作的顺利进行。科学的钻井体系可以提高资源开发利用率，通过对地下地质情况的精准了解，更加准确地确定天然氢气的分布和储量，为国家能源安全作出贡献。

在确定天然氢气的可能分布区域后，仍需要制定可行的勘探策略以指导天然氢气资源的进一步利用。然而由于天然氢气的来源和成因多样以及现阶段对于地壳中氢气的运移和聚集的知识储备不足，天然氢气的勘探开发需要采取多样化的勘探策略并综合考虑不同的运移通道和圈闭，并制定可行的勘探指南以确定勘探靶区。例如，富铁岩石可能存在重磁异常，构造/断层可能影响潜在的深层和分散的氢源，深层的储层需要考虑岩性并规划相应的找矿方法。

在科学研究方面，目前主要是针对地表土壤进行氢气勘查以及对钻井中的天然氢气进行分析。Lefeuvre 等人开展了地表土壤氢气调查，在比利牛斯造山带及前陆盆地面积约 7500km^2 的区域内以 10km×10km 的网格状铺开土壤氢气调查，尝试在尚无地表氢气渗流记录的区域开展氢气勘探。在收集的氢气浓度数据中，大多数低于 0.005%，有 5 个数据超出了传感器的测量极限（>0.1%）（Lefeuvre et al., 2021）。Lefeuvre 等人使用光学字符识别技术调查了巴黎盆地的天然氢气矿床，通过利用 CVAGeoDB 数据库（包括测井、钻井液日志和末端钻井报告）来分析历史钻井记录。他们的分析揭示了几口含氢井现状，其中在 Dogger 含水层中发现的氢气浓度最高（52%）。这些井主要位于 Bray 断层沿线，表明地质构造对氢气分布有影响，证明了光学字符识别（OCR）在重新评估氢气勘探历史数据方面的有效性，并强调了巴黎盆地具有作为富氢地质省的潜力（Lefeuvre et al., 2024）。Prinzhofer 等在巴西圣弗朗西斯科盆地的"仙女圈"中安装了永久气体监测分析仪，以对于"仙女圈"中的氢气渗流进行观测，发现该处"仙女圈"的氢气渗流似乎呈一定的周期性（Prinzhofer et al., 2024）。Jin 等在三水盆地进行表层地质调查时发现了异常高的氢气渗流点，结合野外现场检测及实验室测试，氢气的逸散值从 0.005%~0.2% 不等，其中在实验室中测试最大值达 0.6948%（Jin et al., 2024）。现有的表层氢气勘探主要依赖于干燥的土壤环境，针对存在地下水的潮湿环境中的氢气检测，Davis 提出一种从专用浅井中采集搅动地下水的顶部空间气体样品，测定氢气通量及其随时间变化的新技术，并在澳大利亚伊尔冈克拉通的几口含水浅井中成功地进行了试验（Davies et al.，2024）。

对于土壤取样打钻，一般分为四个阶段：初步勘探阶段、详细勘探阶段、采样点打钻、定期采样。初步勘探阶段主要是收集和分析已有的地质和地球化学数据，识别可能的天然氢气异常区域。采样设计一般为网格（正方形、矩形、三角形）设计，根据地质特征和勘探目标，设计合理的采样网格密度。通常在初期勘探阶段，采用较稀疏的网格布置，在发现氢气异常后，逐步加密采样网格。在一个 100km² 的勘探区，初步布置 10 个样品点（网格线的交点为采样点），每个点间距约 3~5km。目标是快速识别大范围内的氢气异常区。详细勘探阶段是在初步勘探识别的氢气异常区内，进一步布置 50 个样品点，每个点间距缩小到 500~1000m，以详细刻画氢气的分布特征。根据已知的地质构造特征（褶皱、断层）布置采样点，在发现异常区域进行加密采样点布置。在地表或浅层土壤中进行采样，定义深度为 0.5~1m，在地表以下不同深度采样则进行深层钻孔（根据地质条件与目标来定），在固定时间间隔内（如每月一次）进行采样。

钻井中也有氢气发现的案例，澳大利亚 Gold Hydrogen 公司已于 2021 年取得澳大利亚南部约克半岛（Yorke）和袋鼠岛（Kangaroo）的氢气勘探许可证，在约克半岛刚刚完成的天然氢气专探井试井作业，并于 2023 年 10 月和 12 月先后完钻拉姆齐 1 和拉姆齐 2 天然氢气专探井，在不同深度地层钻获气体和流体样品中分别测量显示高含量氢气和氦气异常，并测得极高纯度氢气含量，实现全球天然氢气资源勘探重大突破。拉姆齐 1 井不仅钻遇浓度为 73.3% 的天然氢气，还发现了浓度为 3.6% 的氦气存在；通过对拉姆齐 2 井的进一步试井，证实在该井 250~1000m 深度区间的 7 个层位存在天然氢气的产出，在 531m 处测得纯度高达 95.8% 的氢气含量，氦浓度也非常高，在 Kulpara 组的原料气中可达到 6.8%。

二、钻探技术

（一）原理

钻探是利用钻机、钻具和一整套工艺措施，在地层内取出岩矿样品，并探明矿产的赋存状态和分布规律，或者实现其他地质和技术目的。钻探也是通过一系列的设备和仪器直接作用于岩石上，形成钻孔的过程，破碎岩石是钻探生产过程的主要工序，因此掌握岩石的性质和破碎机理，对加快和改善钻探工作具有重要意义。钻探技术是地质勘探工作中的重要手段，广泛应用于石油、天然气、水文地质、矿产、工程勘查等领域，能够为矿产资源开发、水文地质调查、工程地质勘查等领域提供必要的支持。钻探技术的基本原理是利用钻机设备产生的机械能，通过钻头旋转、冲击等方式，将地层岩石或土壤破碎，形成一个垂直或倾斜的孔道，然后通过取心、测井等方法获取地下岩石的物理、化学和力学性质等信息。

（二）方法

钻探方法按照施工的空间分为地面钻探技术和井下钻探技术；按照钻进方法分为常规钻进技术和定向钻进技术。目前天然氢气勘探开发中的钻探技术主要是井下钻探技术，地表钻探主要用于监测"仙女圈"中氢气的动态变化。钻井方法有冲击钻井法、旋转钻井法和旋冲钻井法。

旋转钻探是一种广泛使用的方法，用于钻探地层以收集氢气样品。由于取样过程中人为过程而产生的氢气可能存在，构成了不确定性的来源。Halas等人最近进行的土壤破碎实验表明，钻探可以产生足够的能量，通过碾磨动作或过度加热来裂解土壤中天然存在的有机物，从而在岩石破碎过程中人工产生氢气和烯烃（Halas et al.，2021）。在浅井中发现氢气以及实验室测试支持了这一观点，即氢气可以在冲击钻探过程中产生，通过与钻探沉积物和钻探工具中的钢水发生水反应生成的井水进一步分解产生（Bjornstad et al.，1994）。Lefeuvre和Halas等学者建议改用冲击钻井，以防止通过加热和裂解有机物产生氢气（Lewan，1997；Lorant and Behar.，2002；Li et al.，2017）。此外，有证据表明，与水饱和岩石中硅酸盐解离有关的机械自由基过程也可以在钻井过程中产生氢气（Kameda et al.，2003；Takehiro et al.，2011），这可能导致与活动构造断层相关的土壤气体中出现氢气高浓度的现象（Kita et al.，1982；Sato et al.，1984）。因此，为了最大限度地减少钻井过程中产生氢气的可能性，冲击钻井可能是比旋转钻井更可取的选择。

（三）主要用途

钻探技术在氢气勘探中的用途主要为两种：一种是地质勘探，通过普查找矿钻探等寻找天然氢气可能赋存点，一种是资源开发，通过石油（天然气）井钻探，预估天然氢气资源量，为实现天然氢气商业化开发提供数据支撑。

（四）实例

1. 澳大利亚钻井

澳大利亚天然氢气资源勘查工作思路值得借鉴参考。Gold Hydrogen公司的天然氢气资源勘查和钻探井位选址工作，首先通过以往资料发现1931年在约克半岛所钻油气勘探井拉姆齐Oil Bore1井偶然钻获过高浓度（最高达84%）氢气异常，在此基础上开展了航空重磁调查和土壤气体调查。成因机制和成藏机理分析认为项目研究区所处的Cawler克拉通发现有大量铁矿床和铀矿床，这些都可能为蛇纹石化和水放射性分解生氢创造有利条件，进一步的分析认为新元古代和更古老地质年代形成的花岗岩套和变质沉积岩可能是该区域氢气生成的源岩。对已有地质和钻井资料进行整理运用，极大促进了该项目的实施进程，从开始航空重磁和土壤气体调查到开始钻探再到完成第一阶段试井仅用了近一年的时间。

2023年10月11日，在约克半岛实施的拉姆齐1钻井是澳大利亚钻探的第一口天然氢气勘探井，拉姆齐1井的主要目标是验证1931年钻探中的发现，确认地下岩石地层中氢气的存在，并根据过去一年获得的勘探数据更准确地描绘地质模型。拉姆齐1井需要钻探、评估和测试，以确定地质储层中氢气的存在、产能和范围。该井总深度达到1005m测量深度（MD），目标层位是Parara和Kulpara石灰岩地层，它们位于断裂的花岗岩基底之上。拉姆齐1井的钻井作业于2023年10月28日预钻时间内完成且未发生任何事故，并钻取了相对较小的前寒武纪基底部分（仅100多米）。最后的井眼是通过一整套电缆测井进行评估的，并且从不同深度和地层中回收了100%的旋转侧壁岩心样本。从两口井收集的岩屑和侧壁岩心最终在专业实验室进行了相关测试。

在钻探Parara石灰岩地层时，钻井液测井显示氢气含量高于背景水平，这是由于这些样本是在地表收集的，含有一定量的空气。对这些样品进行了进一步的测试和分析，发现从裂缝带顶部上方收集的钻井液气样品显示，在地面以下240m处，空气校正后氢气浓度为73.3%，这是收集样品中测量到的最高含量的氢气成分，与1931年拉姆齐Oil Bore 1井报告的76%的空气校正氢气浓度一致。这些测量结果验证了历史结果，并确认在拉姆齐项目区域的浅层存在氢气。钻进316m时，钻穿Parara石灰岩地层，遇到了一个主要的连接裂缝带。目标地层中广泛存在的连接裂缝系统对于氢气从深层向浅层运移至关重要，从而可以从浅层提取氢气。寻找这样一个裂缝系统是拉姆齐1井钻井的主要目标。然而，由于几次钻井液漏失，在与裂缝相交时，钻井受到了影响，由此产生的有限的回采量使得当时监测和分析钻井液气样变得异常困难。在892m深度，还检测到了氦气，空气校正含量为3.6%。这是一种相对高浓度的氦气，是稀有而宝贵的资源，如果能找到商业等级和数量的氦气，可能会对项目产生重大的增值作用。拉姆齐1井的地层与钻探前的预测一致，在Kulpara组区域的白云质层序上覆盖了一层厚厚的裂缝状的Parara灰岩地层。在Kulpara组内，已经确定了几个额外的裂缝和断裂带，并且在高白云化层序中有空洞孔隙带的迹象。前寒武纪基底被一层较厚的风化带覆盖，风化基底和未风化基底均存在严重的断裂。需要对电缆测井资料进行详细分析，以进一步评估各种裂缝系统的方位和孔径，以及风化过程产生的孔隙度和渗透率水平，进而确定基底深度及与基底裂缝相关的储层物性，是评价广泛基底区氢、氦资源潜力的基础。

拉姆齐2井于2023年11月17日开始钻井，钻井总深度达到1068m，在表层套管下的前100m进行了电缆测井，并回收了钻井液气样品（MDT）。MDT样品和其他初步钻井液气样品随后送往了第三方实验室进行分析。钻探后的钻井液气样品和校准的实时钻井液气测井数据显示，空气校正后的氢气浓度非常高，在Parara和Kulpara地层的194m至536m的浅层浓度达到86%。这些测量结果验证了拉姆齐Oil Bore 1井（1931年）的历史结果，并证实了拉姆齐项目区浅层存在氢气储层，这与拉姆齐1井（2023年10月）的结果相吻合。通过校准的钻井液气体数据显示，花岗岩基底在开放裂缝系统中含有大量的氢气，这与钻前模型一致，为未来的资源评估奠定了基础。完井的流量测试将最终确定氢气浓度、流速，从而确定氢气储层的商业价值。在 Kulpara 地层的原料气中，氦气浓度非常高，达到 6.8%。这些价值可能会使拉姆齐项目成为世界级的氦气项目。在非石油系统中勘探氢气具有开创性意义。尽管该公司勘探计划钻井有限，但整个钻井过程中的多个数据点表明，拉姆齐项目现场具有横向广泛的氢气储层和丰富的氦气系统的潜力。随后的勘探、分析和未来的流量测试将为这一充满希望的机会提供更清晰的图景。

拉姆齐 1 井和拉姆齐 2 井测试项目的主要目的是获取井下气体和流体样本，以便在近油藏条件下进行成分和同位素分析。试井初期阶段的次要目标包括从储层流体中回收地面天然氢气和氦气。迄今为止，从拉姆齐 1 号和拉姆齐 2 号井获得的测试和采样结果与该公司在 2023 年第四季度进行的钻井计划中收集的结果和数据一致。很明显，拉姆齐地区天然氢和氦气田包含两种不同的系统，以游离气体和溶解气体的形式存在，这是一个非常令人鼓舞的迹象。

第一阶段的试井是该公司确定短期和长期未来活动的成功基石。Gold Hydrogen 目前正计划进行勘探井测试计划的第二阶段，这将涉及调动现有的专业设备，通过井下泵从每口井中抽取水，使水流入油管，从而促进自由气体通过环空流到地面。来自地层流体和环空的气体将在分离器的下游重新组合，同时进行体积和流量测量。如果可以实现，那么第二阶段的测试程序将有助于确定潜在的流量和累积指标。该测试项目是在澳大利亚进行的第一个专门的天然氢气和氦气井测试项目。拉姆齐项目包含大量潜在的天然氢气和氦气资源，随着时间的推移，该项目具有巨大的开发潜力。由于缺乏模拟井，世界上任何地方的专用天然氢气井的可用数据都非常少，因此，拉姆齐 1 井和拉姆齐 2 井测试项目的预期结果存在固有的不确定性。

2. 马里钻井

马里的布拉凯布古村天然氢气是在 1987 年的一次水钻探作业中发现的。2011 年，加拿大 Petroma 公司（现为 Hydroma 公司）利用 Bougou-1 井进行了早期的勘探，在浅层发现了纯度达到 98% 的氢气，这是天然氢气勘探的重大发现。Bougou-1 井产出的氢气已经完成测试并用于发电，为布拉凯布古村部分地区供电，这也是全球首个商业化的天然氢气发电站。后续 Hydroma 公司继续钻了 24 个钻孔（大多数位于浅层），在几个由白云岩层覆盖的碳酸盐岩储层中发现了浅至 100m 的氢气聚集。25 个钻孔中有一个到达了基底，在新元古代的沉积层中发现了其他更深的储层。气相色谱分析表明，浅层主储层气相主要由天然氢气（98%）、氮气和甲烷（各 1%）组成。气测也显示 H_2/CH_4 比值非常高，在每个储层的上部普遍较高。与这种富氢气体相关的惰性气体具有地壳特征。古克拉通和富铁构造区域，特别是新元古代构造，具有天然产氢的潜在倾向。

对 13 个钻孔：Bougou-3、Bougou-4、Bougou-5、Bougou-5A、Bougou-6、Bougou-7、Bougou-8、Bougou-9、Bougou-13、Bougou-14、Bougou-18、Bougou-19、Bougou-20

（图4-14），都记录了电气测井和岩心数据。利用Petrel、geo和Easy Trace软件对自然伽马射线GN、容重RHOB和中子孔隙度NPHI等测井数据进行校正、合并及显示。测井的原始数据由Hydroma提供（2018年勘探计划期间收集的数据），钻孔图像（ABI）也被用于识别储层中的裂缝和岩溶带。钻孔图像数据是使用带有固定声学换能器和旋转镜的Bore hole Tele Viewer来扫描钻孔壁获得的，并使用气相色谱仪、伽马、中子和密度伽马探针进行半测井。在研究中，中子测井用石灰石基质刻度进行校准，密度和中子用标准石灰石相容刻度显示。利用半测井获得的井眼图像（ABI）识别储层中的裂缝和岩溶带。

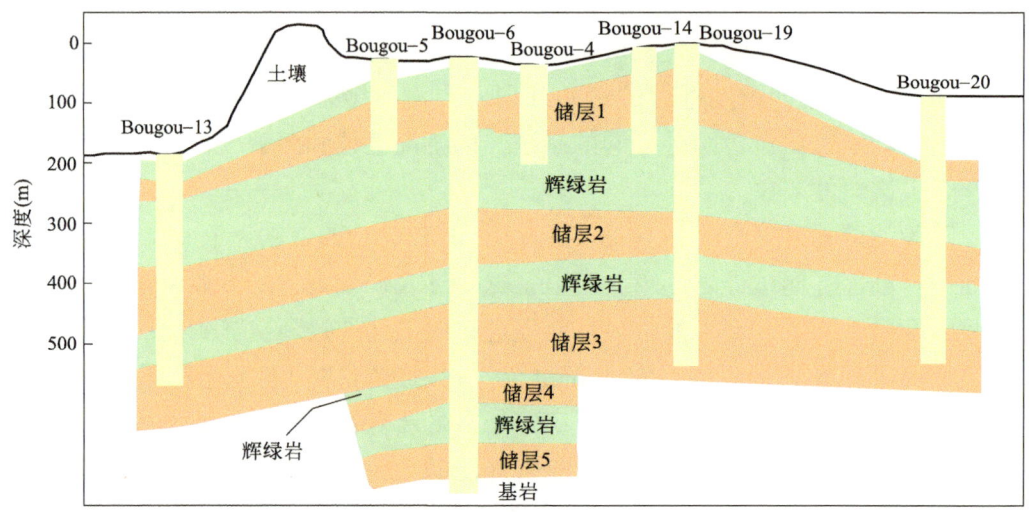

图4-14　马里布拉凯布古连井剖面示意图（据Prinzhofer et al.，2018，修改）

布拉凯布古地区的岩性主要包括黏土岩、辉绿岩、碳酸盐岩（方解石和白云石）、砂岩。在Bougou-19井中110~150m、330~390m和465~520m深度段检测到了氢气聚集。而在Bougou-6井中的800~1040m和1130~1460m深度段也检测到了氢气聚集。富集氢气的地层主要是碳酸盐岩和砂岩。埋藏最浅的含氢气储层主要由白云质碳酸盐岩（新元古代冰川期的盖帽碳酸盐岩）组成。白云质碳酸盐岩在该地区普遍发生喀斯特化，形成了一个覆盖整个区域的喀斯特系统，其中发现了大规模的氢气聚集。深部氢气主要赋存于某些砂岩储层和裂缝性基岩中。氢气主要以溶解态存在，由于氢气在浅层地层水中的溶解度较低，因此会从上部砂岩和最上面的岩溶碳酸盐岩储层中逸出。

3. 美国堪萨斯盆地

美国CFA石油公司于1982年在北美堪萨斯盆地裂谷系中施工的Scott井就获得了含量约为50%的氢气。该井稳产2年之后，氢气的含量下降至24%~43%，但直到1987年，该地区钻井中的氢气含量仍能达到30%以上。为了获得高含量氢气，2009年美国地质调查局堪萨斯州分局在该地区进行了以氢气为目标的勘探活动，并施工了两个氢气钻孔。这两个钻孔在前寒武纪基底中发现的氢气，含量最高可达90%，日产能达到 310~470m³，显示了良好的氢气开发前景。同样位于大陆裂谷上的冰岛 Hengill 地区，前人针对氢气实施的钻孔中，也获得了含量高达 37% 的氢气。为了探明堪萨斯州氢气来源，对堪萨斯的 Heins1 井、Scott 井和 D#2 井获取的钻井液气进行分析，通过三口井的天然气地球化学特征来明确堪萨斯州天然氢气持续生产的原因，其中 Heins1 井和 Scott 井的静水位位于井口以下几米，这允许天然气在井的顶部空间聚集，D#2 井则是自流井，产生含有溶解气体的水（图 4-15）。通过观察到的气体组合表明该类型氢气的成因是深源基性、超基性岩石中的橄榄石发生蛇纹石化作用形成的。并且这种成因的氢气具有含量高、持续时间长的特点。这种北美堪萨斯盆地大陆裂谷系地质环境一般是有超强的基性、超基性火山喷发活动。上覆较厚的沉积层可以作为氢气的储层，这些区域极具钻遇高含量氢气的机会，是未来以氢气为勘探目标的重点区域。

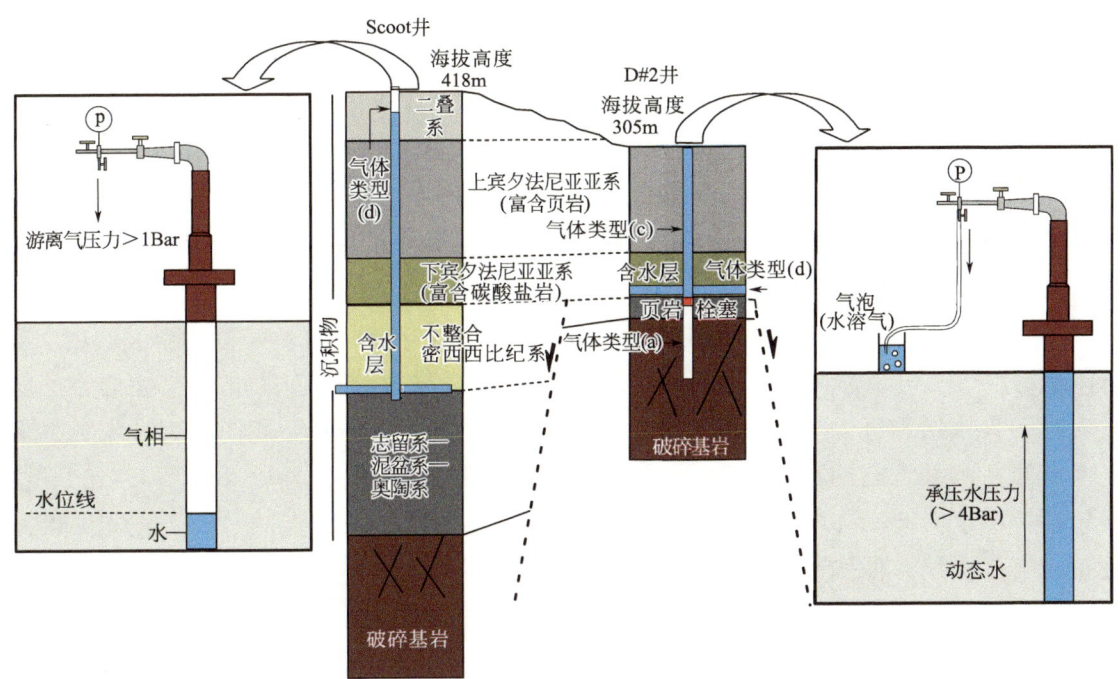

图 4-15 Scoot 井和 D#2 井取样示意图（据 Guélard et al., 2017，修改）

三、测井录井

测井是将地质信息转换成物理信号，然后再把物理信号反演回地质信息的一种技术。根据所利用的岩石物理性质不同，可分为电测井、放射性测井、磁测井、声波测井和重力测井等。根据地质和地球物理条件，合理地选用综合测井方法，可以详细研究钻孔地质剖面、探测有用矿产、提供计算储量所必需的数据（如油层的有效厚度、孔隙度、含油气饱和度和渗透率等），以及研究钻孔技术情况等任务。此外，井中磁测、井中激发激化、井中无线电波透视和重力测井等方法还可以发现和研究钻孔附近的矿体。

测井方法在石油、煤、金属与非金属矿产及水文地质、工程地质中，都得到广泛的应用。特别在油气田、煤田及水文地质勘探工作中，已成为不可缺少的勘探方法之一。应用测井方法可以减少钻井取心工作量，提高勘探速度，降低勘探成本。在油田有时把测井称为矿场地球物理勘探、油矿地球物理或地球物理测井。

大多数测井资料是使用储层的地球物理响应来间接地确定储层流体的类型，由于这些测井响应受众多因素的影响，存在多解性和不确定性，使得测井资料判断储层流体性质有很大的难度，特别是在地质条件、井眼条件较为复杂的情况下，测井资料评价储层流体性质的难度更大，只有通过地质、试油数据的标定才能获得较好的评价效果。事实上，在勘探早期，特别是预探阶段，岩心分析数据、试油资料是不具备的，这就给复杂地质条件下的测井评价工作，尤其是流体性质识别带来了一定的难度。与常规测井项目相比，模块式地层动态测试器（MDT）测井具有强大的技术优势，但其费用与其他测井项目相比相对较高。

MDT 测井是以常规测井、成像测井、核磁测井等资料的综合分析为基础的。现场 MDT 测井一般主要采用两种资料采集方式，即测压和井下流体光谱分析。当然，流体取样只是井下流体光谱分析的最终结果的直观体现，取样是根据研究的需要所决定的，并不一定每次分析后都取样。应用 MDT 测井要针对不同的评价对象和评价目的，有的放矢，减少无效测试点，提高测试成功率，在尽可能减小测井成本的同时，以求地质效果的最大化，以测井局部的高投入，换取整个勘探项目的高效益。

测井资料一般记录的是各种不同的物理参数，如电阻率、自然电位、声波速度、岩石体积密度等，可统称为测井信息。而测井资料解释与数字处理的成果，如岩性、泥质含量、含水饱和度、渗透率等，可统称为地质信息。测井解释流程分为数据处理和定性解释。测井资料的数据处理主要是将收集的原始资料进行预处理（图 4-16），主要包括：深度对齐，即使每一深度各条测井数据对齐同一采样点的数据；把斜井曲线校正成直井曲线；曲线平滑处理，即把非地层原因引起的小变化或不值得考虑的小变化平滑掉；环境校正，即把仪器探测范围内影响消除掉，获得地层真实的数值；数值标准化，即消除系统误差。测井资料的定性解释是确定每条曲线的幅度变化和明显的形态特征反映的地层岩性、物性和含油性，结合地区经验，对储层做出综合性的地质解释。

美国、澳大利亚近年来相继钻探了专门用于天然氢气勘探的钻井，其中澳大利亚于 2023 年 10 月和 12 月先后完钻拉姆齐 1 和拉姆齐 2 天然氢专探井，在不同深度地层钻获气体和流体样品中分别检测到高含量氢气和氦气异常，在第二阶段测试中可能会确认更高的纯度水平，以帮助进一步了解在初始测试期间的显著氦气峰值。拉姆齐 2 井在 Kulpara 白云岩剖面 612~777m 深度处 180m 厚的产层中提取氢气，在最初的测试中，180m 区域显示出明显的氦气峰值。在 Kulpara 白云岩以及 Kulpara 和 Parara 石灰岩的裂缝中发现了高渗透率，表明这些地层在一段时间的封闭后具有渗透性，并产生了流体和伴生气。

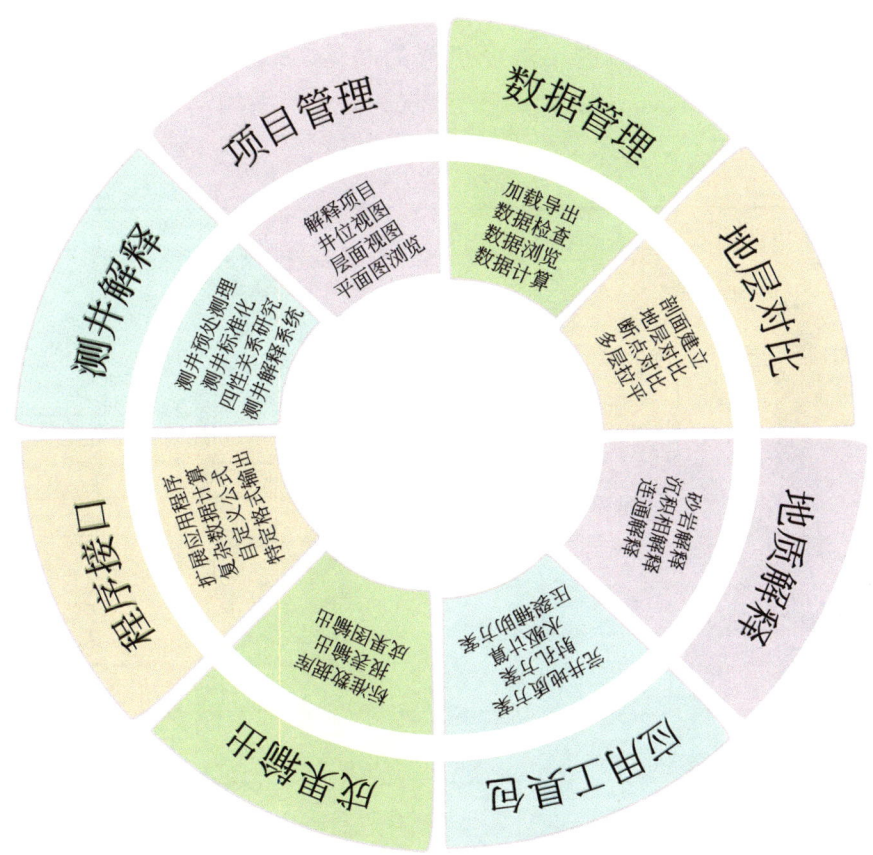

图 4-16　测井资料数据处理

马里 Hydroma 的 24 个勘探井证明了周围地区存在天然氢气，而且提供了一个独特的机会来确定天然氢气储层的关键特征。利用这个案例研究来更好地了解天然储氢系统的定义，并为进一步的勘探提供指导。想要更好地表征布拉凯布古气田含氢储层性质需要进行取心、测井和地球化学研究。首先利用气测井数据确定了氢气聚集带。在所有井上都观察到第一个聚集带，几口井的对比表明，最浅的储层是连续的，水平相当，厚度大致相同。在深部，在该系列的底部和裂缝基底中也观察到氢气的存在。在确定了各种富氢带之后，也进一步明确了其中存在的地质构造。

测井研究结果表明氢气含量高的储层岩性为白云质碳酸盐岩，这些碳酸盐岩大部分是岩溶的，孔隙度显示出高度的不均匀性（0.21%~14.32%）。根据对碳酸盐岩储层钻探图像的分析，氢气的积累发生在喀斯特（空隙）中，代表了岩石基质中的次生孔隙。其他储层，尤其是最深的储层，是多孔砂岩，与块状碳酸盐岩相比，孔隙度要均匀得多（4.52%~6.37%）。对于所分析的井，当存在氢气时，中子工具会以特定方式反应。因此，它是检测天然氢存在的主要工具，而不仅仅是简单的气体记录。

通过测井工具识别氢气的存在，对最上部碳酸盐岩储层带的电测井的交叉图分析表明，相对于经典的白云岩，这种变化反映了中子孔隙率（NPHI）的异常增加。这是由于页岩或氢气的存在，因为它们会影响中子值，然后影响解释的孔隙率（增加伪影）。

这可以通过比较氢气含量高的井和氢气含量低的井来直接观察到。以布拉凯布古气田为例，浓度最高的井是 Bougou-6 井，浓度最低的井是 Bougou-13。通过比较这两口井，可以清楚地观察到，与 Bougou-13 井相比，Bougou-6 井在相同地层中显示出更高的中子值（图 4-17）。

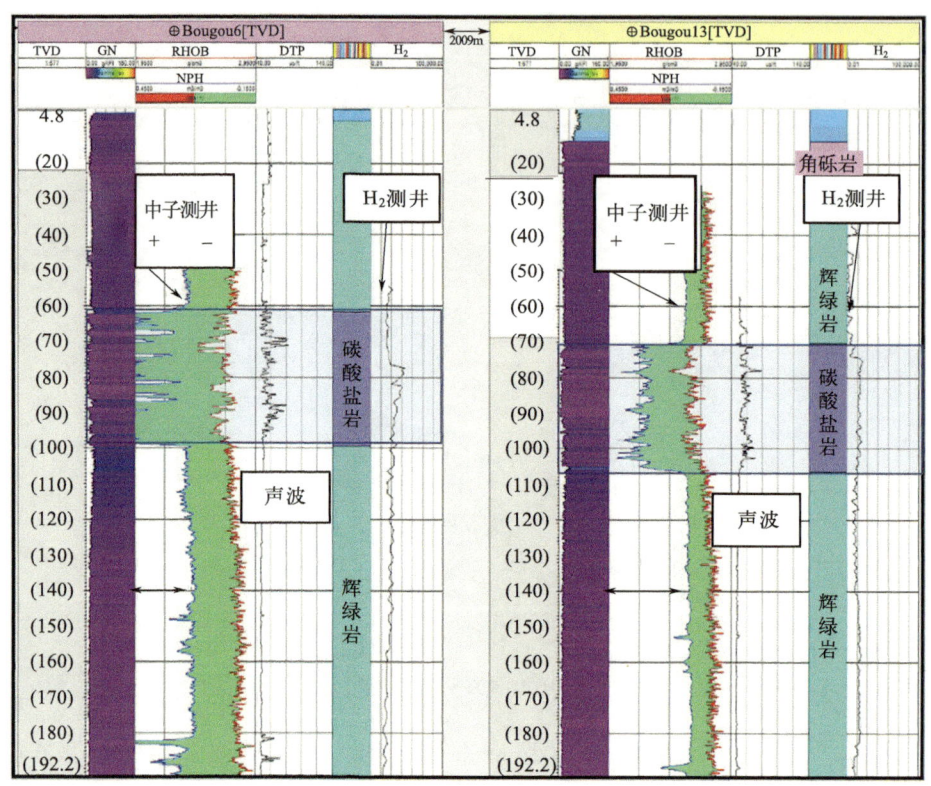

图 4-17　Bougou6 和 Bougou13 天然氢气测井曲线图（据 Maiga et al.，2023，修改）

录井是用岩矿分析、地球物理、地球化学等方法，观察、采集、收集、记录、分析随钻过程中的固体、液体、气体等井筒返出物信息，以此建立录井地质剖面、发现油气显示、评价油气层，并为石油工程（投资方、钻井工程、其他工程）提供钻井信息服务的过程。录井技术是油气勘探开发活动中最基本的技术，是发现、评估油气藏最及时、最直接的手段，具有获取地下信息及时、多样，分析解释快捷的特点。

录井是根据现场综合地质资料、现场录井数据及综合分析化验数据进行岩性解释、归位，确定含油、气、水产状；自由选择绘图项目和绘图格式，绘制不同类型的录井图；在屏幕上实现钻具与电缆误差的校正、破碎岩心的处理、岩层界限调整等图形修改编辑工作。

综合解释评价技术以气测录井、工程录井、定量荧光录井、地化录井、核磁共振录井为主要技术手段，通过对各项录井资料的综合分析，实现对油、气、水层的准确评价。

第五章

天然氢气勘探开发进展

　　天然氢气的勘探在当今能源转型和环境保护的背景下显得尤为重要。随着全球对化石燃料依赖的减少，寻找清洁和可再生能源已成为各国政府和科研机构的共同目标。天然氢气作为一种新兴的能源，其潜力不可小觑。天然氢气的清洁性使其成为理想的替代能源。与传统化石燃料相比，氢气燃烧时只产生水，几乎不产生温室气体排放。这对于应对全球变暖、减少空气污染具有重要意义。通过大规模开发和利用天然氢气，能够显著降低温室气体的排放，有助于实现碳中和目标。天然氢气的广泛应用前景也为其勘探提供了动力。氢气不仅可以用作燃料，还可以作为工业原料，广泛用于化工、冶金和电子等领域。随着氢能技术的不断进步，氢气在交通运输、能源储存和发电等方面的应用也日益增多。天然氢气的勘探不仅有助于推动能源结构的转型和环境的保护，还能促进地质科学的发展。面对全球能源危机和气候变化的挑战，各国应加强协作，推动天然氢气的勘探与研究，共同开辟这一清洁能源的新领域。随着技术进步和政策支持，天然氢气有望在未来的能源市场中占据重要位置。

第一节

非洲

　　1975 年，法国地质调查局（BRGM）在吉布提裂谷西南外缘钻探了两口井，钻探深度分别为 1154m 和 1554m，以期对裂谷的地热特征获得更为深入的认识。无独有偶，研究人员在钻井中发现了含有氢气的天然气（Abdillahi，2015）。自 20 世纪 70 年代以来，该裂谷活跃的构造活动促使学者们开展了多次地热勘探研究。人们在该地区的地热井和富热孔中发现有氢气的存在，在内缘和轴向火山带也发现了一些新的天然气井

(Doubre and Peltzer，2007；Turk et al.，2019)。1987年，工人在西非国家马里的布拉凯布古村打井取水时，遇到一场花费数周时间才扑灭的大火。"白天火的颜色如蓝色的波光粼粼的水，没有黑烟污染。夜晚的火光像金光闪闪发亮，在田野里我们都能看到彼此。"《科学》杂志中如此记述马里天然氢气渗漏的现象。2012年，加拿大Hydroma公司在西非马里布拉凯布古村的一口封闭干井中检测到氢气含量高达98%，并基于该井建设了全球首个天然氢气发电商业电站，这标志着天然氢气商业利用的开始。同年该公司在马里利用约50美分/kg的天然氢气进行发电，其成本远低于化石能源、电解水所制的氢气（Prinzhofer et al.，2018）。非洲对氢能发展极其重视，以及在应对气候变化、推动能源转型方面持积极态度，通过国际合作与国内政策支持，非洲有望成为全球氢能市场的重要参与者。

一、马里

马里氢气田的发现标志着天然氢气研究得到重大突破，它成为世界上首个商业化开发的天然氢气田，该气田中氢气的浓度高达98%。马里Taoudeni盆地中的多层致密辉绿岩起到了阻止氢气向上运移和渗漏的作用，同时含水层在盆地深部可能封存了一定含量的氢气。高浓度的氢气储层可能为碳酸盐岩与砂岩，碳酸盐岩储层孔隙度范围为0.21%~14.32%，平均值为4.27%；砂岩储层孔隙度范围为4.52%~6.37%，平均值为5.50%（Maiga et al.，2024）。Taoudeni盆地面积约$2×10^6 km^2$（图5-1），位于毛里塔尼亚南部和东部的西非克拉通，延伸至马里西部，东以元古代跨撒哈拉缝合带为界，西以海西期毛里塔尼德斯褶皱带为界，北为雷吉巴特地盾，南为象牙海岸地盾，两者均由太古宙变质花岗岩基底组成。人们在该盆地内的Bougo 1井中发现了高浓度的天然氢气（Briere and Jerzykiewicz，2016；Maiga et al.，2023）。

继Bougou 1井之后，研究人员对布拉凯布古村以北100km处的两口井的样品进行了岩石地球化学分析，以期获得Taoudeni盆地马里部分的地球化学指标（Prinzhofer et al.，2018）。在勘探钻井之前，Hydroma公司对马里的25个区块进行了初步的土壤地球化学测量，并对该地的"仙女圈"进行深度1m的地表土壤氢气调查，结果表明环形洼地即"仙女圈"的形成和氢气渗漏现象可能是地下氢气运移造成的结果（Zgonnik et al.，2015）。由于新元古代时期的地球温度比较低而且地球大气中氧气含量有所减少，导致马里沉积岩的发育环境以还原性为主。因此天然氢气的积聚并不只局限于马里Taoudeni盆地附近，而是在其附近区域内大面积分布，且延伸范围至少8km（Maiga et al.，2024）。钻井结果显示该地区发育闪长岩侵入体，据估计该地区岩浆作用的时间大约为2亿年，岩浆岩中的富铁矿物或者其含有的钾元素等引起的放射性分解作用也可能形成一定含量的氢气。但值得注意的是，该地区的地幔氦和地幔氩同位素比值与井口气测量结果差异较大（表5-1），表明氢气中可能没有任何地幔来源的贡献，而氢气可能来自玄武岩或者基底。

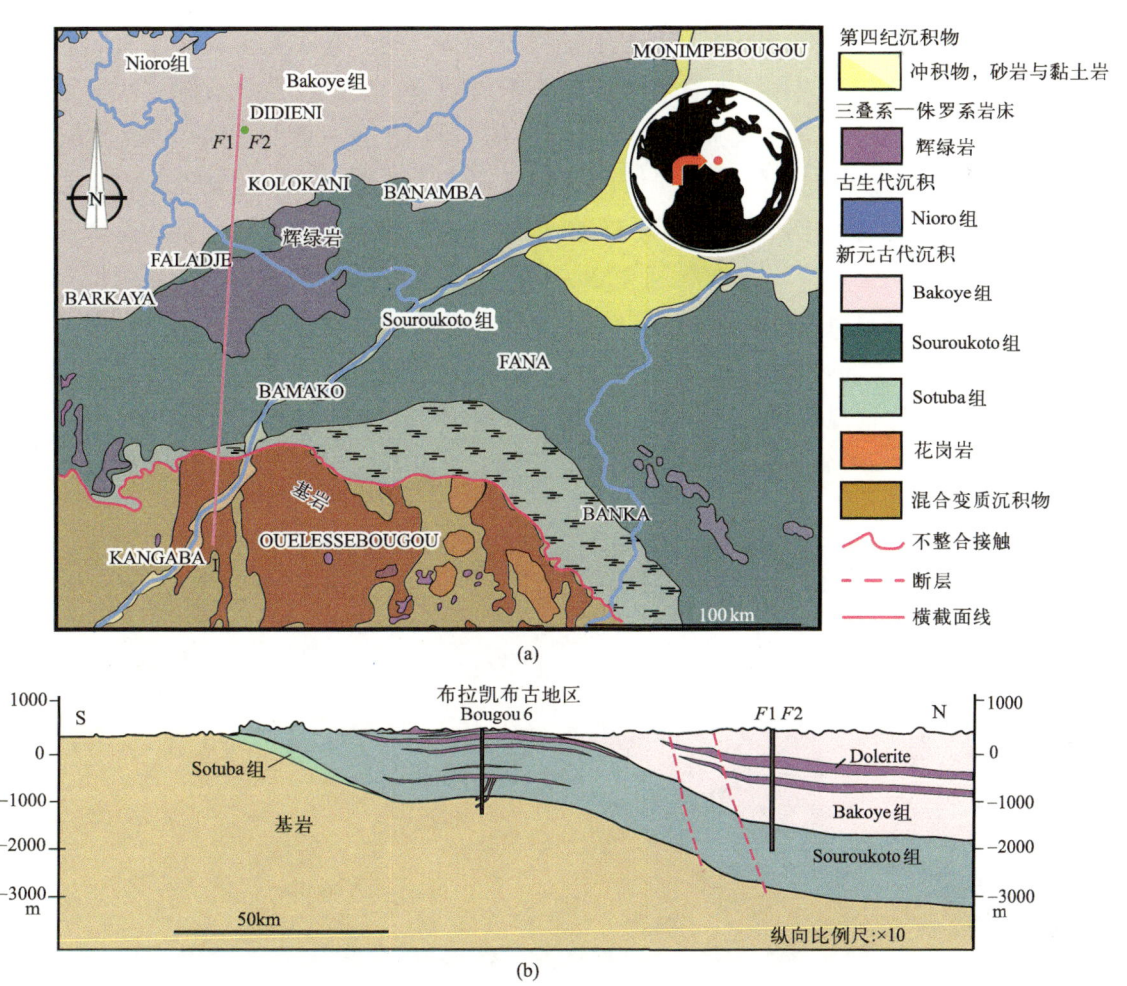

图 5-1 非洲马里地质概况图（据 Maiga et al., 2023，修改）

(a) 马里地质图；(b) 含氢气 Bougou 1 井周边构造剖面图

表 5-1 马里 Taoudeni 盆地布拉凯布古地区天然气同位素特征（据 Perroma et al., 2024）

	同位素特征	分离器	井口
浓度	^{4}He(ppm)	547	552
	^{20}Ne(ppm)	0.244	0.381
	^{36}Ar(ppm)	0.516	0.586
	^{84}Kr(ppb)	16.7	18.3
	^{120}Xe(ppb)	0.91	13.9
同位素比值	^{40}Ar/^{36}Ar	400	384
	^{3}He/^{4}He	$6.1*10^{-8}$	$8.2*10^{-8}$

注：ppm 表示百万分之一，ppb 表示十亿分之一。

非洲马里 Taoudeni 盆地天然氢气藏上部辉绿岩盖层的厚度在 15~50m 之间，其中辉绿岩盖层最厚区域的井中氢气浓度最高，而黏土层厚度似乎与氢气的含量呈反比

（图5-2）。辉绿岩的矿物组成主要以斜长石和辉石为主，同时含有少量类似于黑云母等的含铁矿物。其中远离储层的辉绿岩中矿物较少，裂缝非常小甚至完全没有裂缝。而与氢气储层直接接触一侧往往发育着大量的矿物与裂缝。靠近储层的辉绿岩相比远离储层的辉绿岩孔隙较大。实验测试结果表明远离氢气储层一侧的辉绿岩层孔隙度为0.39%，相反地，靠近储层的辉绿岩层的孔隙度通常大于3%。因此致密的辉绿岩可能有效地阻碍了氢气向上扩散。同时非洲马里布拉凯布古地区存在岩性分别为碳酸盐岩与砂岩的天然氢气储层。浅部的天然氢气储层主要由含辉绿质矿物的碳酸盐岩组成，碳酸盐岩呈层状，可以观察到部分碳酸盐岩发生了明显的喀斯特作用，同时岩溶孔隙中存在着较高含量的氢气。砂岩储层主要分为富铁细砂岩和含磁铁矿和赤铁矿的砂岩，部分砂岩内部还存在一定含量辉绿岩。深部的砂岩发育有许多裂缝且孔隙中充填着细粒含铁矿物（Maiga et al.，2024）。

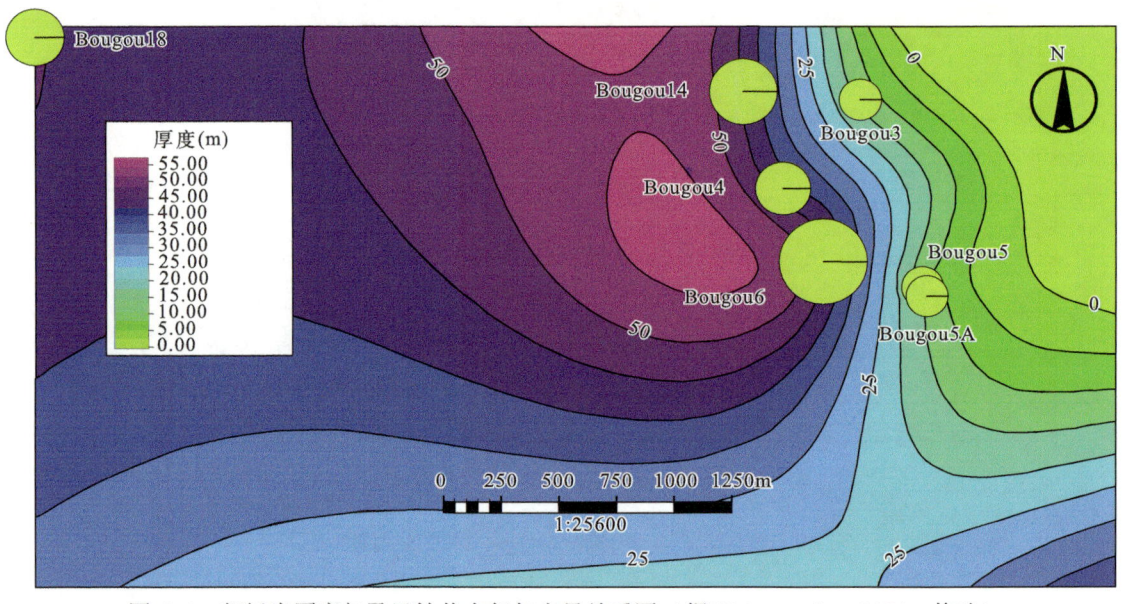

图5-2 辉绿岩厚度与马里钻井中氢气含量关系图（据Maiga et al.，2024，修改）

马里氢气藏浅层的氢气主要在碳酸盐岩通过喀斯特作用形成的碳酸盐岩岩溶孔隙中以游离态存在，同时由于其相对过高的储层孔隙度可能导致氢气很难以吸附态赋存其中。而在较深的砂岩储层中，氢气可能大部分以溶解态封存在地下水中，并由于压力降低发生脱气作用导致氢气释放。但在一些地下水为高盐度特征的钻井中，氢气应该主要还处于气相。马里布拉凯布古地区游离态氢气区厚度约为800m，因此该深度以下的环境中氢气可能主要以溶解态存在。综上，非洲马里Taoudeni盆地布拉凯布古地区存在两个典型富氢层段，浅部以游离态氢气为主的碳酸盐岩层段，氢气主要赋存于经喀斯特作用形成的岩溶孔隙之中。砂岩则被划分为两个层段，相对较浅的层段与相对较深的层段。前者氢气仍以游离态存在于砂岩孔隙之中，而后者氢气主要以溶解态溶解在地下水中（图5-3）。碳酸盐岩与砂岩上覆的致密辉绿岩是良好的盖层，一定程度上减缓了氢气的逸散，为在储层形成一定含量的天然氢气藏提供了可能。在开发过程中井底压力出现了增加的现象，砂岩与碳酸盐岩中的富铁矿物与蛇纹石表明该地区可能一直存在原位产生氢气的可能，马里 Taoudeni 盆地天然氢气藏的源—储—盖特征为指导未来天然氢气勘探开发工作提供了重要的参考，即在未来的勘探天然氢气工作中，除了需要判别氢气的成因，寻找具有潜力的储盖系统也同样重要。

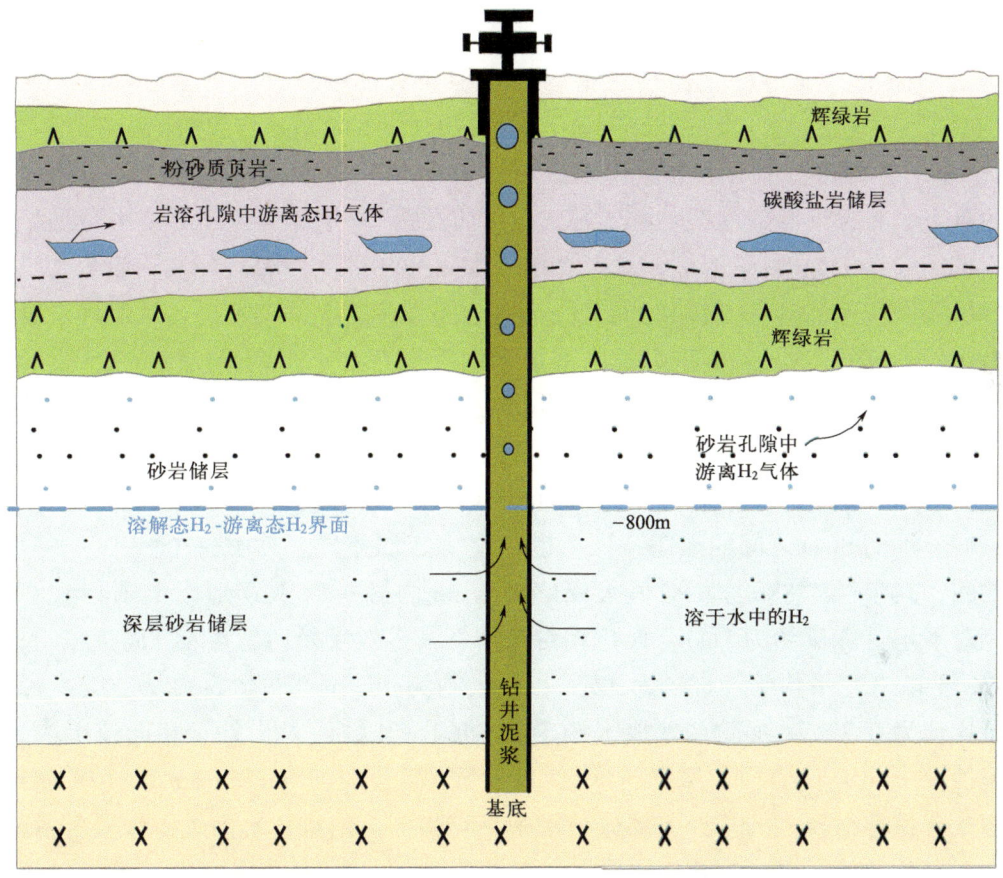

图 5-3　非洲马里 Taoudeni 盆地天然氢气系统示意图（据 Maiga et al.，2024，修改）

二、纳米比亚

在纳米比亚的大陆表面，科研人员已经发现了富铁岩石露头附近存在天然氢气泄漏的现象，地表天然氢气泄漏与太古宙和新元古代克拉通之间存在相关性，因此纳米比亚地表大量亚圆形凹陷的存在是氢气在大陆表面进行渗漏作用的一个很好的例证（Moretti et al.，2022）。纳米比亚位于非洲大陆的西南部，下部的克拉通被新元古代的达马拉造山带隔开，在达马拉褶皱带南部发现了基性岩和部分沉积物，其中存在较厚的角闪岩段。达马拉带的中心地带记录了该地区 560 万—500 万年前广泛发生的岩浆活动，岩浆活动在该地区形成了大量的侵入花岗岩体；纳米比亚 Chuos 组岩石主要由辉长岩与带状铁矿（铁含量达60%）互层组成；Chuos组厚度变化很大，Outjo逆冲带北端厚度为76~1660m，而变质带北端厚度为几米到200m（Roche et al.，2024）。

纳米比亚至少有3种潜在的氢气源岩：新元古界（达马拉带的Chuos和Ghaub组）；古元古界至中元古界的带状含铁构造（BIF），如加里普造山带的马尔莫拉大洋地体或达马拉造山带的角闪岩段；北部的花岗岩，即氢气可能通过水与富铁岩石之间的氧化还原作用或者水的放射性分解作用而形成。流体的来源可以是来自地下更深处的热液，也可以是来自地表的流水或者大气降水，因此纳米比亚的氢气系统可以被认为是动态的，地下可能存在致密的岩层阻碍气体的运移，并且使得氢气在该处聚集。

Chuos组岩石在整个地区大量存在且广泛分布于整个Waterberg盆地，同时盆地中存在的数千个与氢气渗漏存在关联的SCD（"仙女圈"/半圆形—圆形结构/类似于"仙女圈"的圆形构造）(Meneghini et al.，2014；Moretti et al.，2022；Roche et al.，2024)。通过卫星图像在Waterberg盆地发现了位于古老的克拉通上部的SCD，从地理位置上看，位于Okakarara南部达马拉褶皱带的内部地区和该国东部—东南部的喀拉哈里沙漠。从空间上来看，Okakarara南部达马拉褶皱带显示出高密度的SCD分布，其特征与世界上其他地区存在的与氢气排放相关的SCD结构特征大致相同。SCD平均直径当量为大约100m，占整个区域的1%。结构深度/直径当量比约为1.4%，与已发表的排放氢气的SCD相同。不同SCD之间的形态特征上也存在一定的差异。其中一个SCD是一个近乎完美的圆，其半径为88m，相对最大深度小于3m。另一个SCD形态上则相对不太圆，同时相对平坦（深度约为1m），面积相对较小，其等效半径约为48m。而喀拉哈里沙漠Kalahari带的SCD平均等效直径为421m，最大约为1570m，最大深度为12m。深度/直径当量比约为0.75%。尽管两处地区SCD的结构特征数值大小处于相同范围内，但喀拉哈里沙漠中SCD的直径、深度与深度/直径数值上仍小于Okakarara带。在SCD中测量的氢气含量存在较大的差异，部分结构中甚至检测不到氢气，而气体浓度含量较高的结构中氢气测量值可以达到0.04%左右，且氢气含量在同一结构中也不是均匀分布的，沿着半径从结构中心向着边缘移动的过程中，氢气含量的测量值呈现随着距离结构中心距离的增加而减小的规律。

综上，含铁量较高的新元古代沉积岩是纳米比亚大陆上天然氢气的主要来源，同时水的放射性分解形成的氢气也可能为该地区氢气的释放作出了相当的贡献。关于纳米比亚活跃的富氢气体渗漏，或许可以通过与当下认识成熟的石油系统进行类比，以期在Waterberg盆地寻找一个潜在的天然氢气聚集地点。新元古代和太古宙/古—中元古代克拉通的存在，以及富含铁的地层，加上从卫星图像中观察到的大量SCD结构，表明纳米比亚具有潜在的天然氢气资源。因此在达马拉造山带，特别是在Okakarara地区目前存在氢气逸出的区域相当大，在大约180km^{2}的区域内存在300多个时刻释放着氢气的结构，直到今天仍然不断地释放着氢气。那么如果人们把眼光从纳米比亚拓展到全球，或许可以认为全球类似的SCD每天无时无刻不在释放大量从地下运移至地表且扩散至大气中的氢气。

三、吉布提

在吉布提共和国的 Asal-Ghoubet 裂谷的裂谷中心周边的钻井和裂谷边缘发现了氢气渗漏的现象，裂谷外缘的地表相较于裂谷中心测量到的氢气渗漏量较低。通过广泛的钻井活动，在裂谷西南边缘的一些地热井以及靠近南部内缘和 Fiale Caldera 的喷气孔中均发现了不同含量的氢气存在。研究数据表明，在干燥空气中氢气的百分比约为 0.25%，而沿内边缘和轴向火山带中的氢气含量高达 3%，平均值为 1%。1978 年 Ardoukoba 火山喷发后的气体分析结果表明岩浆气体中氢气含量为 0.15%（Allard et al.，1979；Pasquet et al.，2021，2023）。类似于纳米比亚的"仙女圈"结构中氢气含量的分布，吉布提共和国裂谷中的氢气含量分布似乎也随着逐渐靠近裂谷中心而增加，远离裂谷中心而减小。关于吉布提共和国氢气的来源与成因，存在着以下几种可能：由深部循环的高盐度热流体引起的玄武岩的蚀变；裂谷轴位置的玄武岩低温蚀变；黄铁矿化作用；岩浆通过主要活动断层上升时所发生的脱气作用以及气体平衡过程。火山口岩浆岩的脱气效应显示，在脱气过程中，氢气的形成会受到 SO_2-H_2S 平衡控制；同时火山气体中存在的 NH_3 和 NH_4，会通过与水或铁的相互作用发生氧化还原反应，形成氮气和氢气。此外，由于裂谷内热流的升高引起了水蒸气的快速循环，从而增强了玄武岩的水岩反应，而水岩反应涉及的玄武岩的蚀变作用额外导致了黏土矿物的形成，其生成的富铁绿泥石同样可能发生氧化还原反应生成氢气。例如位于西南裂谷边缘 1000~1300m 深度的一个渗透率较好（10~50mD）的玄武岩带，位于一个富含绿泥石—绿帘石组合的地热区，该地区内的氢气可能也是通过 Fe^{2+} 氧化和绿泥石脱氢而形成的。

吉布提裂谷中氢气的生成可能还与岩石—流体相互作用有关。Fe^{3+} 还原或黄铁矿化涉及铁矿物，如赤铁矿（磁铁矿）与 H_2S 部分脱气反应，形成黄铁矿和氢气。XRD 分析显示黄铁矿的存在支持了这一假设。不同深度的岩石岩性存在差异，分别为浅部具有拉斑岩倾向的玄武岩和深部具有碱性倾向的玄武岩。其中许多玄武岩富含铁（>10%）和钛（>2%），内部钛铁矿和钛磁铁矿的含量均较高，但 Fe_2O_3 含量较低，普遍低于 15%。在该区域的 300m 深处存在一个沉积层，主要由碳酸盐岩和石英组成，下伏的 Stratoïd 玄武岩 Fe 含量更高，蚀变程度也更大。同时在裂谷边缘和中心轴上的 240~600m 的深度之间有一个相对连续的黏土层，在 F1 井深度大致为 0~500m 之间沿裂谷轴方向存在一个富含蒙皂石的层位，这些黏土层可能成为具有潜力的氢气储层或者盖层。通过测井手段发现裂谷中存在一个以碎屑岩为主的蚀变层，该蚀变层下部为蒙皂石，伴生矿物为方解石、沸石或赤铁矿，其温度低于 180℃，符合地热泥质带的特征。尽管泥化作用对降低储层或者盖层孔隙度和渗透率有显著的贡献，仍不能确定储层泥化作用对氢气封闭作用的影响。

第二节

欧洲

土耳其奥林波斯古城是古代利西亚文明的重要城市之一，其 Antalya 山上的火焰千年不灭。即使用东西把火焰的喷口堵住可以使得火焰暂时熄灭，但当喷口再次接触空气后，火焰会如同复活的怪物一样再次熊熊燃烧。随着科学技术的进步，当地发现大量的、源源不断的天然气体（含氢气与甲烷）于喷口中不断释放到大气中。这是土耳其其千年以来永不熄灭的圣火形成的真正原因，极大地增强了欧洲大陆寻找天然氢气的动力与信心。

欧洲最早的关于天然氢气的明确报道可能是门捷列夫于 1888 年记录的，在乌克兰一处煤矿裂缝的气苗中含有 5.8%~7.5% 的氢气。受限于那个时代人类对天然氢气认识的局限性，认为虽然天然氢气会在地下通过多种方式形成，但并不会形成可供长时间开发的氢气藏。因此，在很长的一段时间里有关地下天然氢气的记录只出现在一些煤矿或者油气井的测试报告中。例如，1961 年，法国的 Cramaille 101 井在穿过 Lusitanian 含水层时，于钻井液气中发现了一定含量的氢气；1962 年，哈萨克斯坦 Karagandy 煤矿中 40% 的煤样中氢气含量高达 10%；1963 年，开发的法国 Betz 101 井中检测到了 3%~6% 的氢气；1967 年，在德国也发现了源自盆地深部的高含量氢气；1972 年，法国 Longueil 1 井在 3 个不同深度返至地表的钻井液气中检测到氢气；1976 年，法国巴黎盆地的 Saint Martin de Bossenay 17 井在两个不同深度检测到氢气；1981 年，乌克兰 Donbas 含煤盆地 95% 的岩石样品中发现了含量高达 40% 的氢气；俄罗斯 Talnakh、Osinovka、Baydaevka 等地区煤层样品氢气含量为 11.4%~18.4%；Vorgashor 地区 Pechora 煤盆地煤样的气体中检测到含量 20% 左右的氢气，砂岩样品中氢气含量为 76%~81%；1982 年，在法国巴黎盆地 Connantre 2 井 Dogger 含水层 1508~1533m 处检测到氢气；同年 Grandville 109 井在两个不同深度钻井液气中检测到氢气（Zgonnik，2020）。Lollar 等在冰岛一处位于大陆裂谷的钻井附近收集的气体样品中也发现了含量高达 37% 的氢气。2005—2011 年，Larin 等在俄罗斯监测了 562 个氢气逸出地表洼地，进一步估算其每天逸出氢气量可达 $2.1×10^4$~$2.7×10^4 m^3$。

欧洲天然氢气勘探面临着诸多机遇与挑战。一方面，该地区存在丰富的天然氢气资源潜力，加上政策支持力度不断加大、技术进步带来新机遇、市场需求持续增长等有利因素，为天然氢气的勘探开发提供了良好的发展环境。但另一方面，复杂的地质条件、高昂的开发利用成本、滞后的基础设施建设、不健全的监管政策等问题，也制约着氢气勘探的进一步发展。只有充分发挥资源优势，同时采取有针对性的措施应对各种挑战，欧洲天然氢气勘探事业才能够顺利推进，为实现区域能源转型目标注入新的动力。

一、土耳其

奥林波斯山位于土耳其西南部 Antalya 地区的西部，靠近 Chimaera 地区，该地区自 2500 年前就因天然气渗漏而闻名。区域内存在一个发生强烈蛇纹石化作用的大型板块，现在被称为 Tekirova 蛇绿岩板块；Chimaera 地区渗漏的天然气主要通过 Tekirova 蛇绿岩的裂缝逸出；Tekirova 蛇绿岩的 XRD 测定结果显示，蛇绿岩中存在水镁石、文石、方解石等矿物组合（Etiope，2023）。气体同位素特征表明该地区渗漏的氢气可能来源于非生物成因，即 Tekirova 蛇绿岩蛇纹石化。同样在土耳其 Antalya 湾的 Cirali 附近，一处橄榄岩露头发现了含有氢气的天然气泄漏。这处橄榄岩露头附近大约存在 50 个气体渗漏点，其中 20 个渗漏点燃烧的火焰高达 70cm。另一个含有氢气的天然气渗漏点位于距离 Chimaera 气体渗漏区约 400m 的山顶上。火焰熄灭后从气体渗漏点流出的氢气通量为每天 0.01~0.06kg。地表降水沿着地表裂缝或者土壤孔隙渗入到地下之后，水与蛇绿岩之间发生水岩反应生成氢气，在这个过程中蛇纹石化可能间接导致了无机成因的甲烷生成。因此，该地区大面积存在的超镁质岩石与水之间的相互作用被认为是 Chimaera 渗漏气体的可能成因之一。同时 Chimaera 地区含氢天然气的释放活动至少已经持续了 2500 年，这个事实表明 Tekirova 蛇绿岩中可能存在含有大量甲烷与氢气的储层。如果假设 Chimaera 地区每年持续释放 4t 氢气，那么在 2000 多年中至少有 8000t 氢气被排出。同时每年数百吨气体的持续释放必须由强大的压力梯度驱动，而这种释放只有在大量气体积聚存在的情况下才有可能，暗示着该地区地下可能存在着大量的氢气聚集。

二、新喀里多尼亚

新喀里多尼亚的地质环境孕育了多处地表天然气渗漏，主要由氮气、氢气和甲烷组成。同位素结果表明气体可能源于橄榄岩推覆体断裂系统中基性—超基性岩与水之间的相互作用，以及 Fe^{2+} 氧化和地下水还原过程。新喀里多尼亚全境，无论是在陆地、前滨海岸还是近海，都发现了天然气渗漏现象。Devill 等对位于 Prony 地区 pH 值在 10.5~10.9 的高碱性温泉和 La Crouen 地区 pH 值在 9.16~9.2 的中等碱性温泉进行了采样分析。高碱性温泉的主要离子组成及浓度特征为：Ca^{2+}（20~22mg/L）、Na^+（11~14mg/L）、少量 K^+（1~1.5mg/L）、Cl^-（10~11mg/L）、SiO_2^-（3mg/L）、OH^-（21~24mg/L），不含 HCO_3^- 或 CO_3^{2-}。在前滨海岸和近海的高碱性泉水中发现了原生水镁石 $[Mg(OH)_2]$ 的沉淀现象，原生水镁石的沉淀受水中 OH^- 浓度的影响。同时泉水的氧化还原电位范围在 -230~-800 之间，温度则在 30.4~40.1℃。而中等碱性泉水的性质与高碱性泉水不同，离子组成及浓度为：Ca^{2+}（1mg/L）、Na^+（55.4mg/L）、K^+（1.9mg/L）、Mg^{2+}（0.2mg/L）、Cl^-（12.2mg/L）、SiO_2（60mg/L）和 HCO_3^-（15mg/L）。从构造角度出发，这些温泉位于新喀里多尼亚中央链蛇绿岩推覆体的沉积物之上，温度范围在 41.2~41.5℃，pH 值的范围在 9.16~10.86，氧化还原位在 -180~-800 之间，总体上呈现高温、高碱性、高氧化还原电位的特征。在实验室中通过气相色谱对收集到的气体组分及其含量进行分析，结果表明气体中存在富氮气—氢气—甲烷的特征。氢气的含量分布范围为 0%~36.07%，平均为 17.56%；氮气的含量分布为 50.25%~91.39%，平均为 73.02%；甲烷的含量分布范围为 8.51%~13.68%，平均为 9.16%。不同的气体含量组成表明气体具有不同的形成原因和环境，揭示了新喀里多尼亚地表天然气渗漏和地质背景的复杂性。

基于氢气、氮气与惰性气体同位素之间的相关关系得知新喀里多尼亚泉水中天然氢气为深部成因。因此在 Carénage 湾和 Kaoris 湾富氮气—氢气—甲烷的天然气渗漏中发现的氢气最可能的成因是与橄榄岩的蚀变过程（蛇纹石化）有关。通常认为在 300℃ 以上的地质环境中蛇纹石化作用较为强烈，但也有研究认为温度在 50~300℃ 的地质环境中也可以发生低温蛇纹石化作用。在这种低温环境中也可能存在微生物活动通过水将 Fe^{2+} 氧化生成氢气。这种情况下在橄榄石溶解的过程中会形成硅质岩沉积，这与新喀里多尼亚泉水中发现的镁质硅酸岩矿物沉积相吻合。综上所述，不同成分组成的天然气在新喀里多尼亚蛇绿岩内部和周围渗出。其中氢气的生成可能与较浅含水层中的含 Fe^{2+} 矿物氧化有关（即低温蛇纹石化）。形成的氢气沿着橄榄岩推覆体的断层/裂缝系统向上运移，最终在泉水中以气泡的形式释放到大气中。地下的氮气在深部脱气释放之后可以溶解在间隙水中，根据亨利定律，氢气、甲烷等气体形成后，氮气的溶解度降低并进行释放（图 5-4）。或者蛇绿岩推覆体下沉积物中的氨在上覆橄榄岩蛇纹石化过程中伴随氢气的

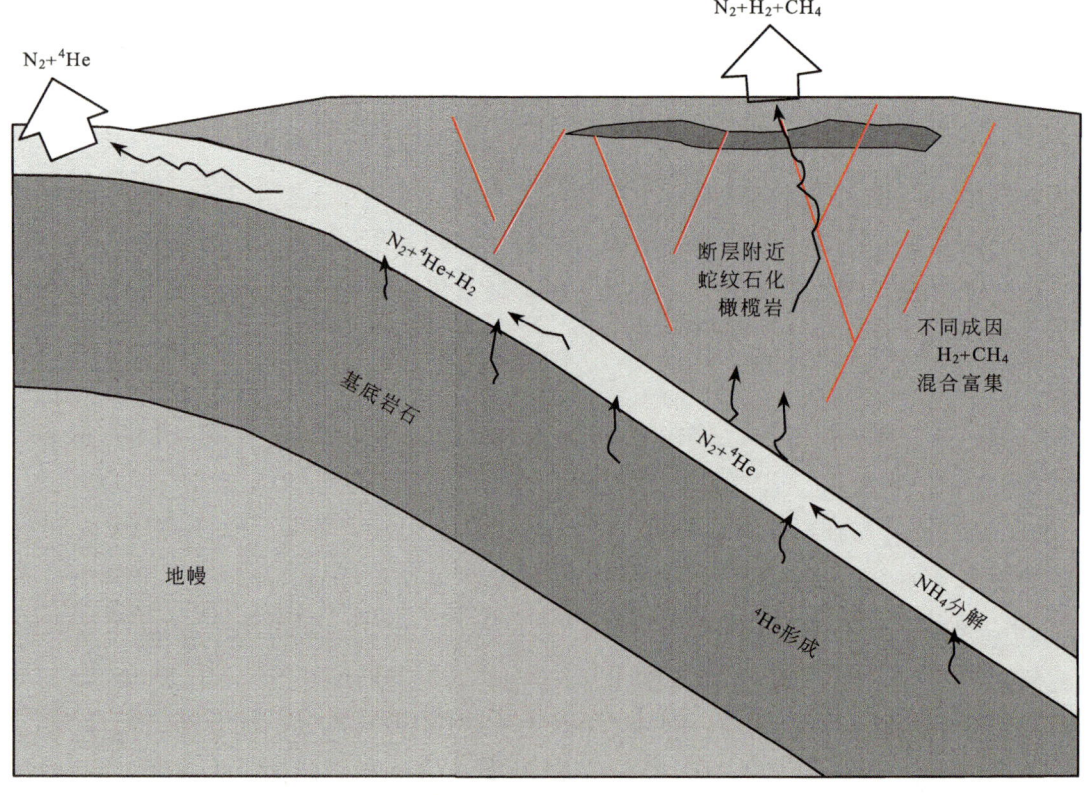

图 5-4　新喀里多尼亚天然氢气系统模式图（据 Deville et al., 2016, 修改）

生成而生成氮气。氮气同位素的分析似乎可以更有效地帮助分析地下环境中氢气的成因与来源。

三、欧洲克拉通

通过卫星图像在欧洲克拉通局部地区（俄罗斯境内），发现了数千个直径从100m到几千米的亚圆形构造，通常与沼泽和湖泊相对应，且一些存在溶解态氢气的钻井也分布在这种结构附近（图5-5）。Larin等通过便携式气体检测器和气相色谱分析，发现构造结构内部和周围的土壤氢气浓度显著高于外部，最高可达1.25%。收集到的气体通常由氢气与少部分的甲烷共同组成，研究人员预估分布在克拉通之上的构造每天渗出到大气中的氢气流量在$2.1\times10^4\sim2.7\times10^4m^3$之间。在从莫斯科地区到哈萨克斯坦的整个地区，存在着数千个直径不尽相同的次圆形结构，属于古俄罗斯台地的一部分，基底由变质岩和火成岩组成，同时还包括部分太古宙岩石；基底被沉积盖层覆盖，位于前寒武纪基底的水平位置，同时该沉积盖层几乎未因构造活动而发生变形。研究人员详细研究了两个相距非常遥远的地点的几个亚圆形结构，发现这两个地区的地质剖面相对相似，均包含被侏罗纪和白垩纪地层覆盖的古生代碳酸盐岩。

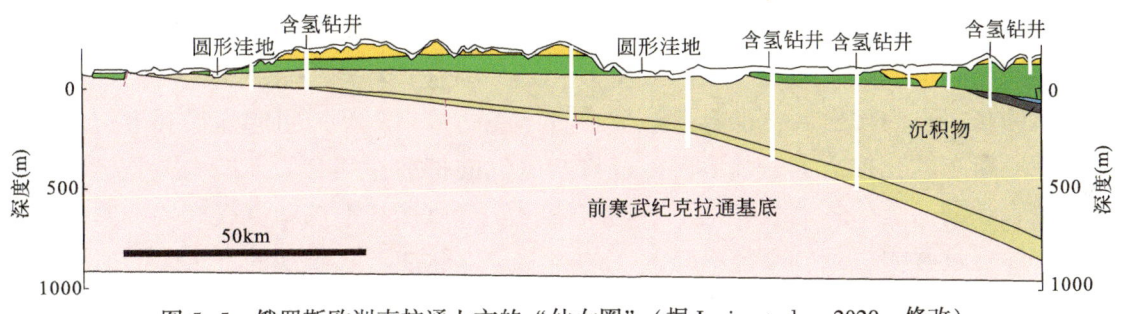

图5-5 俄罗斯欧洲克拉通上方的"仙女圈"（据Larin et al.，2020，修改）

Podovoye湖是位于沃罗涅日州Borisoglebsk市附近的Oktyabrskoe村以东的大型（2.49km×2.7km）圆形结构。该结构的中心包括一个圆形湖泊和另外两个圆形沼泽内部洼地。研究人员于2010年10月10日在该地点进行检测时，湖水温度为3℃，pH值为7.09，氧化还原电位为5mV。靠近凹陷中心的干燥地区绘制了两条地下气体测量剖面。对于第一条剖面，以100m的间隔进行了45次测量；沿着第二条剖面以相同的间隔进行了16次测量。结果表明，结构中心对应于土壤中氢气浓度异常高的区域。Elektrostal圆形凹陷形成于2002年至2004年之间。2012年5月Elektrostal圆形凹陷的大小为230m长，190m宽，圆形凹陷的中心对应着一个潮湿沼泽。在这片潮湿沼泽的中心，2002年至2004年间倒下的树干仍然清晰可见。在Elektrostal圆形凹陷结构的外边缘检测到较高的氢气浓度，检测到的氢气含量的最大值为0.013%。Yakhroma圆形凹陷结构位于莫斯科的Dmitrovskiy地区，该圆形凹陷略呈椭圆形的结构长60m，宽50m。这个地区被黏土沉积物覆盖，结构的中心充满了 10~15cm 的水。沿 42m 长的断面进行了 12 次测量，范围从凹陷边界的水侵区开始，到凹陷外的区域。在洼地外 25m 处，结构内渗漏氢气的浓度降至近零值。Nikulino 结构位于 Yakhroma 结构东南 13km 处，是一个长 270m，宽 150m 的椭圆结构，该结构的中心是一个植被茂密、地下水位很浅（5~10cm）的潮湿沼泽。结构中检测到的最大氢气渗漏浓度为 0.0394%。Verevskoye 结构位于莫斯科西北 20km，直径约 200m，结构中心为沼泽区，松树零星分布，洼地四周有一圈以白桦为主的环带，而四周的山坡则以杉树为主。该地区存在相对恒定的高浓度氢气渗漏，其值高达 0.8%。

圆形凹陷附近的钻孔中发现了溶解态氢气的存在，然而这些钻孔并非位于发现氢气渗漏结构的正下方，表明渗漏的氢气并不是在浅部形成的，该区域确实存在来自深部的地下氢气来源，因此该区域的氢气来源可能是地幔脱气或者是水与富铁岩石之间的氧化还原反应，但发生水与富铁岩石之间的氧化还原反应的一个典型特征就是最终会形成碱性溶液。在靠近 Podovoye 和 Satellite Podovoye 结构的井中的水分析结果显示 pH 值呈微酸性，如果地下的确存在这种水岩反应，微酸性的净水表明可能铁氧化反应发生在更深的部分，或者井中存在另一种不为人知的化学反应过程改变了碱性井水的 pH 值。综上所述氢气的渗漏会造成地表发生相关的沉降过程，并且可能在新形成的结构中有水流出。凹陷形成的另一种可能性是成岩作用造成沉积物的体积损失。事实上，如果该地区的确存在深部形成的氢气运移至浅部泄漏的过程，那么在氢气迁移路径上，氢气与上地壳和沉积物中的岩石之间发生氧化还原反应产生矿化水并改变岩石的组成，矿化流体从岩石中排出后，也容易造成岩石体积的减小，从而引起崩塌和下沉。因此位于俄罗斯东欧克拉通上的圆形凹陷或许与氢气的扩散作用有关，即构造是运移的流体在地表渗漏的结果。地表和地下数据表明，氢气通量与甲烷和氮气有关。同时在天然氢气渗透过程中，氢气通量不是恒定的，而是以脉冲形式出现的。未来的研究可能很快就会发现从凹陷中渗出的氢气的实际来源、作为勘探目标的潜力和在局部及全球范围内发挥的作用。

四、法国比利牛斯山

法国地区一些造山带或者断裂发育的地区也有天然氢气的发现，比如法国比利牛斯山脉西北部莫雷昂盆地的土壤中就发现了不同含量的天然氢气（Lefeuvre et al., 2022；2024）。莫雷昂盆地是一个极具潜力的天然氢气勘探地质环境优选，其原因有四：第一，超镁铁质地幔体位于盆地下方浅层，存在有利于蛇纹石化的压力—温度条件，地下很可能发生较强的蛇纹石化作用；第二，北比利牛斯山前缘逆冲等主要断裂构成了大规模的流体流动汇聚和排水，不仅为水岩反应提供了充足的水源，同时为氢气在区域内的运移提供了有效的途径；第三，陡坡起伏形成的水力梯度与温度、压力梯度共同引发流体（氢气）的运移；第四，不透水的沉积地层或盖层，如蒸发岩或黏土岩等过于多孔、吸附作用较强的储层可能构成氢气聚集的圈闭。莫雷昂盆地内存在两个主要断层，分别为北比利牛斯山逆冲断层和南部的北比利牛斯断层，可能为气体的运移提供通道作用。莫雷昂盆地下方相对较浅的深度可能存在类似于下地壳或地幔碎片等的致密物质且还存在着磁异常，可能与蛇纹石化程度有关。地震数据结果表明莫雷昂盆地西部可能存在8~10km深的蛇纹石化地幔岩体。

研究人员针对该地区超过131个不同的监测点共进行了1106次土壤气体含量检测（图5-6）。检测结果中，81%的监测点中氢气含量小于0.005%，12.4%的监测点中氢气含量为0.005%~0.01%，仅有6.6%的监测点中氢气含量大于0.01%。高氢气含量主要分布在三个区域。高氢气含量分布密度最大的区域位于由Orthez地区东北部、东部的Peyrehorade地区东部和Sauveterre-de-Béarn地区南部之间形成的三角形区域。在这个区域（133km²），每10个相邻的采样点内氢气的平均浓度高于0.005%。此外该地区3年内进行的298次测量中，89次测量的氢气含量高于0.005%。其中该地区存在四个氢

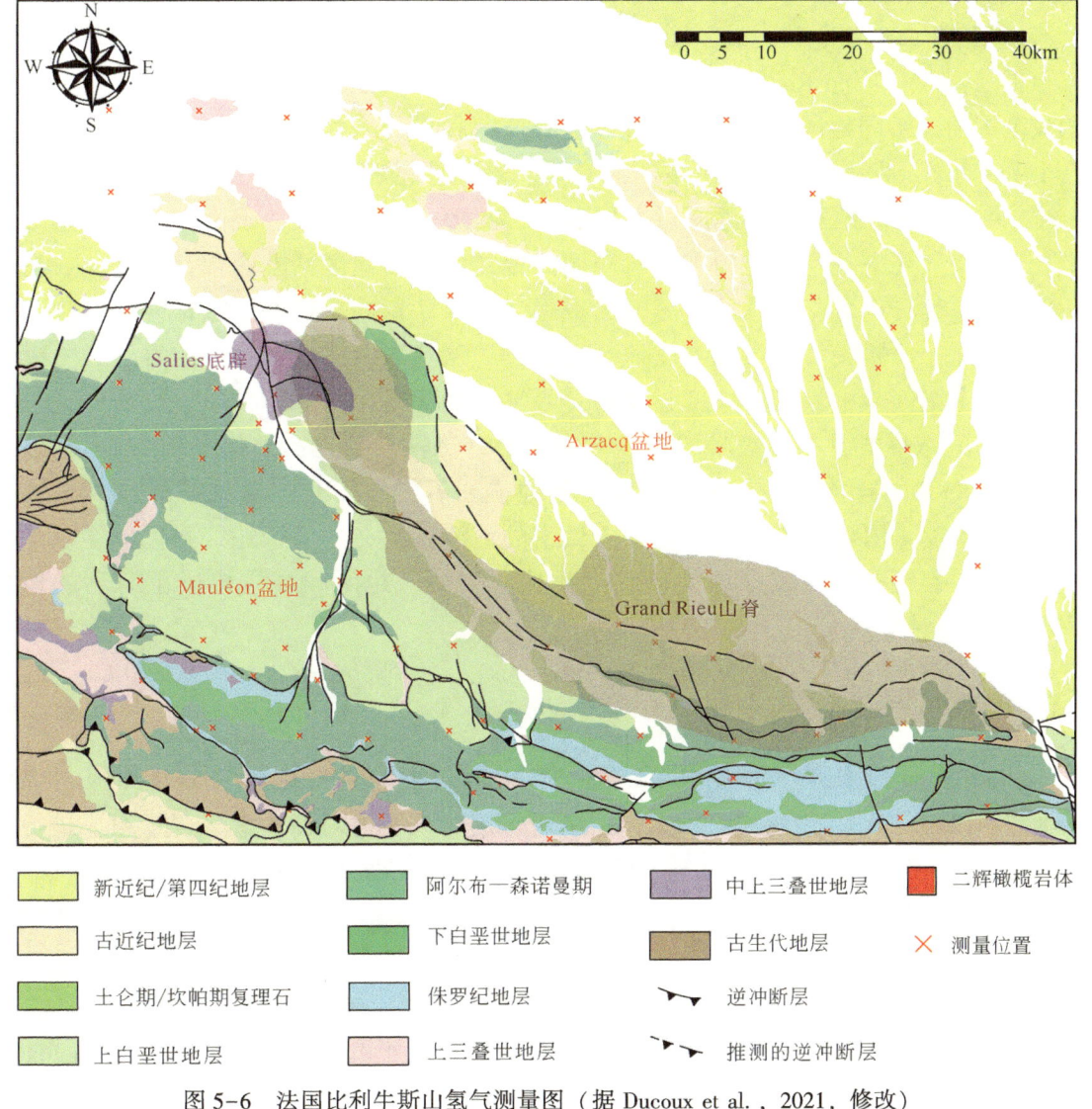

图5-6 法国比利牛斯山氢气测量图（据Ducoux et al., 2021, 修改）

气含量较高采样点分别为：Le Bourguet（0.0547%），Baigts-de-Béarn 北部和东部（分别 0.0734% 和 0.0481%），Sauveterre-de-Béarn（0.0632%）和 Labordee（超过 0.1%）。在 Sauveterre-de-Béarn 地区，用气相色谱测量氢气含量，发现氢气含量高达 0.0822%。第二个主要区域位于 Asasp Arros 的西南部，其中五个采样点的氢气含量大于 0.005%。第三个区域位于 Pau 南部，存在 6 个采样点的氢气含量大于 0.005%，其中最大氢气含量为 0.0129%。除了这三个高氢气含量分布区域外，还发现 Urdach 和 Turon de La Técouère 两个露头周围的土壤也显示出较高的氢气含量。在 Urdach 露头周边的土壤进行的 9 次测量结果中，有 2 次氢气含量测量值大于 0.1%。在 Turon de La Técouère 露头土壤中也有 2 次氢气含量测量值大于 0.1%，18 次氢气含量测量值介于 0.01% 至 0.08% 之间，另外 11 次氢气含量测量值小于 0.01%。

莫雷昂盆地中氢气的含量分布并不是随机的，在 0.0001%~0.0074% 范围内的大多数氢气含量测量值都位于 Arzacq 和莫雷昂盆地内，高氢气含量（大于 0.0074%）主要位于比利牛斯山主要断裂附近，同时距离断层较远的其他高氢气含量采样点通常靠近橄榄岩体，比如在 Grand Rieu 山脊西北部和 Salies 盐层之上的土壤中氢气含量在 0.0074%~0.1% 范围内。不同地区高浓度的氢气可能有着多种成因来源，例如水岩反应、地幔脱气与沿活动断层发生的机械自由基反应有关。然而在采样期间，在研究区附近没有记录到 2.9 级以上的地震。因此通过断层破碎岩石形成新鲜硅酸盐表面以及自由基形成高含量的氢气几乎是不可能的。在检测到高含量氢气的地区下方通常存在基性或超基性岩石，蛇纹石化可能是该地区氢气的成因。值得注意的是这些地区常伴随高含量的 CO_2 与 ^{222}Rn，地幔脱气也可能为该地区高含量的氢气浓度提供了一定的贡献。同时法国比利牛土壤气体中氢气的浓度异常可能反映了深部存在地质流体的运移。高氢气、CO_2 和 ^{222}Rn 浓度异常与断裂带的位置非常相关。莫雷昂盆地西北部在 1~2km 深处显示出高于 65℃ 的异常高温。这样的温度是地幔岩石蛇纹石化、磁铁矿形成和氢气生成的最佳温度。因此，莫雷昂盆地下方致密的地幔体潜在的活跃蛇纹石化作用、深部高度连接的裂缝网络以及盐层为氢气的生成、储集、封闭和释放提供了有利的地质环境。

五、法国沉积盆地

法国巴黎盆地中存在着众多在以往工作中被忽视的氢气存在的钻井（图 5-7）。1961 年，Cramaille 101 井在穿过 Lusitanian 含水层时，通过对钻井液气含量组成进行检测，发现了一定含量的氢气。1963 年开发的 Betz 101 井中检测到了 3%~6% 的氢气。同年，Eumont 1 井在两个不同深度的钻井液气中检测到氢气，一处氢气的浓度为 0.5%，另一处氢气的浓度为 1.8%。1972 年，Longueil 1 井在 3 个不同深度返至地表的钻井液气中检测到氢气。1976 年，Saint Martin de Bossenay 17 井在两个不同深度检测到氢气。1982 年，Connantre 2 井在 Dogger 含水层 1508~1533m 处检测到氢气。同年，Grandville 109 井在两个不同深度钻井液气中检测到氢气，首先在 1159~1725m 的 Dogger 含水层中检测到氢气，氢气浓度为 0.25%~0.65%；其次在 2053~2555m 深度返至井口的钻井液气中也检测到氢气，氢气的浓度为 0.2%。1986 年，Coubert 1 井在 2547m 深的井底钻井液气检测时发现氢气。同年，Luteau 1 井在穿过上三叠统 2569~2578m 深度的岩层时，钻井液气中检测到氢气。Hericy 1 井在钻井液气中也检测到氢气。1988 年，Montreuil Aux Lions 1 井在 2165~2175m 深度的 11 枚样品中检测到氢气，气体测量结果显示，氢气含量为 52%，甲烷为 42%，其他的组分由 C_2~C_5 组成。此外，针对性地对 Bray 断层北部的 Montreuil Aux Lions、Connantre、Longueil 和 Grandville 井的 Dogger 含水层进行了氢气浓度的测量（Lefeuvre et al., 2024）。

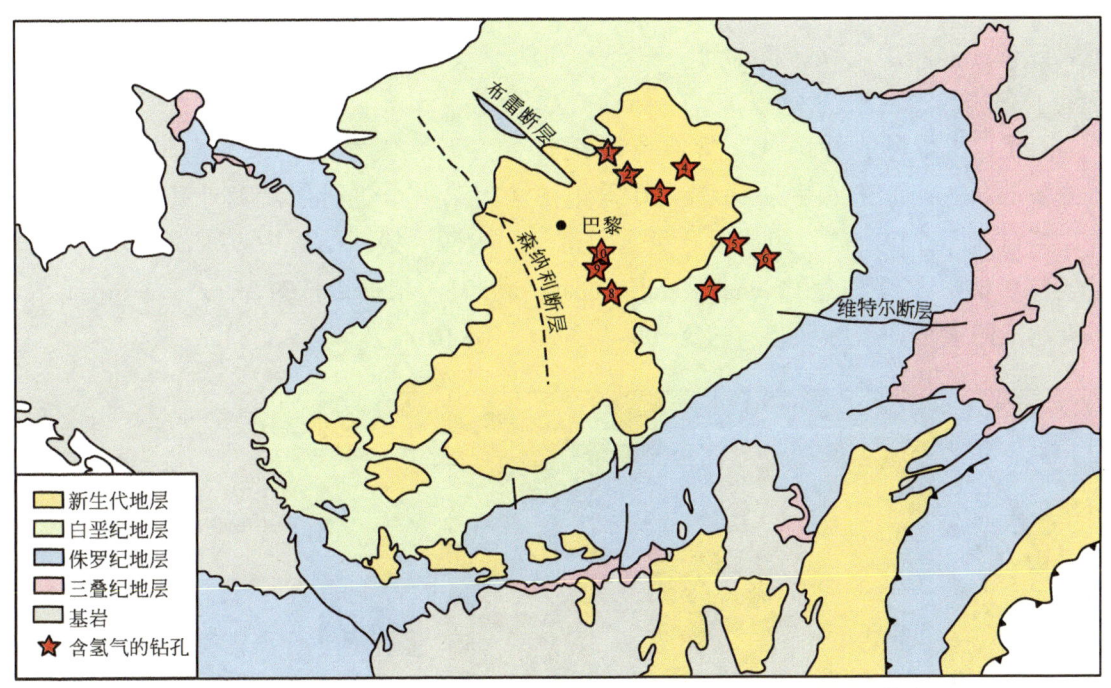

图 5-7　巴黎盆地含氢气的钻井分布图（据 Baptiste et al., 2016，修改）

通过航磁等勘探手段发现巴黎盆地中氢气异常含量显示的区域与磁异常分布存在着一定的相关性。Evry 断层附近存在基性岩，以及片麻岩或花岗质岩的组合，进而导致了断层附近出现了明显的磁异常现象，这些富铁岩石与地下水直接发生氧化还原反应或者放射性将水分解成氢气。Bray-Vittel 断层在地下形成了一条良好的可供气体迁移的通道。该断层连接着盆地的沉积盖层和基底，并且可以作为流体通过厚度约为 700m 的低渗透岩石的垂直通道。除了潜在的氢源与运移通道，法国巴黎盆地中还存在适合氢气储集的储层，如 Lusitanian 含水层、三叠纪 Saint Maur Red Clay 层，Dogger 含水层，上泥盆统石英岩和泥质岩，中泥盆统石英岩和页岩。Lusitanian 含水层石灰岩孔隙度分布范围为 7%~19.2%，渗透率为 0.1~12mD，深部分布为 988~1335m。Dogger 含水层浅部主要岩性为黏土岩与石灰岩，深部岩性主要为白云岩、黏土岩和蒸发岩，孔隙度分布范围为 7%~19%，有效储层厚度约为 9.5m，深度范围为 1159~

1347m。三叠纪 Saint Maur Red Clay 层主要埋深范围在 1916~1981m。上泥盆统 4443m 处发现氢气的地层主要由石英岩和泥岩组成；在 4807m 深度处发现氢气显示的中泥盆统主要由石英岩和页岩组成（Bril et al.，1994；Pinti and Marty，1998）。还有其他类型的储层岩性一般为石英岩和石灰岩。巴黎盆地的氢气勘探潜力与其地球动力学特征和构造特征密切相关，特别是与雷诺西洋闭合有关的构造缝合带特征有关。该缝合带由超基性岩石组成，包括橄榄岩和角闪岩，能够通过热液反应（如蛇纹石化）或者水的放射性分解产生氢气。巴黎盆地拥有多个含水层，为上述反应提供了所必需的水源。盆地的沉积盖层和基底受区域构造的影响，特别是 Bray-Vittel 断裂和 Rouen-Couy 断裂，它们可能是氢气垂直运移的通道。基底产生的氢气可能通过 Bray-Vittel 断层或者其他断层运移到含水层。三叠系和侏罗系含有蒸发岩和黏土岩，为氢气圈闭提供了有效的密封性能。

除了巴黎盆地，法国 Ain 盆地也存在着有关天然氢气的记录。法国 Ain 地区的 Vaux-en-Bugey 气田（图 5-8）是 20 世纪初法国第一个进行甲烷商业化开采的气田，近几年对气田井口的气体组成及含量重新进行了检测，检测结果中发现了含量为 5% 的氢气与 0.096% 的氦气（Deronzier and Giouse，2020）。根据最初对 Vaux-en-Bugey 气田的天然气储量估算，可供开发的氢气体积约为 $110\times10^4 m^3$。

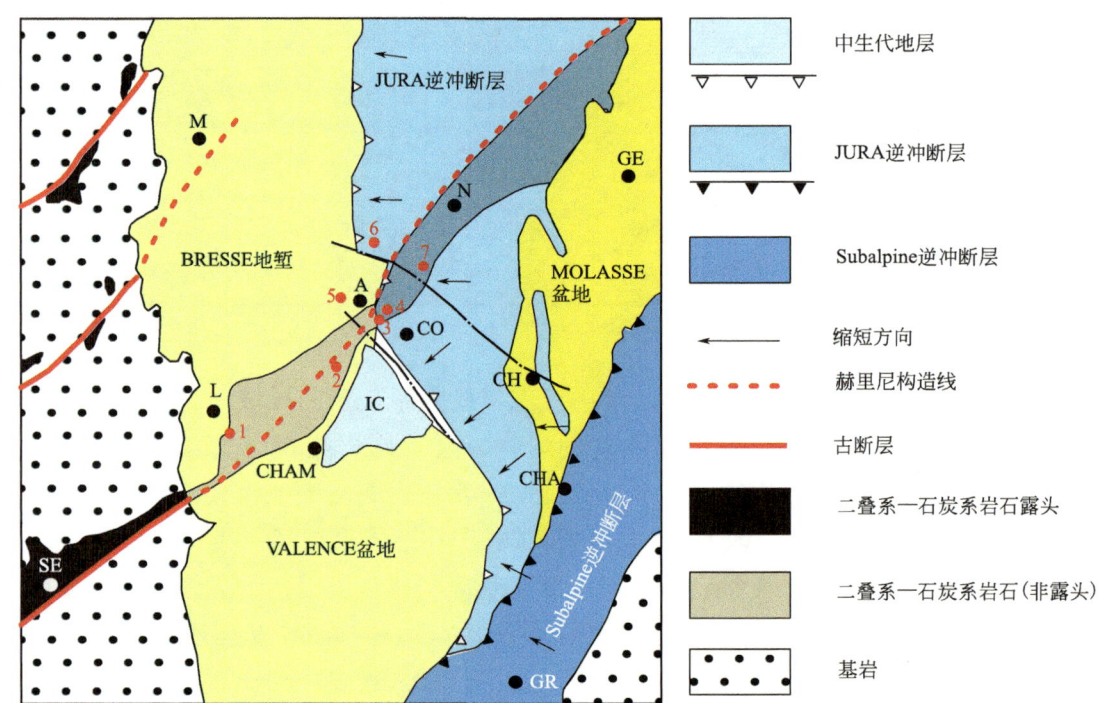

图 5-8　Vaux-en-Bugey 气田区域结构图（据 Deronzier et al.，2020，修改）

1906 年至 2018 年间，Vaux-en-Bugey 气田中氢气含量从最高的 5.24% 降低至 0.47%。不同于氢气含量下降的趋势，井口中二氧化碳与硫化氢的含量在近 100 年中呈现上升的趋势。二氧化碳的含量分别从 0.43% 增加到 5.0% 左右，而硫化氢则是从 1906

年至1933年中在气体组成中含量为0，于2018年间逐渐增加到0.013%。Vaux-en-Bugey气田内氢气的含量变化同时伴随着储层内其他气体含量的变化，为探寻氢气的来源与消耗提供了思路。由于缺少气体同位素数据，因此无法尽可能准确地判别气田中氢气的来源与成因，只能通过现存的地质资料与现阶段对氢气成因机理的认识，对气田中氢气的来源与成因进行合理推测。例如含二价铁的基岩或超基性岩石与水之间发生反应可以生成氢气，但气田周围并没有这类岩石。含铁矿物氧化也会生成氢气，但最近的菱铁矿位于Toarcian含铁层，由于Toarcian含铁层距离较远且似乎不存在明显的沟通两地的构造通道，Toarcian含铁层内的菱铁矿经氧化后生成氢气再运移至气田的可能性较小。研究人员依据Vaux-en-Bugey气田中氢气与氦气的含量（5%和0.096%）、气田压力和各自的亨利常数计算氢气和氦气在地层水中的含量，最终认为氢气可能来源于放射性导致的水的分解。由于存在深部断裂，另一种氢气生成的可能机制是由于沿浅或深断层的摩擦而产生的机械自由基制氢。随着时间的横向延伸，钻井中氢气的含量降低而硫化氢的含量增加，因此推断Vaux-en-Bugey气田氢气消耗的主要原因可能为硫酸盐还原菌对硫酸盐的消耗。

深部断裂为深部地壳与Vaux-en-Bugey气田的储层之间提供了可供氢气从深部运移至浅部的连接通道，气田的深部断裂最早在海西运动时期就已经形成了，且深地壳的氢气运移也可能很早就开始了。深部地壳的脱气作用可能是渐新世或者晚中新世的扩张作用引起的，渐新世的扩张活动重新激活了在海西运动时期形成的断裂，深部与浅部之间的连接通道打开，氢气的运移活动从那时开始一直持续到现在。

六、阿尔巴尼亚铬铁矿

Bulqizë铬铁矿是世界上最大的铬提取基地之一，位于阿尔巴尼亚Bulqizë侏罗纪超镁铁质地块内，距阿尔巴尼亚首都地拉那东北方向约40km处。该地块是巨大的东地中海俯冲带中的蛇绿岩带的一个组成部分，面积370km^2，深度6km，在地幔层序中存在大量褶皱和断裂以及伴生的铬铁矿体。Bulqizë矿山最早于1992年在620m深处首次发现了可燃气体的存在。在矿井地表以下500~1000m的深度的构造带区域存在着极为强烈的气体泄漏作用。在一个30m^{2}的小池中测量的剧烈起泡区的气体流速约为5L/s（25℃和1.031×10^{5}Pa）。该气体由高浓度的氢气（84.0%）、甲烷（13.2%）与少量的氮气（2.7%）组成（Truche et al.，2024）。经后续测量结果估算，每年至少有200t氢气从Bulqizë矿山中释放。Bulqizë矿山中氢气来源与成因多样，包括从过去一直积累到现在所释放的氢气和当今低温蛇纹石化造成的氢气，前者由于采矿工作导致用于封闭氢气藏的断层带被打开，进而氢气沿着断层带释放出来；而后者仍以较大的通量源源不断地生成氢气。阿尔巴尼亚铬铁矿中天然氢气来源与成因的多样性揭示了Bulqizë矿山中氢气排放的复杂性和地质背景的多样性。

第三节

澳大利亚

　　天然氢气在澳大利亚的发现最早可以追溯到 20 世纪初。在 1917 年澳大利亚高勒克拉通斯坦斯伯里盆地，即约克半岛南部，在 Minlaton 石油钻孔钻探过程中人们曾观察到多次氢气排放（Ward，1917；1932；1933；1944），即发现在油气井中的钻井液抽至地表后，钻井液会剧烈地冒泡，可以用火柴点燃气泡，火焰瞬间铺满钻井液的整个表面。之后研究人员对位于澳大利亚约克半岛采油井中的气体浓度进行校正后发现了含量高达 89% 的氢气。这可能是澳大利亚最早在地下发现天然氢气的记录。在澳大利亚新南威尔士州等地均有关于高含量天然氢气的报道，在新南威尔士州 Cobar 铜矿的混合烃和非烃气体中人们发现了最高浓度高达 75% 的氢气（Coveney et al.，1987）。Burrett 和 Tanner 的研究成果中表明在塔斯马尼亚的 Lonnavale 1 号检测到了浓度为 85% 的氢气，氢气往往在石油与天然气的钻探开发过程中伴随出现且浓度不一。

　　但受限于时代与认识的局限性，当时并未引起较大的反响，直至近些年天然氢气的勘探开发研究才在澳大利亚掀起了热潮。例如澳大利亚联邦政府与州政府均认为氢气相关工业的发展在未来极具潜力。同时澳大利亚围绕天然氢气勘探的研究与政策层出不穷，使得澳大利亚在天然氢气勘探研究中跻身世界前列。2017 年于阿玛迪斯盆地钻探的 Mt Kitty-1 试井中，发现含量大于 10% 的氢气（Leila et al.，2022）。2018 年 8 月，澳大利亚科学家艾伦·芬克尔博士为 COAG 能源委员会准备了一份简报，报告内容中讲述的内容大致为："未来几年，氢气有可能成为澳大利亚重要的出口收入来源，有助于澳大利亚经济脱碳，并可能使澳大利亚成为低排放燃料生产的领导者。"2018 年 12 月，COAG 能源委员会承诺在 2019 年 12 月之前制定国家氢战略。2019 年，昆士兰州政府制定了旨在推动氢气工业发展的战略文件（Feitz et al.，2019）。

　　自 2020 年起，随着国家层面对氢气的重视程度提升，澳大利亚在天然氢气领域的研究与油气开发井资料汇编工作显著增加。澳大利亚地球科学局完成了对澳大利亚地下盐矿的调查，这一工作不仅增进了人们对澳大利亚地下盐矿的了解，由于盐层致密且不易与氢气发生化学反应的性质，因此该项工作还可能为天然氢气的勘探提供有价值的参考信息（Emanuelle et al.，2022）。研究人员对澳大利亚一处金矿的 10 个勘探钻孔中的气体进行了取样分析，发现氢气的含量在 0.001%～42.73% 之间，展示了该地区潜在的天然氢气资源。澳大利亚珀斯盆地存在高含量氢气渗漏现象，经估算，渗漏的氢气含量在标准条件下高达 253～352L/m^3，进一步证实了该地区天然氢气的存在。澳大利亚盐湖构造中发现氢气泄漏的迹象，澳大利亚一口连续取心的地热钻井中也检测到了一定含量的氢气，丰富了澳大利亚天然氢气的地质环境特征分布信息。Gold Hydrogen 公司宣布了天然氢气试点项目计划，并在附近第二口勘探井中再次检测到天然氢气，显示在

201m处含量很高，表明该区域可能存在天然氢气的富集地。2024年5月，拉姆齐2井测井结果表明，在测试的7个区域中，250m~1km的地层均发现了一定浓度的氢气，其中氢气的最高浓度达到了95.8%，再次证明了该地区天然氢气资源的丰富性。Gold Hydrogen公司计划继续在澳大利亚南部约克半岛的天然氢气田进行第二轮油井测试，以进一步评估该地区的天然氢气潜力。

澳大利亚的天然氢气赋存状态呈现多样性，包括游离态、溶解态以及包裹体态。在低盐度的地下水中，氢气能够以溶解态赋存一定量，而深部形成的游离态氢气则可能存在于岩浆岩侵入体中，以包裹体态存在。天然氢气不仅能够以溶解态保留在地下水、油气圈闭以及孔隙中，还可能逸散到浅部乃至地表。澳大利亚天然氢气的赋存地质环境各异，从断裂附近的"仙女圈"结构到矿井、油气钻井、地热井，再到前寒武纪富铁岩石、富铁克拉通与花岗岩基底，均发现了不同含量的天然氢气（图5-9）。潜在的天然

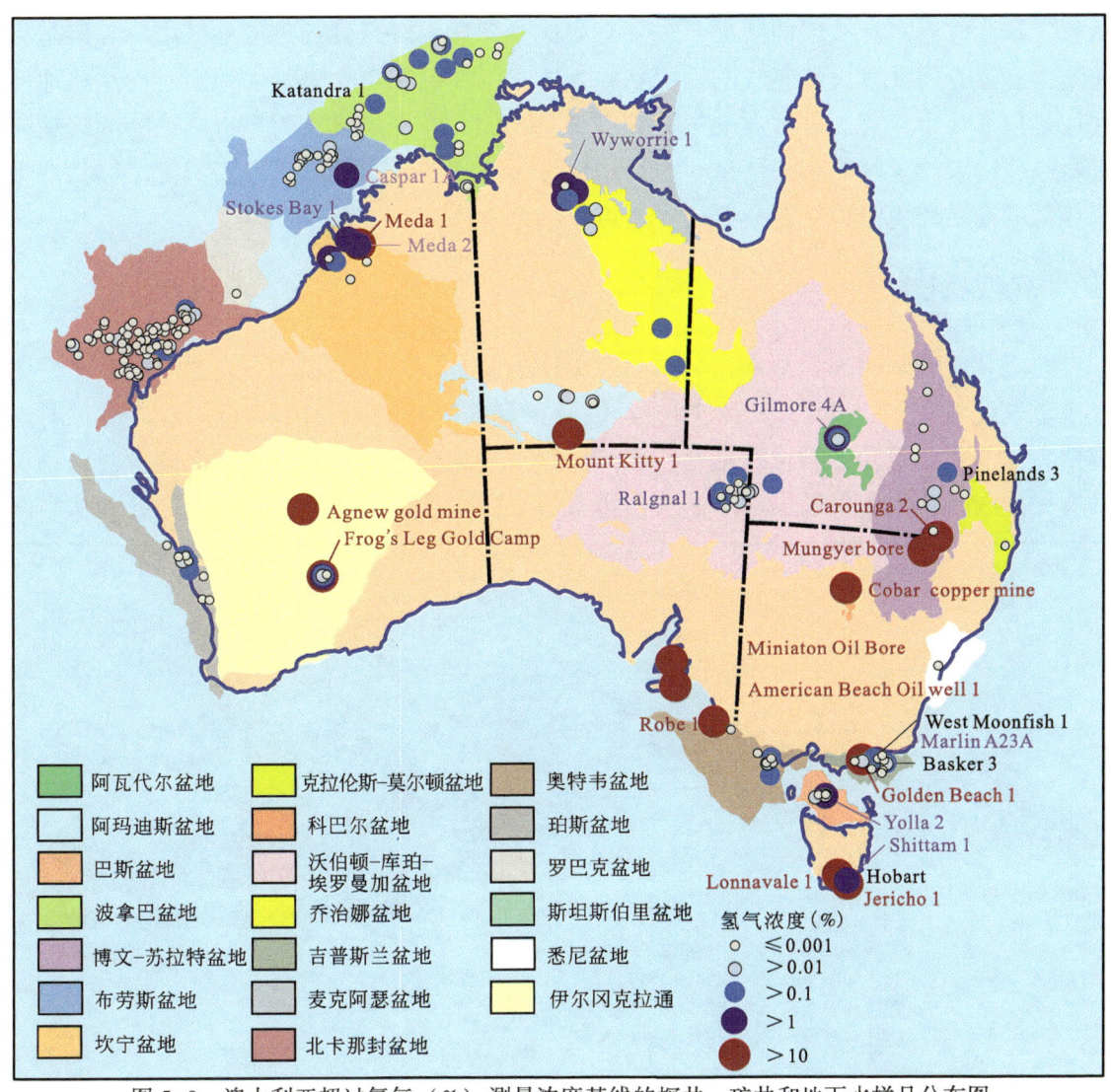

图5-9 澳大利亚超过氢气（%）测量浓度基线的探井、矿井和地下水样品分布图
（据Boreham et al.，2021，修改）

氢气储层类型可能包括页岩、砂岩或花岗岩等。澳大利亚绝大部分发现的天然氢气成因类型被认为是无机成因，其中大部分地区的天然氢气主要通过前寒武纪花岗岩引起水的放射性分解或黑云母受到热液作用形成（Boreham et al.，2021）。此外，蛇纹石化等成因类型也存在。有研究提出，澳大利亚一些极低含量的土壤氢气的成因可能为微生物成因，即微生物将一氧化碳与水转换成氢气与二氧化碳，但这一假设缺乏相应的生物学证据，仅是一种理论上的可能性。由于前期认识的局限性，一些低含量氢气在检测过程中（如利用钻头在土壤层钻孔）可能人为产生，这需要在后续研究中加以区分和确认（Murray et al.，2020）。断裂发育与"仙女圈"的分布存在相关性，表明断裂系统可能是氢气潜在的地下运移通道，这对于天然氢气的勘探和开发具有重要意义。

澳大利亚大部分天然气中都检测到了天然氢气，尽管气体中的氢气浓度普遍较低，但也存在含量大于0.10%的氢气，通过商业勘探活动与相关地质研究表明澳大利亚在天然氢气资源方面具有一定的潜力，未来有望成为天然氢气开发的重要地区之一。但是目前澳大利亚专门针对天然氢气的勘探钻井主要集中在已知富含氢气的地区，而这些地区往往是依靠几十年前通过常规油气钻井资料发现的，或许应该重新审视以往的油气钻井资料已获得天然氢气的相关信息。澳大利亚许多成功的天然氢气勘探表明了全球其他地区相似的地质环境中也可能具有高含量氢气的开发潜力。

一、沉积盆地

澳大利亚阿玛迪斯盆地南部的多口钻井中检测到了高含量的氦气，Mt Kitty-1井内发现氢气（氢气11.4%）、氦气（9%）以及少量的碳氢化合物（图5-10）。通过对地震资料与测井结果的分析，确定这些天然气混合成藏在一个传统的地下系统中，该系统具有构造圈闭、渗透性储层和厚盐层作为盖层。阿玛迪斯盆地在澳大利亚中部，从空间

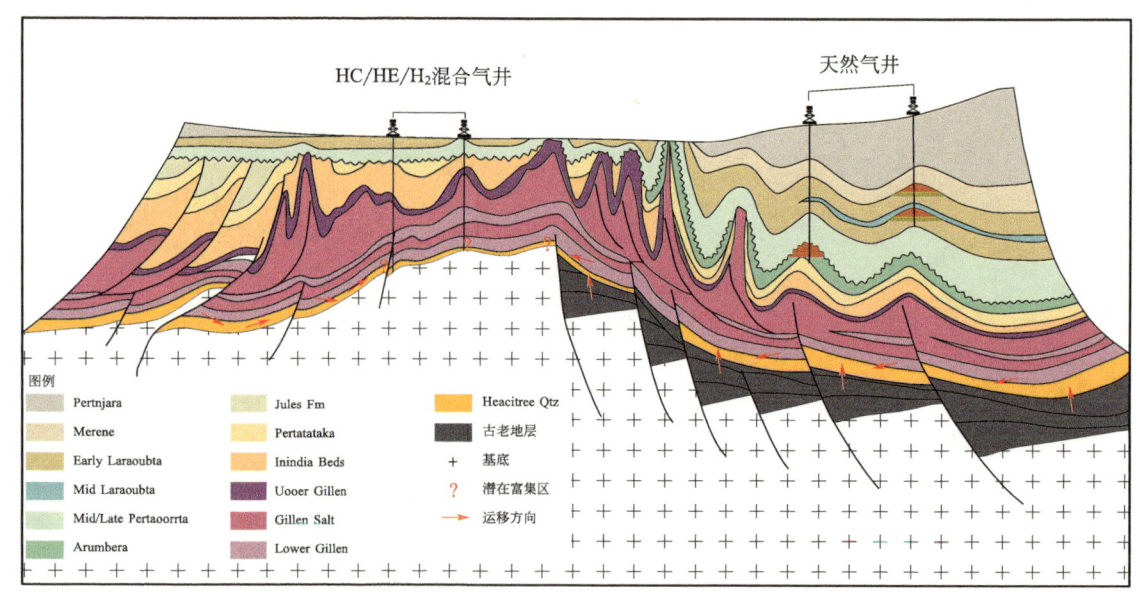

图5-10　阿玛迪斯盆地发现氢气的钻井（据Leila et al.，2022，修改）

上看为一条东西向寒武系—泥盆系的沉积序列褶皱带，且与下伏的古元古代-中元古代结晶基底杂岩呈现不整合接触（Edgoose et al.，2013）。

阿玛迪斯盆地 Heavitree 组由不整合覆于基底杂岩上的富石英砂岩组成。Heavitree 组的砂岩、粉砂岩和砾岩夹层，多形成于河流—浅海环境。Heavitree 组石英砂岩骨架成分以石英、长石为主，次为岩屑，粒度为中—粗粒，分选性为差—中等，圆度为亚圆形—亚角状。长石为未蚀变长石或部分蚀变长石，以钾长石（占8%）为主，少量斜长石（占1%）。岩屑（5.5%）主要为黏土岩，少量岩浆岩和变质岩。砂岩骨架紧密压实，长石部分溶蚀，形成大量的次生孔隙。蚀变长石中可以观察到自生黏土矿物。砂岩显示低含水饱和度（约34%）。在 Mt Kitty-1 井中，在基底岩石中局部观察到多孔层，有效孔隙度最高达13%，平均值为4%，且裂缝发育良好，即基底包含多个裂缝带，是气体流动的良好通道。Gillen 组由巨厚的蒸发岩矿床（岩盐、石膏）与白云岩、页岩和粉砂岩组成（Marshall，2005）。对于阿玛迪斯盆地盐层下方含油气系统，Heavitree 组的砂岩、粉砂岩被认为是一个潜在的储层而其上覆的 Gillen 组巨厚低孔低渗蒸发岩可能是有效的盖层，因此天然气可以在 Heavitree 组的岩层中富集成藏。

通过卫星图像在阿玛迪斯盆地中发现了几个亚圆形凹陷，即"仙女圈"。在阿玛迪斯湖附近观测到高密度的分散、微拉长的 SCD 结构，直径从几十米到几百米不等，大多数直径大于400m。大的 SCD 通常表现为凹凸不平的高程曲线，地形平坦，而小的凹陷（直径<200m）则表现为尖锐、凹凸不平的高程曲线。SCD 中心相较于周围低气压常呈现局部高压的现象。SCD 的深度/等效直径比范围为1%~3%。此外，在阿玛迪斯湖以南的亚圆形凹陷结构沿 NW-SE 方向排列，平行于与 Petermann 造山运动相关的断层，表明断层可能是天然气泄漏的主要通道。Mt Kitty-1 井中氦气的含量最高达9%，氦同位素比值为0.031，揭示其气体可能主要来源于地壳与大气混合。同时能谱伽马测井表明，储层岩石富含铀和钍元素。因此，Mt Kitty-1 井的氦气聚集主要来源于基底花岗岩，基底花岗岩可以通过放射性成因反应和放射性衰变产生氦。氦的形成通常伴随着通过水的放射性分解解离而产生的氢气。在 Mt Kitty-1 井中，Heavitree 组砂岩平均厚度小于6m，厚度相对较薄，因此很难储存大量的气体。同时，大量聚集的气藏应该位于阿玛迪斯盆地的西部和西南部，那里的 Heavitree 组砂岩的厚度可能会相对更厚（Leila et al.，2022）。此外，Gillen 组盐层的厚度也向西和西南方向增加，将为 Heavitree 组多孔砂岩内储存的气体提供有效的密封。地表的 SCD 结构的分布似乎与薄盐层的分布有关，SCD 往往位于厚度较薄的盐层之上，或许较厚的盐层通常为气体提供有效的密封，防止其泄漏，从而将气体聚集和圈闭在储层中。另一方面，地表 SCD 分布与地下地震反射差异之间存在明显的联系，多个 SCD 结构也被在地下断层聚集区的上部发现。

综上，阿玛迪斯盆地高含量天然氢气最有可能的成因为富铀、钍的岩石发生衰变形成氦气的过程中，伴随着水的放射性分解进而形成氢气。阿玛迪斯盆地中也发育着大量的"仙女圈"结构，"仙女圈"的分布往往平行于盆地的主要断裂。同时在发现高含量氢气位置附近，其"仙女圈"分布密度较高。阿玛迪斯盆地中高孔隙度、低含水率、低基质发育的 Heavitree 组多孔砂岩可能为氢气的良好储层。其上覆的 Gillen 组盐层尽管孔隙度相对较高，但电测井数据结果表明其岩盐晶格内存在气体富集，岩盐可能是氢气最良好的盖层或储层。"仙女圈"的分布与盐岩层（盖层）的厚度与断层（裂）的发育之间存在一定相关关系。目前阿玛迪斯盆地主要进行甲烷等气体开发工作，对氢气相关研究有待进一步深入。

除了可以通过遥感或者卫星图像在澳大利亚阿玛迪斯盆地观察到许多 SCD 的结构，在珀斯盆地也发现了大量分布的 SCD 结构。在珀斯盆地的 SCD 结构表层土壤中采集到气体含量结果显示，持续不断的氢气沿着达令断层排列的圆形凹陷的外环上向地表释放。珀斯盆地有大量的油气井投入生产，油气资源的主要烃源岩为二叠系—三叠系的 Irwin River 煤系和 Kockatea 页岩，其周围的储层为砂岩，这些富含有机质的岩石或许可以提供一定含量的有机质成因氢气（Jones，2021）。珀斯盆地侏罗纪储层内的油气资源成藏和分布表明，断裂的发育既是油气潜在的运移通道，同时在构造圈闭中也起着重要作用（Grosjean et al.，2013）。通过卫星图像、地质图等信息综合分析 Moora 地区亚圆形—圆形结构的形状、分布密度、植被指数以及地表凹陷程度，进而判定珀斯盆地中 Moora 地区是最具氢气勘探潜力的区域，最终在 Moora 地区和 Pingarrega 地区之间明确了适合进行土壤检测的圆形地表凹陷。这些圆形地表凹陷在沿达令断层北上 30 多千米的范围内高密度排列，且大部分圆形地表凹陷位于伊尔冈克拉通太古宙—元古代地质构造与珀斯盆地二叠纪—晚中生代沉积之间的过渡带，即约在达令断层东侧 5km 范围内。地震数据结果解释强调了断层与已知地表凹陷之间的明确关系，地下断层可能代表了现今潜在的气体迁移路径。土壤渗漏测量结果显示了近地表岩性与测量氢气含量之间的相关性。沙子中的氢气含量很低（<0.001%）或为零；致密页岩中的氢气含量的较大（>0.007%）。多次钻探工作结果表明，Moora 地区地表测量到的氢气有很大可能是从致密页岩盖层下方的氢气聚集区逸散至上方的。综上，珀斯盆地被复杂的断层系统分割成为几个区域（图 5-11），断裂带既作为流体在不同区域之间交叉流动的屏障，又作为流体从深部向上运移的通道。珀斯盆地高含量氢气的"仙女圈"往往分布于盆地在区域内主断裂附近，盆地内较高的地温梯度使得基底的花岗岩和富铁岩石与水之间可能发生还原反应进而生成氢气，活跃的断裂带为氢气提供了运移的通道，氢气在一定温度、盐度条件下可以以溶解态封存在地下水中，致密的盖层也可以封存一定的氢气。珀斯盆地"仙女圈"氢气的研究为在地下寻找封闭氢气藏提供了参考与思路。

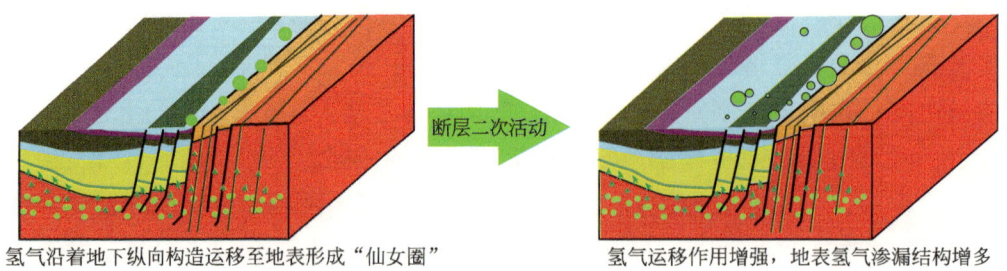

图 5-11　珀斯盆地构造圈闭活动对地表渗漏氢气的影响（据 Frery et al.，2021，修改）

二、富铁克拉通

澳大利亚 Roxby Downs 花岗岩是形成于中元古代的岩浆岩体，与约克半岛基底属于同一岩浆起源（Cherry et al.，2018）。科研人员通过对位于澳大利亚奥林匹克大坝以西 8km 处 Blanche 1 井两个深度不同的岩浆岩样品进行分析，发现岩浆岩内部的流体包裹体中存在氢气。含氢气的流体包裹体形成在 170℃ 到现在的 55℃ 的温度范围内。Roxby Downs 花岗岩中的基性矿物水解转化为磁铁矿，随后又转化为赤铁矿，这可能是氢气主要的来源与成因，也是 Roxby Downs 花岗岩中孔隙水盐度升高的原因。因此天然氢气可以在低温下产生并保留在花岗岩中。在奥林匹克成矿带的南部，是一个沿高勒克拉通东部边缘延伸超过 500km 发现了天然氢气痕迹的铜—金矿聚集区，该区域存在一口钻井（Blanche 1 井），该井是于 2005 年完成的一口地热勘探钻井，总深度为 1934m，位于奥林匹克成矿带北部的巨型奥林匹克大坝以西 8km 处。

Roxby Downs 花岗岩样品的胶结裂缝的流体包裹体中含有一定浓度的氢气。其花岗岩一般为斑状、粗粒正长花岗岩到二长花岗岩。富铁，含赤铁矿和磁铁矿，富 F、Rb 和其他元素（U、Th、Zr、Nb、Ce），部分花岗岩中存在少量基性—超基性侵入岩矿物组成的痕迹。盖层沉积物的平均温度梯度约为 60℃/km，花岗岩的平均温度梯度为 30℃/km，在 1934.2m 处测量到的最高井下温度为 85.3℃。918～1319m 深度温度范围大致为 54.8～66.8℃。镜下可以观察到 1319m 处 Roxby Downs 花岗岩中呈现 100μm 宽的亚水平裂缝。矿物组成主要包括：石英、微斜长石、钠长石、钠钙长石、钠钾长石、伊利石、绿泥石、赤铁矿、磁铁矿、方解石、重晶石。浅部岩石样品中存在较为罕见的亚垂直分布的 10～100μm 宽的矿脉，与石英、重晶石、少量方铅矿、黄铁矿、黄铜矿和钾长石胶结在一起。同时赤铁矿晶体中含有残余的磁铁矿，可能还发生了磁铁矿向赤铁矿的蚀变作用。深部岩石样品中胶结物为石英、钠长石、绿泥石和方解石。其中裂隙石英与石英胶结，裂隙长石常与钠长石、方解石、绿泥石胶结，因此有可能通过水岩相互作用产生氢气，如含 Fe^{2+} 矿物的水化作用。在 Blanche 1 井 Roxby Downs 花岗岩样品中，黑云母通常被辉石、白云母（或绢云母）取代，或者被少量氧化钛和石英取代。Blanche 1 井观测到的岩石学特征可能是两个阶段热液蚀变过程的结果。其一是还原性流体会导致铁钼矿石发生沉淀，其二是氧化性更强的流体，会产生磁铁矿沉淀。在温度压力条件下，含铁的基性岩或含 Fe^{2+} 的矿物通过水岩反应生成氢气。此外 Roxby Downs 花岗岩富含 U、Th、K 等元素，高浓度盐水受到 U、Th、K 的放射性影响会分解为氢气和氧气。Roxby Downs 花岗岩预估的氢气生成量在 $1×10^{-9}～9.9×10^{-9}$ mol/（m³·a），相当于在 1.59Ga 期间在 11.3～15.7mol/m³ 花岗岩的产量（标准条件下 253～352L/m³）。流体可能沿着裂缝网络进入 Roxby Down 花岗岩，但流体的流动速度不快，流体在花岗岩中相对停留了相当长的时间，为水与富铁基岩或岩石充分发生反应形成氢气提供了基础。在反应过程中水的含量逐渐减少，盐度增加，温度也发生了降低，氢气由溶解态转化为游离态保留在花岗岩包裹体之中。

澳大利亚伊尔冈克拉通东部 Frog's Leg 金矿周围的浅层裸眼勘探井中发现了高浓度的氢气和甲烷。在对现代空气组成和氮气进行校正后，Boomer 矿床气体含有：19.9%~68.7% 的氢气；28.7%~76.9% 的甲烷；0.47%~1.6% 的气态烃（C_2~C_5）；0.11%~3.3% 的氧气；0.69%~1.87% 的氦气。氦气为单一纯地壳来源；氢气的 δD 值在 $-781.3‰$~$-759.5‰$ 之间；甲烷的 $\delta^{13}C$ 在 $-20.3‰$~$-2.42‰$ 之间。Frog's Leg 金矿周围的地层主要岩性组成分别为：White Flag 组火山碎屑岩、安山岩、砂岩、粉砂岩和页岩；含粗粒白长辉长岩的粉状辉长岩；斜长石玄武岩和块状拉斑玄武岩，可能为该地区氢气潜在的储—盖层组合。同时金矿区的矿床受构造活动带的影响，大量发育的构造活动带为矿区中流体的运移提供了潜在的通道。Boomer 矿床内氢气同位素值异常低（$-784‰$~$-760‰$），这一数值范围符合绝大部分蛇纹石化反应产生氢气的氢同位素特征。最初由于水的放射性分解生成的氢气氢同位素数值较高，在与低温地下水的氢同位素再平衡导致其同位素出现异常低值，这种氢同位素数值范围意味着氢气也符合放射性分解和蛇纹石化混合来源。微生物来源生成的氢气可以被忽视，因为微生物氧化生成氢气的同时通常伴随着氢气消耗。最小氢气—甲烷同位素平衡温度在 42~57℃ 之间，对应的计算深度为 1.4~2.7km，表明在 Frog's Leg 金矿下方的 Gleeson 玄武岩内存在平衡。由于位于 Boomer 矿床下方的基性—超基性岩性的放射性作用，该地区的氢气其实完全可以通过水的放射性分解作用形成，但是放射性裂解氢气和氦气的共源深度大于氢气—甲烷氢同位素平衡深度，那么 Boomer 矿床内氢气不可能完全通过水放射性分解产生，蛇纹石化可能也是该地区氢气的成因来源之一。

此外同位素结果表明该地区的天然氢气的生成和运移可能来自比 Boomer 矿床更深的位置。且比目前已知的 Boomer 矿床内氢气的含量分布范围更大，这可能反映了大断层和局部迁移裂缝之间对地下天然氢气含量分布控制程度的差异（图 5-12）。由于 Frog's Leg 金矿内的氦气为单一的壳源成因，单独依靠氢同位素无法完全判别氢气的来源。金矿内氢气氢同位素的异常低值与氢气含量与氦同位素之间的关系，表明该处氢气主要成因为水的放射性分解，也有一部分为蛇纹石化形成，这为该地区提供了大量的氢气，并且氢气从深部沿着构造活动形成的通道运移至浅部。局部花岗岩也可以通过水的放射性分解和裂缝带内的黑云母蚀变产生氢气，氢气由于高应力/应变岩石环境的逐渐缓解而释放到微裂缝中。深部形成的氢气以游离态沿着构造和裂缝系统运移至浅部聚集，地表一些圆形、亚圆形结构通常利用遥感或者土壤气体检测等技术手段可以发现不同程度天然氢气渗漏的痕迹。

尽管澳大利亚各地有很多这样的圆形、亚圆形结构，但它们的几何形状与俄罗斯、巴西和纳米比亚发现的与天然氢气渗漏有关的"仙女圈"结构存在一定差异。研究人员对澳大利亚 Grass Patch 地区中土壤气体及样品进行了一系列的检测，Grass patch 地区内每平方千米约有 3 个圆形和亚圆形结构，其特征各不相同，既有西北走向的细长凹陷，也有东西走向的环状地貌。北部、中部和东部地形特征密度较低，每平方千米约 1.5 个圆形和亚圆形结构且相对分散。同时还发育着构造剪切带，可以作为流体和气体

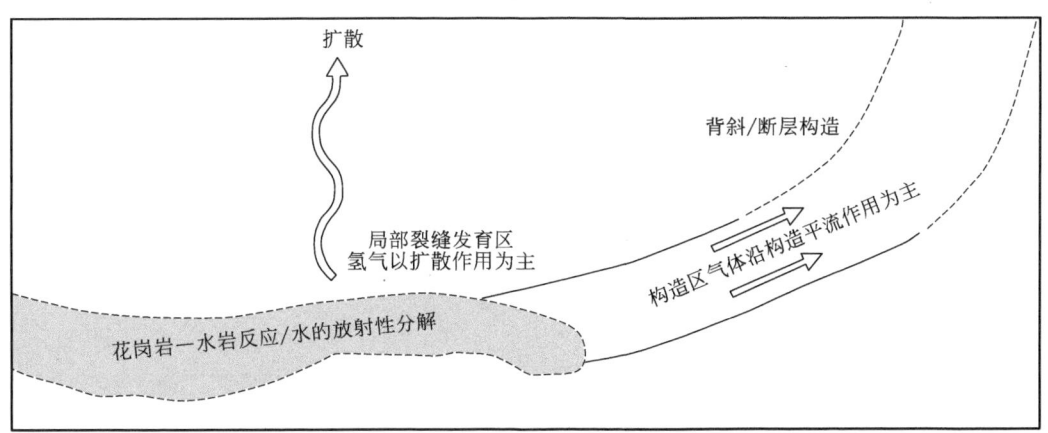

图 5-12 Frog's Leg 金矿区及其周围产气运移的概念模型（据 Boreham et al., 2021，修改）

通过断层系统的通道。其中一个结构在初始采样时显示的氢气含量为 0.0025%，而另一个结构显示的氢气含量始终在 0.001% 左右。初始低含量氢气浓度的结构在随后的前 12h 的含量增幅约为百万分之几。随后发生下降。其余时间氢气浓度的值接近 0。直到检测的第二天，氢气的含量都没有超过 0.0001%。对于另一个结构，在 3h 内稳定降至 0.0001%，到了检测的第二天，氢气的含量到了 0.0004%，因此最开始检测到的氢气被认为是人工成因。利用手持式探针对 4 个土壤样品进行了盐度分析，测量结果表明样品的盐度与氢气含量并没有明显相关性。样品的矿物大部分由石英组成，石英的平均含量高达 73.75%；伊利石次之，平均含量为 14%；高岭石的平均含量为 6%；白云石的平均含量为 3.25%；其他矿物含量较低（表 5-2）。Grass Patch 地区土壤检测到的氢气可能与其土壤盐度和矿物组成之间的相关性不大。

表 5-2 Grass Patch 地区土壤矿物组成

ID	石英	伊利石	白云石	云母	钾长石	斜长石	高岭石	方解石	合计
FC5A 浅部	84%	5%	5%	0%	3%	2%	1%	0	100%
FC5A	78%	13%	4%	0%	2%	0%	3%	0%	100%
FC4A	59%	23%	2%	0%	3%	0%	13%	0%	100%
FC1A	74%	15%	2%	0%	0%	0%	7%	2%	100%

Grass Patch 地区土壤中渗漏的低含量氢气可能是有机成因，即通过微生物的活动形成氢气。微生物可能是造成 Grass Patch 地区土壤中低含量渗漏氢气的元凶，在扩散主导的气体运输系统中，细菌活性将控制氢气通量的幅度（Myagkiy et al., 2020）。造成 Grass Patch 地区的低含量土壤渗漏天然氢气的原因可能是由于一些细菌可以发生水合反应，利用一氧化碳和水蒸气形成二氧化碳和氢气。例如，在一些常见的氢气渗漏结构中通常可以发现红螺旋菌的存在（Reslewic et al., 2005），这种细菌需要依靠水合反应生成氢气的同时给自己补充生存所需的能量。另一个造成土壤中渗漏氢气含量低迷的原因可能是土壤呼吸，土壤呼吸与温度、含水量、土壤质地和土壤 pH 值等多个因素相关（Luo and Zhou, 2006）。盐度也是控制土壤呼吸的一个潜在因素。相关模拟结果表明，

大气压力的变化可以诱导"新鲜"空气侵入水汽区，从而改变气体通量（Massmann and Farrier, 1992）。综上，Grass Patch 地区的断层系统与含氢流体共同作用下在地表形成圆形或亚圆形的结构特征。在这种情况下，氢气在较浅的深度和高盐浓度条件下不溶于水，因此，氢气可以逸散到主断层周围的盐流体系统之外，从而形成不同的地貌特征，即在盐湖结构周围出现"仙女圈"。尽管盐在流体系统中对氢气的运移作用起着关键作用，但对地表盐湖结构的成因与来源知之甚少，所以在澳大利亚人们通过卫星发现的众多"仙女圈"结构可能是氢气运移渗漏的结果。

第四节　美洲

1980 年 12 月以来，美国地质调查局在加利福尼亚州中部沿着圣安德烈斯和卡拉维拉斯断层分布的 9 个地点，于土壤埋深 1m 左右的位置持续监测氢气渗漏，研究人员认为断裂附近的地表氢气释放或许与地震活动有关（Sutton and McGee, 1984）。美国 CFA 石油公司于 1982 年在北美裂谷系统中钻探了 Scott 井，并发现了约 50% 的氢气含量，经过 1 年的时间该井中氢气的含量仍可达到 30% 以上。1988 年研究人员在加拿大寒武纪地盾气体中发现了最高含量为 30% 的氢气（Warr et al., 2005）。2008 年至 2011 年，人们对堪萨斯州的一口井进行了取样。该井钻探了约 424m 的古生代沉积地层和约 90m 的前寒武纪基底，其中最高的氢气含量达到 91%（Deville, 2017）。2013 年，一家专门从事氢气勘探的公司 Natural Hydrogen Energy LLC 在美国成立，并开始在许多国家寻找氢气泄漏点，同时美国地质调查局联合科罗拉多矿业学院创建了地质氢联盟，并吸引了多个大型能源公司加入。科研人员在巴西圣弗朗西斯科盆地放置了七台连续气体监测分析仪，以监测氢气并评估"仙女圈"的氢气泄漏，发现天然氢气的泄漏与"仙女圈"有关，该地区监测的氢含量从 0.004% 到 0.020% 不等。该区域的深处可能存在天然氢气来源。同时地球物理解释表明存在深层断层，含有放射性元素和镁铁质岩石的基底，额外还可能存在一个喀斯特化的碳酸岩储层。此外，美国北卡罗来纳州的一项土壤气体检测研究发现，大量氢气从地表凹陷处泄漏。据推测，氢气从深处迁移到地表，沿迁移通道的岩石被改变，在地表形成圆形或椭圆形沉降凹陷（Zgonnik et al., 2015）。加拿大阿萨巴斯卡盆地北部 Cigar Lake 铀矿床的富黏土岩石中热解析出大量的氢气（Truche et al., 2018）。2019 年澳大利亚的 Gold Hydrogen 公司在美国内布拉斯加州 Geneva 附近针对天然氢气钻探了一口 3400m 深的钻井。2021 年，美国石油地质学家协会成立了第一个天然氢气委员会，截至 2022 年，美国 35 个州共报告 1000 多个天然氢气渗漏发现点。当前美国地质调查局致力于完善天然氢气系统预测模型，计划发布全球资源潜力和初步地质氢资源分布图。美洲各个国家逐渐开始重视天然氢气在未来的重大潜力。

一、美国

自 1980 年以来在堪萨斯州钻探的几口井，包括 Heins 1 井和 Scott 1 井，都发现了富含氢气和氮气的气体，并伴有一定含量的碳氢化合物。井中气体的分析结果表明：氧气的含量在 0.01%~20.4% 之间，但在地下气体或者井中气体取样过程中，氧气一般被认为是大气污染造成的结果。除了上述气体，还存在少量的惰性气体，如氩气和氦气。由于收集到的气体中甲烷和二氧化碳的浓度较低，因此堪萨斯州几口钻井中的氢气并非来自微生物作用。1982 年至 1985 年间，Scott 1 井和 Heins 1 井中气体 H_2/N_2 比值变化很大，美国地质调查局于 1985 年夏季对 Scott 1 井和 Heins 1 井附近土壤中氢气的含量进行了测量，最终在堪萨斯州面积约 7000km^2，总计在 600 多个样品中检测到不同含量的氢气。随着时间的推移，Sue Duroche 2 井的气体中氢气的比例发生了很大的变化，在 2012 年、2013 年和 2014 年的日尺度上，气体相对比例的变化也很显著，Sue Duroche 2 井中的气体变化趋势是氢气百分比急剧下降，从 2008 年的 91.7% 下降到 2014 年 8 月在大气压下冒泡的 0.1%，在 2014 年 5 月和 8 月第一次采集的样品中检测到氢气含量少量增加（2014 年 5 月 1—2 日，8.7%；2014 年 8 月 2—3 日，1.6%）。1982 年首次在 Scott 1 井气相中发现了高含量的氢气，氢气的含量从 1.4%（1982 年 6 月 12 日）到 56%（1982 年 9 月 20 日）不等。1982 年 8 月至 1983 年 6 月，Scott 1 井天然气中的氢气含量很高（25%~56%），但自 1984 年 6 月以来，氢气含量有所下降。2008 年采样测试结果显示氢气自 1985 年 6 月以来有所上升，含量增加至 18.3%。1983 年 9 月，Heins 1 井首次在钻井的气体中发现了氢气，1983 年 9 月至 1985 年 6 月，Heins 1 井氢气的含量在 24%~80% 之间。自 1985 年 6 月以来 Heins 1 井氢气的含量存在下降趋势，直至 2008 年以及 2012 年 3 月和 2014 年 8 月法国石油与新能源研究院（IFPEN）实地考察的 Heins 1 井天然气样本仍检测出 20.5% 的氢气。Sue Duroche 2 井钻井水是弱还原的和碱性的，pH 值为 6.9~8.6，盐度高，为海水的 1.5 倍，其井中水最显著的特征是其铁浓度高达 1.1mmol/L（表 5-3）。

表 5-3 2012/03/16 部分时间段堪萨斯州地层水特征（据 Deville et al., 2017）

	上午 11 点	下午 1 点	上午 9 点	下午 11 点
pH 值	6.9	7.4	7.4	7.1
温度（℃）	24.3	24.0	19.2	22.6
矿化度（g/L）	55.8	54.9	55.8	56.3
导电性（mS/cm）	79.8	78.7	79.8	80.4
氧化还原电位（-mV）	172.8	266	213	186

堪萨斯州钻井中的氢气存在两种来源与成因。一种为深部形成的氢气，另一种则是在浅部形成的氢气。基于氢气与惰性气体同位素之间的关系表明部分气体来自深部。该地区存在明显的磁异常表明，Fe^{2+} 在前寒武纪基底中氧化并产生氢气。堪萨斯州区域水

文地质特征与这一假设相一致：水在该地区长距离流动，在落基山脉补给后向东穿过富铁岩石形成氢气。同时根据 $^3He/^4He$ 比值，与经典地壳值相比，^3He 富集，因此可以认为地幔脱气对堪萨斯州含氢气气体聚集有显著贡献。而浅部形成的氢气成因可能为由溶解有机质受到催化剂的作用在低温条件下分解而形成氢气。不同时期内的 Sue Duroche 2 井的水中氧化还原电位发生了明显的变化，这可能是由于油管表面发生了氧化还原反应而引起的。此外，在采样初期水中 Fe^{2+} 含量较高的同时检测到氢气含量也较高，再加上水与大气接触后不久观察到的 Fe^{3+} 沉淀，进而推断 Fe^{2+} 参与了沿管道形成氢气的过程。Sue Duroche 2 水中高比例 Fe^{2+} 的含量可能来自富氧化铁岩石在氢气存在下的还原反应。Sue Duroche 2 水呈现地壳型 pH 值（6.9~7.7），这使得 Fe^{2+} 可以溶解并在沉积含水层中发生进一步的反应。Sue Duroche 2 井在 317~424m 钻出的氢气可能来自深部的地下空间。在沉积含水层与下伏基底之间的 311m 深度处放置堵塞后，气体中氢气的比例急剧下降。沉积含水层中气体的放射性成因特征表明密西西比含水层与前寒武纪基底之间存在一定联系。Sue Duroche 2 井的密西西比沉积含水层是一个岩溶储层，位于宾夕法尼亚和二叠纪较年轻的含褐煤地层之下，形成的氢气或许可以封存在该含水层及其下伏地层之中。多年来，堪萨斯州东北部的钻井一直在开采富含氢气的天然气，Sue Duroche 2 井钻探后不久，干气中发现高含量的氢气。

1980 年 12 月 17 日至 18 日，美国地质调查局的研究人员在美国加利福尼亚州中部圣安德烈斯和卡拉维拉斯断层沿线附近共建立 9 个氢气含量监测站（Sutton and McGee，1984）。其中 Shore Road、Wright Road、San Juan Bautista 三个监测站分布在圣安德烈斯和卡拉维拉斯断层上。Cienega Winery、Melendy Ranch、Slack Canyon、Middle Mountain、Parkfield、Gold Hill 则分布于圣安德烈斯和卡拉维拉斯断层周边地区。9 个监测点土壤所属沉积环境特征不尽相同，如上覆古近纪—新近纪沉积物的冲积盆地，多砾石发育。

土壤渗漏氢气检测过程中，于 1981 年 7 月 24 日至 25 日在 Shore Road 监测到持续时间超过 24h 的 0.016% 的高氢气含量。从 1981 年 11 月 1 日开始，Shore Road 氢气含量降低，只检测到一系列低氢气含量（约 0.005%）。同年 11 月 14 日氢气含量为 0.04%、11 月 17 日为 0.03% 和 11 月 27 日为 0.048%。1984 年末在 Shore Road 检测到氢气含量变化与在同一地点记录由降雨引起的断层滑动相吻合。类似的现象也出现在 1982 年年底至 1983 年年初的 Shore Road。有时在距 Shore Road 8.6km 外的 Wright Road 也会出现类似的现象；在 1982 年 10 月 26 日至 1983 年 3 月 3 日期间，Wright Road 共发生了 20 次氢气含量的剧烈变化，与 Shore Road 的断层滑动活动相吻合。1981 年 11 月 17 日，在 Wright Road 14h 内检测到 0.04% 的氢气含量，与同一天在 Shore Road 检测到的 0.03% 氢气含量相吻合。1981 年 12 月 30 日于 Wright Road 监测到 0.027% 的氢气含量，与同一天内 Shore Road 检测到的 0.025% 氢气含量近似。1982 年 1 月 1 日至 1982 年 4 月 14 日，在 Wright Road 共检测到 0.02%~0.03% 的氢气；其中 10 个氢气含量检测值与 Shore Road 检测到的氢气含量相似。圣安德烈亚斯断层自 1983 年 12 月 8 日以来，在 San Juan Bautista 与 Melendy Ranch 没有检测到土壤氢气渗漏的氢气含量。相较于 San Juan

Bautista，Melendy Ranch 位于下方的砾石和沙子之上，同时 Melendy Ranch 地面存在着被啮齿动物广泛挖掘过的痕迹。1982 年 11 月 1 日至 10 日和 1983 年 4 月 3 日在 Cienega Winery 检测到了接近 0.05% 的氢气含量，1983 年 11 月 1 日则检测到了 0.005% 的较低氢气含量。

美国加州中部圣安德烈斯和卡拉维拉斯断层沿线土壤渗漏氢气的成因由于当时地质资料或相应实验的缺失而尚未确定。其氢气成因存在以下几种可能：第一种成因可能为断层等构造活动使得地下岩石破碎，暴露的新鲜硅酸盐岩表面与地下流体接触反应形成自由基，自由基之间的相互作用形成了氢气，氢气再沿着断裂或者构造活动带运移至浅部。此种氢气成因可以很好地解释加州发生地震后各个监测点氢气的含量发生上升的情况，其实在全球一些地震频发的地区经常可以在地表检测到低含量的氢气。但值得注意的是，尽管地震后氢气的含量普遍是增加的，但地震前氢气的含量出现下降的这种现象，第一种氢气的成因无法很好解释。因此有学者认为另一种可能生成氢气的原因可能是地下水进入与蛇纹石发生水岩反应生成氢气。蛇纹石化导致沿断层的上覆岩石出现张性裂缝，从而使积累的氢气迅速逸出，最终蛇纹岩侵入断裂带引发地震（图 5-13）。综上，美国加州中部圣安德烈斯和卡拉维拉斯断层沿线土壤渗漏氢气浓度的监测结果表明，断层活动或者地震活动都可以在短期内形成含量可观的氢气。但这种氢气含量并不稳定，通常出现于地震或者余震期间。在一些地区寻找天然氢气时要考虑是否存在这种构造形成的短期高含量氢气是必要的。同时地震之前的地表渗漏氢气含量变化或许也在地震预测方面提供了一个可能的全新思路。

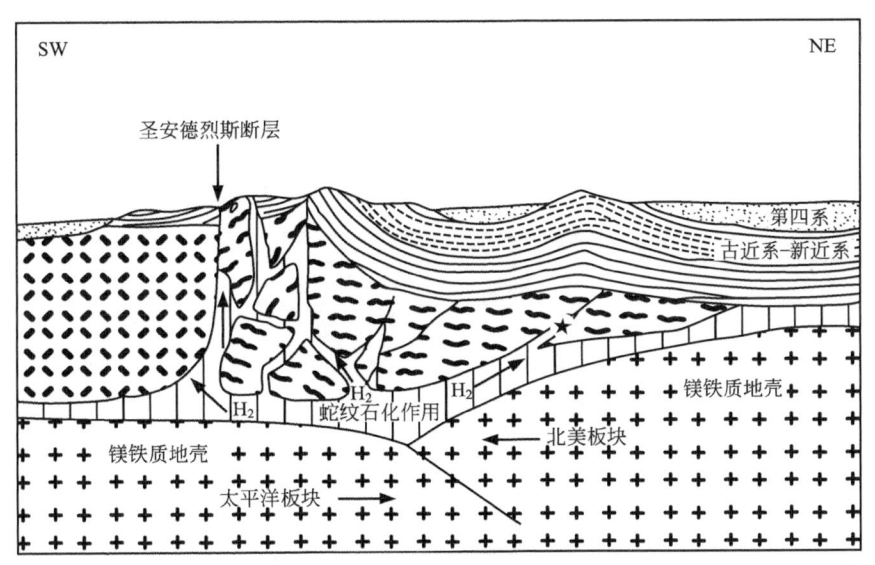

图 5-13　美国加州中部圣安德烈斯断层氢气运移系统（据 Sutton et al.，1986，修改）

研究人员在美国 North Carolina 被称为"Carolina Bay"的形态洼地及其周围进行了土壤渗漏气体的检测。在美国大西洋沿岸平原，特别是在海湾周围，检测到显著浓度的氢气。在北美东部的大西洋沿岸平原的东南部通过卫星图像，可以发现一系列密集分布的大小不一、直径从100m到8km不等的圆形洼地，覆盖了North Carolina和South Carolina沿海平原的部分地区。通过卫星图像对潜在氢气渗漏研究区进行了筛选，筛选条件主要包括洼地的尺寸与密度、洼地所在的地区是否容易进行土壤氢气测量等条件。最终选择了Carolina的三个重要海湾，分别为Arthur Road Bay、Smith Bay和Jones Lake Bay，以及与之相关的四个规模较小的研究地点。Arthur Road Bay是一个椭圆形的洼地（长580m，宽360m）。Smith Bay是一个椭圆形的带沙边缘的凹陷，陷深1~3m，长720m，宽545m。Smith Bay海湾可能是在更新世中期形成的。在它的边缘，覆盖着1~2m厚的全新世泥炭，发育植被与沼泽。Jones Lake Bay是一个非常大的海湾（2400m×1500m），内有一个形状几乎完美的椭圆形湖泊。从植被中可以清楚地探测到海湾的界限，被泥炭覆盖，内部植被茂密，而海湾外部的土壤是沙质的，有罕见的灌木丛，海湾边缘的土壤含有粗砂，可能来自下伏的早更新世沉积物。四个规模较小的研究地点中，Arthur Road Sandpit、Jones Lake Sandpit和一个形成时间较短、70~80cm厚的沙子下存在着较厚的泥炭的小海湾为重点研究对象。

检测到的最大氢气浓度超过0.11%（探测器已达到上限值），23次测量的平均浓度为0.0233%。在Arthur Road Sandpit中检测到的最大氢气浓度也超过0.11%（探测器已达到上限值），六次测量的平均值为0.0313%。Smith Bay检测到氢气的最大浓度超过0.12%，另外三个氢气峰值超过0.12%的地点位于与海湾接壤的沙缘重合的样带处（表5-4）。

在海湾中心也检测到氢气浓度升高。在沙缘外，氢气浓度降至接近零。仅在Jones Lake Bay海湾边界范围内检测到氢气，粗砂中氢气的最大浓度为0.0815%。Jones Lake Bay内部的土壤中检测到高氢气含量（高达0.0815%）。该区域在2008—2009年，高大的树木突然自然枯萎，在新形成的海湾中心的土壤上部几厘米（<10cm）处检测到氢气浓度为0.021%（表5-4）。

表5-4 美国Carolina bays氢气监测点位置及其检测氢气含量（据Zgonnik et al., 2015）

监测点名称	°dec N	°dec W	土壤气测值(%)	GC-MS(%)
Arthur Road Bay	34.7939167	-79.2296667	0.0586	0.0275
Arthur Road Sandpit	34.7869444	-79.2266667	\	0.0605
Arthur Road Sandpit(冒泡)	34.7870556	-79.2269167	\	0
Smith Bay	34.6824722	-78.5870694	0.0659	0.0179
Smith Bay	34.6824722	-78.5870694	0.0715	0.0146
Smith Bay	34.6824722	-78.5870694	0.0574	0.0296
Smith Bay	34.6824722	-78.5870694	0.0275	0.0107
Jones Lake Bay 内部	34.6930278	-78.6004722	0.021	0.0107
Jones Lake Bay 内部	34.6930556	-78.6008056	0.0391	0.0167
Jones Lake Bay 内部	34.6928131	-78.6003308	0.0477	0.0202
Jones Lake Bay 内部	34.6928232	-78.6003460	0.0815	0.0463

续表

监测点名称	°dec N	°dec W	土壤气测值(%)	GC-MS(%)
Jones Lake Sandpit	34.7001111	-78.5867222	0.3700	0.0698
Middle Mountain	34.7001111	-78.5872500	0.0719	0.0245
Parkfield	34.7001111	-78.5867222	超出量程	0.1043

美国 Carolina Bay 天然氢气的来源与成因尚未确定，研究人员认为该地区氢气可能的成因与地球化学过程有关。North Carolina 东部的几个超镁铁质层被认为是蛇绿岩层序的一部分，因此在美国 Carolina Bay 的海岸平原下可能出现广泛的蛇绿岩带（Butler，1989）。在海洋和大陆环境下，橄榄岩的蚀变产生氢气，其中水被 Fe^{2+} 还原，特别是在富铁橄榄石中。还有一些黏土矿物如（亚铁伊利石、绿泥石或蒙皂石）在一定条件下能在溶液中释放 Fe^{2+} 离子。溶解的亚铁离子被水氧化产生氢气，如果沉积物中富含黏土并存在可以提供大量 Fe^{2+} 的储层，可能会形成氢气。同时氢气的地下迁移会引起与氧化的地下岩石和流体的反应（Bonini，2012）。这些反应和渗流路径可能与 Carolina Bay 椭圆形地貌结构的形成有关。Carolina Bay 的椭圆形地貌结构只在地表主要由松散沉积物构成的地区形成。沿着氢气的运移路径，岩石的氢化作用可以形成多种化合物，包括水、碳氢化合物和酸，所有化合物都容易发生进一步化学反应并迁移出反应区。因此氢气在垂直运移过程中可能会引起岩石孔隙度的增加，从而可能形成垂直运移通道。所有相关的过程（脱气、脱水和深部岩石体积的损失）都会在地表产生沉降，从而形成圆形或椭圆形洼地（Larin et al.，2015）。

二、加拿大

研究人员利用来自加拿大地盾的 7 个单独矿山中的气体样品，基于模型公式给出了不同气体样品所处层位的孔隙度（Warr et al.，2005）。使用这种方法计算出的孔隙度都在 0.9%～1.3% 的范围内，与以前测量的结果近似一致（表5-5）。Kidd Creek 矿山位于 Superior 克拉通 Abitibi 绿岩带距今约 2.7Ga 的火山成因块状硫化物矿床 Kidd-Munro 组，Kidd-Munro 组主要由长英质岩石、基性岩石、超基性岩石和沉积岩组成；Nickel Rim 矿山和 Fraser Mine 矿山都位于 Sudbury Impact Complex（SIC）的下方，形成于距今 1.849Ga，是由陨石撞击太古宙基底形成的，该基底由变质沉积岩、片麻岩组成且存在长英质岩石的侵入；Copper Cliff South 矿山位于 SIC 向南的一条石英闪长岩放射状脉中，其中含有与主矿体伴生的富镁铁质岩浆岩包裹体；Thompson 和 Birchtree 矿区均位于 Manitoba 省北部的 Thompson 镍矿带，由距今 2.2～2.0Ga 蚀变蛇纹石化的超镁铁岩和赋存于太古界超镁铁岩、变质火山岩和绿片岩等变质沉积岩组成，Con Mine 金矿位于美国西北地区，赋存于距今 2.7～2.6Ga 太古宙绿岩带，主要由绿片岩、变质沉积岩、花岗岩、变质玄武岩和角闪岩组成（Aquilina et al.，2024；Guillot et al.，2000；Card，1994；Davis，2008）。

表 5-5　加拿大含氢矿井采样地点的深度、孔隙度、纬度和经度（据 Warr et al., 2019）

矿山	深度(km)	孔隙度(%)	纬度(°)	经度(°)
Kidd Creek	2.1	1.0	-81.371	48.687
Kidd Creek	2.4	1.0	-81.371	48.687
Kidd Creek	2.9	0.9	-81.371	48.687
Nickel Rim	1.7	1.1	-80.797	46.658
Fraser Mine	1.4	1.2	-81.343	46.663
Thompson Mine	1.1	1.3	-97.835	55.72
Birchtree	1.2	1.3	-97.927	55.702
CopperCliffSouth	1.1	1.3	-81.079	46.458
Con Mine	1.4	1.2	-114.372	62.439

加拿大地盾的许多勘探钻孔中气体含量及组成测试结果显示，甲烷浓度从百分之几到 80% 不等（Sherwood et al., 1988）。氦气的含量高达 20%，氩气高达 4%，而氢气的含量最高可达高达 30%，以及氮气高达 80%。Warr 等将地下环境中的铀、钍和钾浓度纳入氢气产率计算的方程中，以 $2.7g/cm^3$ 的岩石密度和 100% 的释放效率为基础，计算每年的 ^4He 和 ^{40}Ar 产率。之后计算每个地点仅由放射性衰变产生的理论氢气产率。发现计算模型对长英质、基性或超基性岩石效果较差，可能的原因是放射性成因稀有气体和放射性分解氢气都与放射性元素浓度相关。相反，岩石孔隙度是该比值的主要控制因素，计算出的平均地壳 H_2/He 比值从 117 降至 15，孔隙度从 0.96 降至 0.12%。

$H_2/^4He$ 和 $H_2/^{40}Ar$ 生成比之间的差异反映了每个地点镁铁质和超镁铁质矿物水化产生的额外氢气（表5-6）。除 Nickel Rim 矿山和 Fraser 矿山样品外，所有地区的经验计算生产比均大于通过放射性作用产生的 ^4He、H_2 和 ^{40}Ar 计算的理论生产比。$H_2/^4He$ 和 $H_2/^{40}Ar$ 的经验产率和理论产率之间的差异取决于地区，与其他矿山相比，Kidd Creek 矿山的非放射性分解成因氢气含量最高。非水的放射性分解的氢气可能通过水岩反应（如蛇纹石化）形成。加拿大氢气产量最高的矿山中普遍存在基性与超基性岩石，如 Kidd Creek、Thompson Mine、Birchtree 和 Copper Cliff South。与长英质岩石占主要岩性的矿山相比，总氢气产量主要来自水岩反应（如蛇纹石化），放射性分解成因的氢气含量分布相对均匀。最终，通过计算模型用于确定前寒武纪结晶基底的 ^4He、^{40}Ar 和 H_2 产率。该模型使用特定地点计算的 $H_2/^4He$ 和 $H_2/^{40}Ar$ 理论放射性分解/放射性成因生产比以及经验数据集，来揭示每个地区放射性分解和水岩反应生成的氢气含量对总氢气含量的相对贡献，为判识复杂的天然氢气来源与成因提供了一个新的思路与方法。

表 5-6　理论产量比值与经验产量比值的比较（据 Warr et al., 2019）

矿山	$H_2/^4He$(理论)	$H_2/^{40}Ar$(理论)	$H_2/^4He$(经验)	$H_2/^{40}Ar$(经验)
Kidd Creek	127	832	415	N/A
Kidd Creek	118	778	228	3453

续表

矿山	$H_2/^4He$(理论)	$H_2/^{40}Ar$(理论)	$H_2/^4He$(经验)	$H_2/^{40}Ar$(经验)
Kidd Creek	107	701	852	3219
Nickel Rim	136	673	4	61
Fraser Mine	145	716	65	15
Thompson Mine	156	650	357	777
Birchtree	152	631	419	1303
Copper Cliff South	156	1320	173	4460
Con Mine	147	681	278	1040

加拿大魁北克省主要由 Superior、Churchill 和 Grenville 三个地质区域构成（Stephan et al.，2024）。Superior 区域是加拿大地盾和北美大陆的核心，也是世界上最大的太古宙陆地克拉通，仅在魁北克省就覆盖了超过 $74×10^4 km^2$ 的面积（Card，1990）。Abitibi 是 Superior 克拉通中最著名的次级地质区域，拥有世界上最大的太古宙火山沉积带（Chartrand，1994）。在 Superior 克拉通 Abitibi 绿岩带附近的一些金矿地下水中，检测到了可燃气体，气体的主要组分为碳氢化合物和氢气。在魁北克省，氢气的含量占溶解气体总量的 0.51%~3.63% 之间。魁北克省南部沉积盆地中来自 63 口井的 147 次天然气组分及其含量分析结果显示，其中约一半（33 口井）进行了至少一次氢气分析（表 5-7），约 78% 的测量结果中氢气的浓度低于 0.1%，在 9 口井中只有 21 次分析结果中的氢气含量高于 0.1%，揭示了加拿大魁北克省的地质特征和地下水中可燃气体的分布，以及不同区域的地质特征和矿产资源的多样性。

表 5-7 魁北克省西南部的油气井中氢气含量及来源（据 Stephan et al.，2024）

井号（时间）	氢气（%）	非天然氢气来源/成因	天然氢气来源	地质背景
A029(1959)	6.7	可能/钢铁腐蚀	基底蛇纹石化	基底处正断层
A176(1975)	0.29	可能/钢铁腐蚀	尚未确定	基底处正断层
	0			
A186(1977)	0.26	否/无	基底蛇纹石化	位于基底的区域性正断层的下盘
	0.01			
A196(1980)	0.1	否/无	基底蛇纹石化	位于基底的区域性正断层的下盘
	0.04	是/压裂时使用的酸与岩石发生反应		
	0.14			
	0			
A197(1980)	0.19	否/无	基底蛇纹石化	位于基底的区域性正断层的下盘
	0.02			
	0.02			
	0.02			
	0.12			

续表

井号(时间)	氢气(%)	非天然氢气来源/成因	天然氢气来源	地质背景
A198(1981)	0.25	否/无	基底蛇纹石化	位于基底的区域性正断层的下盘
	0.36			
	/			
	0.11			
	0.42			
A278(2009)	71.75	否/无	蛇绿岩于钻井过程中被切割	蛇绿岩复合体的沉积层
	67.74			
	18.74			
	25.31			
C100(1983)	0.15	否/无	超镁铁质岩石水岩反应	受走滑断层限制的背斜油气藏
	0.49			
	2.43			
	0.53			
	0.05			
	0.43			
C135(2009)	0.02	否/无	断层活动生成氢气	靠近走滑断层的油气藏
	0.05			
	0.19			

　　基于加拿大魁北克省具有代表性的地质环境与岩性组合，并结合全球各个地区的天然氢气生成机制的研究成果，研究人员认为加拿大魁北克省天然氢气的主要生成机制类型可能存在四种。第一种氢气成因可能为地幔或者岩石圈脱气；第二种氢气成因可能为弱放射性岩石对水的放射性分解；第三种氢气成因可能为富铁岩石与地下热液发生蚀变；第四种氢气成因可能为有机质分解。当然也存在其他类型的氢气成因，例如微生物或断裂带中的岩石摩擦产生自由基生成氢气。但这些成因形成的氢气体积较小，因此不列入加拿大潜在天然氢气藏的形成原因。根据其他国家或地区寻找天然氢气的经验，加拿大魁北克省还存在三个值得关注的断层异常区（Pinet et al., 2008），其地下水显示出与盐度相关的甲烷浓度变化。与此同时，在断层附近的地下水中可以检测到高浓度的 ^{222}Rn，表明断层带连接了深部与浅部，是良好的流体运移通道。在加拿大魁北克省地区，多种地质环境、流体包裹体、矿井地下水的溶解气体以及某些天然气井取样的气体中都发现了不同含量的氢气显示。从北部的加拿大地盾到魁北克省南部的沉积盆地，存在许多有利于天然氢气形成的地质环境。

　　Cigar Lake 铀矿床位于加拿大萨斯喀彻温省的阿萨巴斯卡盆地东部边缘，该矿床的铀品位高达 14.2%，局部浓度甚至达到 60%（Bruneton, 1993）。科研人员对来自相同钻孔不同深度的样品进行了解吸实验，发现位于距离矿床超过 20m 的位置的样品，在温度达到 300℃ 时产生的氢气含量少于 0.0005%，还存在加热到 300℃ 时产生的氢气含量在 0.0005%~0.05% 之间的岩石样品。在温度增加到 80℃ 时，氢气开始解吸，温度升高至 300℃ 时样品中的氢气几乎完全解吸。在温度超过 400℃ 时，也可产生少量的氢气，但此时解吸的氢气不到总量的 5%。氢气的解吸含量峰值温度往往在 200℃ 左右。其中来自位于富含黏土的赤铁矿带的两个样品，主要在温度超过 350℃ 时热解吸出 0.0331% 和 0.1199% 的氢气，在温度低于 350℃ 时只解吸出来 0.0057% 的氢气。全部样品中总有机碳含量小于 0.1%~0.5%，有机物的 H/C 原子比范围在 0.7 和 0.8 之间，即使有机物质完全热解也无法形成与解吸过程所释放的等量氢气。因此，来自 Cigar Lake 铀矿床黏土层中的样品经过热解吸获得的氢气来源可能有二：第一种是样品在热解吸过程中由于热液作用产生的氢气，在矿床上方的菱铁矿中存在大量水，岩石样品也被水所饱和，在地下高温环境中可能发生含铁矿物的氧化进而产生氢气。第二种则是在矿床附近富含黏土的岩石中吸附的氢气，持续的水的放射性分解是氢气的主要来源，黏土层可能是大量吸附态氢气的主要赋存层位。因此，天然氢气可能以吸附态存在于黏土矿物的表面或泥质的岩石储层中。在 Cigar Lake 铀矿床矿体和泥化基底中，富黏土岩石在几分钟内释放出高达 0.05% 的氢气，通过热解吸得到的高含量氢气代表着氢气可能以吸附态存在于特定的岩石储层之中。黏土矿物自身晶格性质形成的微孔结构可能在促进氢气吸附过程中起到关键作用，这可能是未来天然氢气勘探的一个全新目标。

三、巴西

巴西的圣弗朗西斯科盆地是一个北东向的双前陆盆地，坐落在圣弗朗西斯科克拉通之上，被巴西利亚带和阿拉约韦带两个造山带所环绕，基底主要由太古宙花岗闪长岩、花岗岩和绿岩带构成。圣弗朗西斯科盆地的氢气形成方式主要涉及水的放射性分解与水岩反应。水的放射性分解产生氢分子需要放射性元素的存在，如铀、钍或钾，可以通过电离辐射使水分子分裂，产生氢气分子。圣弗朗西斯科盆地基底岩石以太古宙至古元古代角闪岩、片麻岩和花岗岩为主，显示出较高的产氢潜力。根据圣弗朗西斯科盆地的地温条件计算，深部蛇纹石化氢气的产率为 113~1018t/a，这为该地区的天然氢气资源提供了理论依据（Prinzhofer et al.，2019）。圣弗朗西斯科盆地的地质结构和岩石成分共同为天然氢气的生成提供了有利条件，也为探索该地区潜在的天然氢气资源提供了科学依据。研究人员采用便携式气体分析仪对土壤中的气体进行了现场测量，在测量过程中氢气浓度经常超过测量仪器的检测上限 0.1%。此外实时监测了氢气含量在不同时间段内的分布规律。此外在 Marica 地区的断层上方，土壤气体渗漏现象显著，这表明地区中存在着深部氢气对地表逸散氢气的快速补给。

科研人员在圣弗朗西斯科盆地的 Campinas 结构和 Baru 结构中部署了氢气浓度检测仪，使用 Parhys@ 氢气探测器在大约 80cm 的深度进行气体提取和分析。通过观察土壤渗漏氢气随时间变化的浓度变化，研究揭示了土壤中氢气含量不仅随时间波动，也随位置而变化。在七个传感器中，六个显示了土壤渗漏氢气浓度与一天之中的时间变化存在相关性，以当地时间的中午为中心，氢气含量变化呈现每日周期性。大多数传感器在

5~6h 内保持稳定的氢气峰值强度。通过安装的探测器，对氢气随时间的渗漏位置的变化进行评估，发现主要渗漏点位于植被变化明显的结构外围（图 5-14），在地形上，两个结构存在细微差异；Campinas 结构的中部相对边界凹陷了几米，雨季时常常积水，水分蒸发后，结构中心可见黏土沉积，而外围则沉积着砂质物质。相反，Baru 结构几乎平坦，仅有一个不明显的凹陷。在 Campinas 中心附近，偶尔会发生高含量氢气的释放，且高含量氢气释放区域的位置随时间沿结构边界移动。在由三个不同结构组成的 Baru 构造中，东北部的结构与 Campinas 结构的氢气释放模式相似，而南部和西部的两个次级结构在为期 6 个月的监测中，氢气释放活动强度相对较低。大量研究结果不仅展示了土壤中氢气含量的动态变化，还揭示了地形、植被和结构特征对氢气释放的影响，为理解天然氢气的来源和分布提供了重要线索。

Parana 盆地克拉通内的中生代地层中发现了游离态氢气的存在，氢气浓度范围从 0.14% 至 8.79%。值得注意的是，氢气含量与氦气（He）含量之间呈现负相关关系。对于 Parana 盆地而言，尽管放射性分解作为氢气形成机制存在争议，但它仍可能是一个次要的氢气来源。Parana 盆地东部位于 Dom Feliciano 花岗岩带上，较高的伽马射线强度表明该区域可能同时拥有放射性衰变过程的发生，因此能够通过放射性分解使水分子分裂产生氢气。在 Parana 盆地最南端的托里斯向斜北翼，游离氢气浓度达到最大值。向斜的几何形状可能促使天然气向构造顶部侧翼运移，导致氢气异常高值，因此托里斯向斜北翼走向的区域具有较高的天然氢气潜力。同时盆地内的氢气还可能与有机质的热成熟过程有关，这与氢气与氦气的负相关关系以及非岩石蚀变或放射性分解过程相吻合，而且与蛇绿岩有关。在 Camaqua 盆地，橄榄石矿物向蛇纹石转化的交代过程是氢气生成的关键机制。这一低温下的蛇纹石化过程可能意味着持续的氢气生产，为盆地提供了一个稳定的氢气来源。此外，铁矿物的氧化也可能在与 Bossoroca 蛇绿岩的基性岩石接触的带状铁组中产生氢气，尽管岩石体积不足以吸引商业铁矿开采，但它们可以作为氢气储层或是生产者的次要贡献者。Camaqua 盆地中部的层序总有机碳含量较高，这表明有机成分可能是氢气的潜在来源。由于盆地内广泛分布的蛇绿岩带作为岩石圈断裂的标志，推测地幔源氢气也可能存在于 Camaqua 盆地。作为一个含氢系统，Camaqua 盆地有三个可能的氢气来源：一是与深层断裂相关的地幔氢气释放；二是超镁铁质岩石中橄榄石向蛇纹石转化形成的氢气，具有较大资源潜力；三是盆地中层序富有机质地层的存在，可能为氢气生成提供了条件。

因此，在巴西圣弗朗西斯科盆地，氢气的渗漏伴随着氦气，大量的氢气和氦气通量是通过重新活动的断层释放的。盆地内较高的地温梯度与富含放射性元素的岩石可能会导致深层地层水发生规模较大的放射性分解，进而释放出大量的氢气。此外，在基底中发现了可能在蛇纹石化过程中产生氢气的超镁铁质岩石，高有机碳含量的岩石在其有机质热演化的过程中也可以形成一定含量的氢气，多种成因为该地区的天然氢气资源提供了额外的来源。研究结果揭示了圣弗朗西斯科盆地中天然氢气生成和赋存的复杂机制，以及地质结构、岩石类型和地球化学过程对氢气生成和分布的影响。

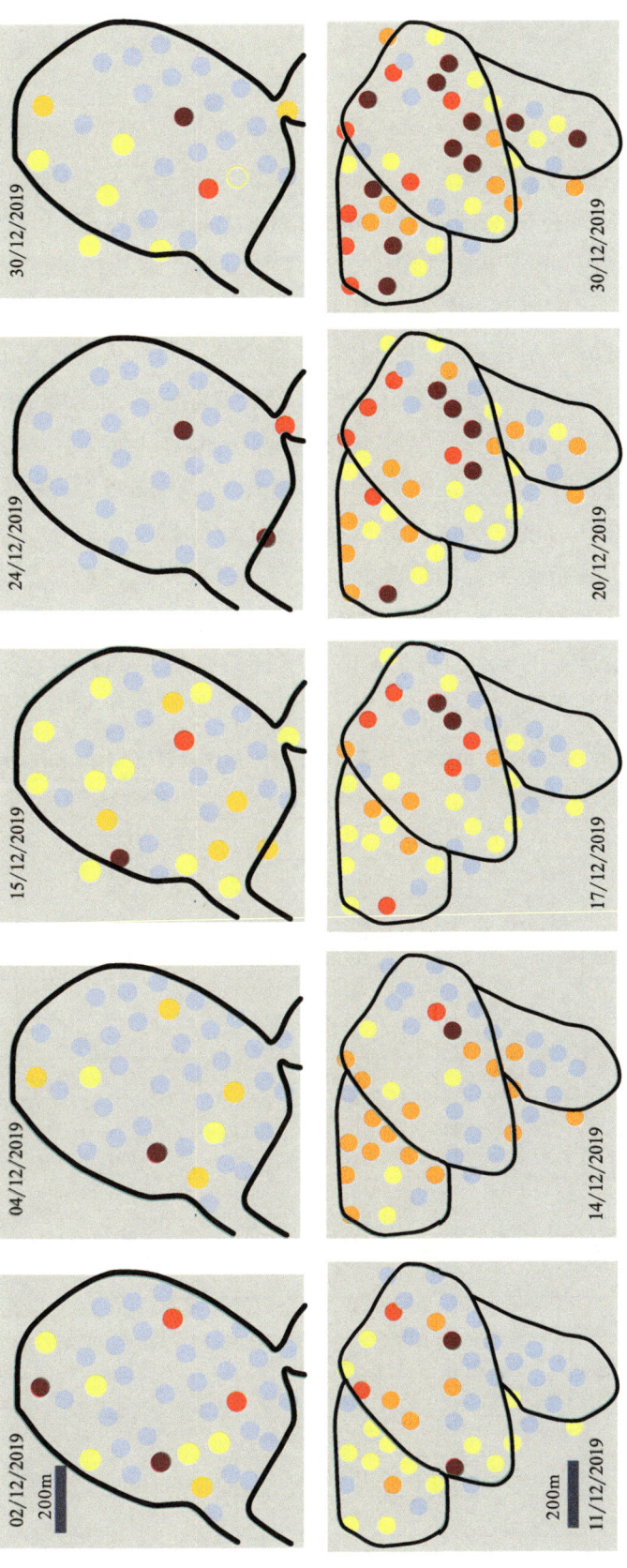

图 5-14 不同"仙女圈"结构在 5d 中每天的平均排放量（据 Moretti et al., 2021）
● 0.03%~0.2% ● 0.012%~0.03% ● 0.005%~0.012% ● 0.0018%~0.005% ○ 0.0007%~0.0018%

四、哥伦比亚

哥伦比亚的地质特征复杂，拥有两个活跃的俯冲带。在太平洋沿岸以西，Nasca 板块正在向地幔俯冲；而在北太平洋沿岸，加勒比板块向南—东南方向斜向俯冲（Bayona et al.，2008）。Ramirez 等在哥伦比亚的 Cauca-Patía 山谷识别出 23 个"仙女圈"，大小从 $10\sim 60m^2$ 不等，其中一些位于甘蔗田中。在甘蔗田里，圆圈内的甘蔗高度略低于圆圈外，同时圆圈内有除甘蔗以外自然生长的其他植物。基于此研究人员决定在 Ginebra 附近山谷和断层的植被异常结构地区进行土壤气体检测。研究人员使用 GA 5000 便携式氢气测量仪完成土壤氢气渗漏含量检测，方法与在其他地区检测土壤中的渗漏氢气方法并无显著区别。即在土壤中钻取一个深度大约 80cm 的孔洞（然而实际情况为由于断层附近的土壤或岩石硬度，有时无法达到标准的 80~100cm 深度），将钢管或 PVC 管插入孔洞中，之后将 GA 5000 与钢管连接，待机器屏幕上读数稳定后直接读取土壤渗漏氢气的含量。通常，浅层土壤中的氢气含量较低，但在植被异常区，所有土壤气体样品中均检测到一定含量的氢气，浓度范围为 0.0006%~0.033%（表 5-8）。研究区的地质特征和检测结果表明，哥伦比亚的 Cauca-Patia 山谷不仅具有复杂的地质构造，还可能蕴藏着丰富的天然氢气资源，为该地区的天然氢气勘探和开发提供了重要线索。

表 5-8 哥伦比亚部分"仙女圈"2022 年 12 月 10 日氢气检测含量（据 Ramirez et al.，2023）

	采样位置	时间	深度(cm)	氢气含量(%)
H_2_ST1 scd	1	10:10	40	0.0001
	2	10:22	40	0.0022
	3	10:25	80	0.0014
	4	10:35	80	0.0018
	5	10:36	80	0.0033
	6	10:47	80	0.0137
	7	10:51	80	0.032
	8	10:56	80	0.0289
	9	11:00	60	0.0054
	10	11:07	80	0.0255
	11	11:14	80	0.004
	12	11:18	75	0.014
	13	11:23	80	0.03
	14	11:27	80	0.0112
	15	11:31	30	0.004
H_2_ST2 scd	1	16:11	40	0.0029
	2	16:17	50	0.025
	3	16:19	40	0.003
	4	16:27	30	0.0014

续表

采样位置		时间	深度(cm)	氢气含量(%)
$H_2\_ST2\ scd$	5	16:30	30	0.0008
	6	16:34	30	0.0007
	7	16:38	25	0.0002
$H_2\_ST3\ scd$	1	13:52	80	0.0019
	2	13:56	80	0.0024
	3	14:00	50	0.0013
	4	14:03	80	0.001
	5	14:06	40	0.0011
	6	14:09	50	0.006
	7	14:13	70	0.0007
	8	14:16	80	0.0009
	9	14:19	80	0.0064
	10	14:23	80	0.001

在哥伦比亚，由于太平洋海岸俯冲期间海洋地体的增生，至少存在三种能够产生氢气的岩石类型：蛇绿岩、煤和富铁岩石。其中，Ginebra 蛇绿岩质地块是一种形成于侏罗纪至早白垩世时期的超镁铁性和基性岩石，位于中 Cordillera 山脉的西侧，东临 Guabas-Pradera 断层，西临 Palmira-Buga 断层。该蛇绿岩主要由角闪岩、辉长岩和超镁铁岩三大类岩石构成。角闪岩主要由角闪石和斜长石组成，分布在 Ginebra 蛇绿岩地块的南部和西南部。辉长岩包括榴辉岩和角闪辉长岩。在 Cauca-Patia 山谷中，大气降水从地表渗入，导致水向下循环，与富铁岩石发生反应。蛇绿岩的蛇纹石化可能是哥伦比亚 Cauca-Patia 山谷中天然氢气的主要来源。此外，Buga 岩浆岩富含黑云母，其蚀变过程可能生成氢气，进而通过断层或在含水层中以溶解态迁移至浅部。在封存条件良好的情况下，氢气可以被保存在山谷中，而那些游离态的氢气则继续迁移，并在地表发生渗漏，形成"仙女圈"。研究区的地质过程和反应机制揭示了哥伦比亚 Cauca-Patia 山谷中天然氢气生成和赋存的复杂性。

第五节 中东及东南亚地区

一、阿曼蛇绿岩带

在 1974 年至 1981 年期间，阿曼在水资源调查以及由英国自然环境研究委员会资助的独立地下水调查中，发现了与超基性岩形成的泉水相关的天然气（Neal and Stanger,

1983），这些岩石构成了 Semail 蛇绿岩推复体的下部和最厚重的部分。异常大面积的蛇绿岩包括洋壳（基性）和上地幔（超基性）岩性，总厚度达到 7km。泉水普遍为高碱性的水，pH 值有时超过 12。在十几个碱性泉水中偶尔观察到气泡或气流，大多数温泉底部发现较软的白色碳酸盐沉积，导致由气流引起的锥形凹陷在温泉底部广泛存在。泉水中的气体化学成分各不相同，从几乎纯氢气到几乎纯氮气和近似为空气。此外，少量的甲烷和微量的高饱和烃出现在富氢气体中，微量的 CO 出现在最富氮的气体中（表 5-9）。

表 5-9 阿曼部分天然气组成（据 Leong et al., 2023; Neal et al., 1983）

采样点	H_2（%）	N_2（%）	O_2+Ar（%）	CH_4（%）	CO（%）	乙烷（%）	丙烷（%）	异丁烷（%）	正丁烷（%）	CH 化合物（%）
Bahia(1)	82	15	2	2	/	/	/	/	/	/
(2)	55	38	7	2	/	0.0063	0.0017	0.0002	0.0011	0.0114
(3)	43	43	13	0.9	/	0.007	0.0015	0.0002	0.001	0.0112
(4)	97	2	<0.1	1	/	0.0078	0.0018	0.0002	0.0012	0.0110
(5)	53	38	/	2.2	/	/	/	/	/	/
Hawqayn(1)	39	50	10	1.1	/	/	/	/	/	/
(2)	48	40	8	4.3	/	0.0005	0.0001	0.0001	0.0001	0.0008
(3)	47	39	8	4.3	/	0.0005	0.0001	0.0001	0.0001	0.0008
Wadi Zabin(1)	2	76	21	0.2	/	/	/	/	/	/
(2)	1	77	21	0.2	/	/	/	/	/	/
Muragra(1)	<0.1	96	4	0	0.1	/	/	/	/	/
(2)	0	78	22	0	/	/	/	/	/	/
Nizwa	99	1	/	/	/	/	/	/	/	/
HuwaylQufays	95	1	/	/	/	/	/	/	/	/
B'lad	22	76	1	/	/	/	/	/	/	/
Air	/	78.1	21.8	/	/	/	/	/	/	/

气体沿部分或全部蛇纹石化超镁铁质岩中的断层和剪切不连续面涌出，并在泉水中以气泡的形态被观测到。可测量的气体流量从几乎检测不到至大约 10mL/s 不等。但在 Blad 不相互联通的岩石缝隙和 Nizwa 地幔序列岩石中的一个 80m 的钻孔中检测到更大的气体流量（>10mL/s）。虽然气体样品被夹带空气污染，但该气源经色谱测试表明，氢气的含量大于 5%（Leong et al., 2023）。Semail 推覆体的水文地质条件是不寻常的，即在干旱的环境中大量水的补给发生在不规则且不频繁的间隔时间（通常为 2~4a），进而通过大气降雨对阿曼大面积的蛇纹岩和深度断裂的橄榄岩周围发生的水岩反应进行充足的水补给是困难的。因此阿曼的水岩反应具有高岩水比的特点，且在整个反应过程中反应被划分为两个阶段，首先氧气优先被氢氧化铁消耗并且形成地下的缺氧环境；当氧气耗尽时地下的反应会进行到第二阶段，即通过含亚铁的矿物的氧化反应分解水形成氢气。

在阿曼的蛇绿岩推覆体体系中，蛇纹石可以被认为是一种铁储层，可能在低温环境中进行水岩反应的同时发生矿物之间的转化。Mayhew 等发现部分蛇纹石化的 Samail 蛇绿岩具有多种含 Fe^{2+} 的残余原生矿物和次生矿物，可能在低温蚀变过程中起作用。原生含铁橄榄石、辉石和铬铁矿作为残余相保留。蚀变程度较低的橄榄岩中的蛇纹石富含铁，在微观尺度上与含铁水镁石相互交错生长，全岩 $Fe^{3+}/Fe_{总}$ 比值为 0.4~0.5。而在完全蛇纹石化的岩石中，橄榄石反应完全，铬铁矿广泛蚀变为磁铁矿和绿泥石。此外在蚀变作用较弱的橄榄岩中总铁含量似乎没有变化且具有多种含铁相，包括原生矿物（如橄榄石、辉石、铬铁矿）和次生矿物（如蛇纹石和水辉石），但铁的氧化程度相对更高，整个岩石的 $Fe^{3+}/Fe_{总}$ 的比值也接近 0.9。蚀变程度较高的橄榄岩主要以蛇纹石和碳酸盐为主，不再存在含铁的水镁石，磁铁矿相对稀少，并且检测到含有 Fe^{3+} 的氧化物，如针铁矿和赤铁矿。在其他地下环境中也可能发生由 Fe^{2+} 氧化生成氢气的过程，尽管这一过程中形成氢气的含量尚不明确，但生成氢气所需的条件可以明确，即在缺氧条件下由富铁岩石的氧化作用产生，这种反应常发生在水循环活跃的超镁铁质岩中。这些超镁铁质岩可能在大洋扩张中心、大洋转换断层和俯冲带边缘广泛分布。此外，在深部相对较高的温度下，地壳碳的生氢反应很容易发生在深部断裂系统和深部地下水区域，特别是在富铁的含水层中。

此外在阿曼北部的其他地质单元中也有氢气渗漏的证据，研究人员分别在阿曼 Wadi Abyad 带、Wadi Bani Awf 带、Jebel Akhdar 山和 Bahla 地区进行了氢气测量，在区域内一条小河中测量到 $30cm^3/min$ 的累积气体流量（相当于 1.8L/h）。采样气体中氢气含量为 77%，考虑到累积气体流量，该位置的氢气流量为 1.5L/h。统计计算结果约为每年平均 $200m^3$ 的氢气流量。最初的橄榄岩中 Fe^{2+} 的含量为 6%~12%，并且可以通过与水反应产生氢气，这相当于每年有 $5~10m^3$ 的岩石发生了生成氢气的反应。同时在裂缝和辉绿岩脉相交的大量橄榄岩钻孔中都测量到了显著的氢气浓度，平均为 0.0073%，有些值高达 0.065%。沿着 Wadi Haylayn 带，研究人员钻了一个 1m 深的孔洞，最初检测到的氢气含量为 0.025%。2h 后，测得的氢气的含量为 0.0036%，5h 后，氢气含量为 0.002%，13h 后，氢气含量为 0.0023%。初始检测的高浓度氢气说明 Wadi Haylayn 带封存了一定含量的氢气的同时，地下还源源不断地对氢气进行了补充。在覆盖蛇绿岩的沿海平原上较新的黄土和冲积沉积物中，检测到了中等含量的氢气（<0.003%），向海岸方向氢气的含量逐渐降低至零。在蛇纹岩橄榄岩下的 Hawasina 海相沉积物中，平均氢气含量为 0.0406%，最大值为 0.096%。在中生代碳酸盐岩、元古代和古生代基底中，氢气含量平均为 0.001%，最大氢气含量为 0.0023%。在元古代至二叠纪序列的变质沉积层中平均氢气含量为 0.0443%，最大氢气含量为 0.34%。即使排除了最高测量浓度的样品，氢气含量为平均值仍然相对较高，为 0.0216%。

氢气流不仅存在于橄榄岩中，并且存在于 Hajar 山脉西部大部分地层中。为了能够对土壤和裂缝内的扩散气体流量给出最小估计，为此假设土壤孔隙和岩石微裂缝系统中氢气的移动机制为扩散作用。因此氢气自然流量的大小与取样地层中岩石的孔隙度有关。利用岩石或土壤中给定深度与大气之间的气体浓度梯度，通过应用多孔介质中气体扩散的菲克定律来估计气体扩散到表面的量。

基于 Graham 定律，扩散系数与气体在空气中的溶解度成正比，与分子质量的平方根成反比。对扩散流的孔隙度进行了估算并推导出了氢气的扩散体积（表5-10）。

表 5-10　测量地点孔隙度和渗漏氢气扩散流量分析（据 Zgonnik et al.，2019）

地区/地层	孔隙度(%)	面积(km^2)	每日氢气流量($\times 1000 m^3$)
冲积层	>40	37	2.6
橄榄岩	块状橄榄岩孔隙度<1(微裂缝)，裂缝中材料的 9~18 号孔隙度 10~15，开放裂缝孔隙度 5~10，平均孔隙度约为 5~10	185	13.5~27.2
Hawasina	基质孔隙度 1~10，开放裂缝孔隙度 10~20，平均孔隙度约为 5~15	105	35.7~105
元古代/古生代	基质孔隙度 1~10，开放裂缝孔隙度 10~15，平均孔隙度约为 5~15	66	29.7~85.8

阿曼北部地区的基性—超基性岩石裂缝系统中存在着扩散作用较强的氢气流。此外，氢气不仅限于在蛇绿岩中流动，在位于橄榄岩下方的构造和地层单元中也可以观察到氢气流动。在蛇绿岩推覆体下方的最深处可以检测到最高的氢气含量，这表明阿曼北部可能存在深部来源的氢气。据研究成果分析阿曼北部橄榄岩中氢气的最小流量为 70~150$m^3/(km^2 \cdot d)$，上元古代沉积地层中氢气的最小流量为 1300$m^3/(km^2 \cdot d)$。

二、菲律宾蛇绿岩带

菲律宾 Zambales 蛇绿岩带在低环境温度下发现了含氢气气体泄漏的现象，该泄漏的气体主要由甲烷（55%）和氢气（42%）组成；CH_4/CO_2 的比值高于 1800，CH_4/He 比值为 9.2×10^4。甲烷的 $\delta^{13}C$ 值为 $-7.0‰ + 0.4‰$（PDB），相较于常见的天然气和温泉中甲烷的值高约 8‰，但与地幔来源的甲烷的 $\delta^{13}C$ 值相似。$^3He/^4He$ 比值为 5.70×10^{-8}，是大气比值的 4.1 倍，表明氦气主要为地幔来源。甲烷和氢气的 δD 值分别为 $-136‰$ 和 $-590‰$。碳和氦同位素数据与 Zambales 气体直接来自地幔的推断一致。然而，相态平衡和氢同位素数据表明，蛇绿岩在低温蛇纹石化过程中也可能发生了水和碳的还原。Zambales 蛇绿岩由始新世海洋地壳碎片组成，形成于岛弧附近。Zambales 蛇绿岩中渗漏的气体来于于暴露良好的部分蛇纹石化超镁质岩石的裂缝，存在气体渗漏的地区在当地被称为 Los Fuegos Eternos(LFE)。最近的沉积岩露头在 LFE 以西约 15km 处。地球物理资料表明，暴露的超镁质地层在该地区至少延伸到几千米的深处。Abrajano 等发现 Zambales 天然气的 CH_4/H_2 比值相对较低，乙烷和 CO_2 浓度低，$\delta^{13}C_{CH_4}$ 的数值较高，$^3He/^4He$ 比值高。气体主要为无机成因，尽管可能存在一定的有机成因天然气，但有机成因并不占据主体地位。Zambales 天然气中的氦同位素组成表明，其主要来源为幔源。Zambales 气体的 $\delta D_{(CH_4+H_2)}$（~355‰）明显低于典型的地幔 δD 值（$-80‰ \sim -50‰$），这意味着氢气不太可能是单纯的地幔起源。地幔源碳既可以是现今地幔释放的甲烷,也可以是最初被困在超基性岩石中的地幔碳产生的甲烷。氢同位素数据表明甲烷和氢气的最低平衡温度为110~125℃,与其他独立的蛇纹石化温度估计一致。泄漏气体同位素的分析或许可以为氢气的成因与来源判识提供相关的参考。

第六节 中国

现阶段中国缺少针对天然氢气的专探井,因此针对天然氢气的含量与分布的绝大部分研究分析往往基于以前的钻井气测数据资料或者其他目的的钻探活动。比如松辽盆地的大陆科学钻探松科 2 井,在地下深部 3000~6000m 的位置发现了高含量的氢气,结合地震、测井、岩石资料和气体同位素特征,对松辽盆地深部氢气的来源与成因进行了系统的分析(Han et al., 2022)。研究认为松辽盆地较浅层段中的氢气属于壳源成因,氢气可能主要为壳源的水的放射性分解导致。沙河子组氢气部分属于壳源成因,部分属于幔源成因。基底的氢气也同样具有混合成因的特征。虽然缺少天然氢气专探井,但为了紧跟世界的脚步,中国科学家们也进行了关于天然氢气的实践活动与理论探索,研究人员对胶东半岛东南部的牟平—即墨断裂带的温泉中的气体含量组成与来源进行了分析,认为温泉中氢气不是在砂岩中原位形成的,而是在地下深部通过水还原和富辉石、橄榄石的氧化作用(蛇纹石化)在玄武岩中发生的,之后运移到砂岩中。除了无机成因氢气,该地区的浅层和残留海洋沉积物中存在以微生物发酵形成的大量有机成因氢气。科研人员在三水盆地开展了断裂附近的土壤渗漏氢气含量检测,虽然并没有进一步在附近开展钻井工作以获取更多关于盆地深部天然氢气的信息,但根据盆地的地质环境与气体的同位素特征对渗漏氢气的来源进行了分析,认为盆地的氢气来自深部的水岩反应并且通过断裂系统运移至浅部。1982 年至 21 世纪初中国科学家发现了大量与断层、地震活动相关的中国天然氢气活动,同时对国外一些天然氢气异常发现(尤其是裂谷、火山中的天然氢气发现实例)进行解译。21 世纪初部分学者把眼光转到天然气中的氢气,结合国外实例与中国地质特征进行对比,并围绕天然氢气开展了大量的理论研究,试图寻找中国潜在的天然氢气(图 5-15)。此后,自然界中低含量的氢气检测方法与技术成为该阶段研究的核心,为寻找天然氢气的痕迹奠定了坚实的基础。至今,研究人员致力于建立天然氢气勘探指导理论与中国潜力区的预测。有学者依据黏土矿物与沸石对氢气的吸附性提出了地下可能存在像石油天然气一样以吸附态大量聚集的氢气藏,为天然氢气勘探理论研究提供了新的思路和方向。随后有关国外天然氢气勘探研究成果的追踪与综述大量增多,中国地质工作者紧跟世界的步伐,对国外先进经验进行总结,对国内已有认知进行整理升华,对中国不同地区的天然氢气勘探开发潜力进行分析和判别。

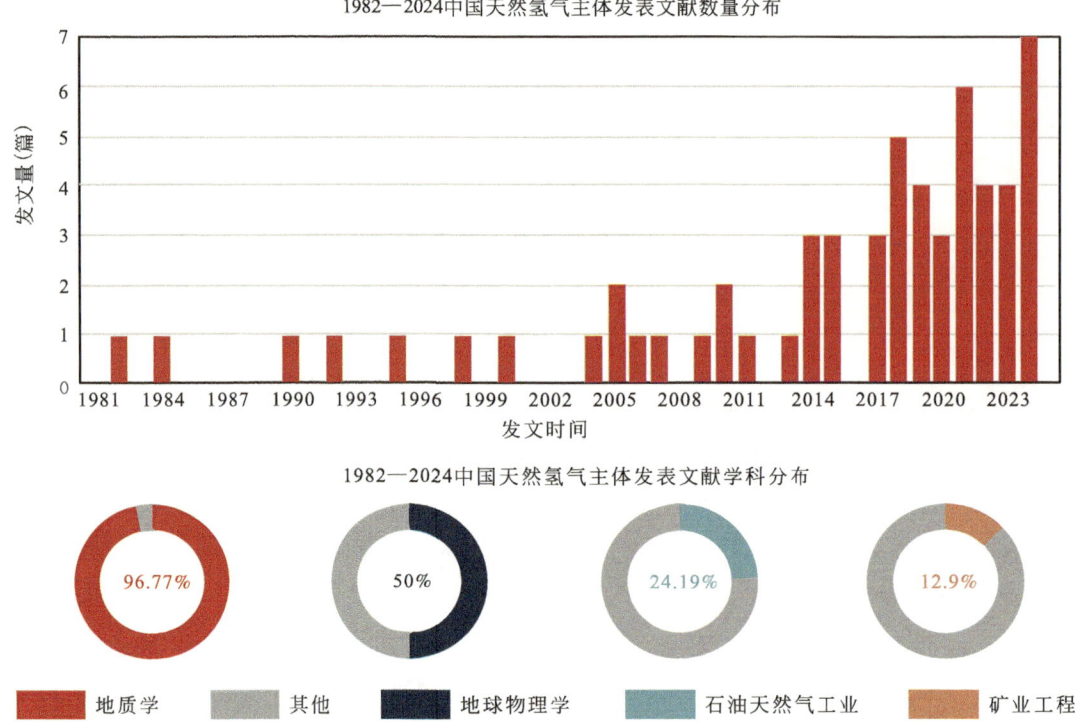

图 5-15 天然氢气相关主题中文文章数量及学科分布统计（据中国知网）

通过对以往的钻井及文献资料进行的综合分析与研究，发现了中国多个区域的天然气藏中已显示氢气的存在。尽管气体组成分析结果表明在天然气中存在一定含量的氢气，但在一段时间中并没有受到人们的重视。例如山西沁水盆地南部煤系地层中发育的页岩，天然气中氢气含量为 0.01%～0.06%；渤海湾盆地清水洼陷沙河街组中深层天然气中氢气含量为 0.25%。商都盆地商探 1 井新生界天然气中氢气含量为 0.012%～1.92%，商探 2 井新生界天然气中氢气含量为 1.55%。四川盆地西北部下二叠统茅口组与栖霞组碳酸盐岩储层中氢气含量介于 0%～1.05%，龙岗西气田飞仙关组龙岗 61 井和龙岗 69 井天然气中氢气含量分别为 0.017% 和 0.02%，而南区上三叠统须家河组及雷口坡组砂岩储层中氢气含量介于 0%～0.21%，此外，四川盆地川中地区震旦系—三叠系 58 个常规气样品的地球化学分析结果表明，发现川中深层天然气中氢气含量普遍高于 0.1%，最高可达 1.6%；依据氢气同位素结果推断川中地区火山岩基底可能是天然氢气的源岩，即氢气形成于基底花岗岩中水的放射性分解和 Fe^{2+} 的水热反应；同时，川中深层天然气向沉积储层运聚过程中存在显著的同位素分馏，这预示川中地区高含量天然氢气处于动态平衡过程，运聚和逸散作用同时发生（王晓梅等，2025）。鄂尔多斯盆地延安地区下古生界多口油气钻井天然气中氢气含量介于 0.003%～0.236%；鄂尔多斯盆地永利探区上古生界气藏天然气中也发现了一定含量的氢气，但其含量较低，一般小于 0.1%，进一步揭示了中国天然气藏中氢气存在的广泛性和多样性。

中国拥有寻找天然氢气资源的地质潜力，但在天然氢气分布规律、氢气生成的地质环境以及沉积盆地中氢气分布与形成机制的研究上仍有待深化。尽管如此，通过对国外成功经验的总结，地下天然氢气富集的关键要素已大致明晰，主要包括丰富的氢源（例如蛇绿岩、放射性元素、地幔脱气等）和连接基底的大型活动断裂带。通过综合分析中国主要活动断裂带、蛇绿岩分布区以及已知的天然氢气显示点，可以观察到高浓度氢气显示与上述有利地质条件之间存在显著的关联性，并且在三种类型的地质环境中认为天然氢气可能存在。首先是中国郯庐断裂带及其周边裂陷盆地区域，该断裂带周边的多个裂陷盆地，如松辽、渤海湾及苏北盆地，具备优良的沉积储盖层组合，为高浓度氢气的保存提供了有利条件。目前，盆地内已发现多处高浓度氢气显示点，预示着该区域具有可观的氢气资源潜力。其次是阿尔金断裂带及其邻近盆地区域，这一区域的地质构造复杂，为天然氢气的生成和富集提供了独特的地质背景。最后是三江构造带（怒江、澜沧江、金沙江）—龙门山断裂带及其周边盆地区域。三江地区的大地构造跨越印度板块和亚欧板块，由多条逆冲走滑断裂带及其间的块体构成。在三江断裂带东侧的四川、黔中、楚雄等多个盆地中，均检测到了不同含量的天然氢气，表明地下可能蕴藏着大量的天然氢气资源（窦立荣等，2024）。这些发现不仅揭示了中国天然氢气资源的分布规律，也为进一步的地质调查和资源评估提供了重要依据。

未来的研究应继续聚焦于多种有利地质环境，通过大量的实践活动以期更全面地理解中国天然氢气的分布特征和成藏机理。因此中国在探索和理解天然氢气资源方面已取得显著成果，特别是在识别高浓度氢气显示点与特定地质环境之间的紧密联系上。展望未来，研究工作应致力于深化对天然氢气生成与分布规律的洞察，综合利用先进的地球化学分析和地球物理探测技术，对具有潜力的地质区域进行全面的资源评估。制定并实施科学、高效的勘探与开发方案，旨在最大化地开发利用天然氢气资源。通过系统性研究与实践，中国不仅能够增强在天然氢气资源领域的自主勘探与开发能力，还有望为全球天然氢气资源的探索提供宝贵的经验和参考案例。这不仅有助于推动国内能源结构的优化升级，促进清洁能源的广泛应用，同时也为国际社会在天然氢气资源的可持续开发与利用方面贡献中国智慧和方案。

一、东部沿海地区

中国东部沿海地区，以砂岩为主的温泉系统展现出了与典型低温（<150℃）大陆地热系统截然不同的特征，其氢气浓度异常高（2.4%～12.5%），δD_{H_2}值显著偏低（-822‰～-709‰），与美国大陆裂谷中的堪萨斯温泉氢气特性相似。该区域天然氢气的生成可能源自两个途径：一是玄武岩中富含的铁辉石和橄榄石在地表附近条件下通过水岩反应形成氢气，并向深层砂岩储层迁移；二是浅层及残留海洋沉积物中微生物发酵生成的大量氢气（Hao et al.，2020）。沧口—温泉断裂带规模宏大，早期表现为张性活动，后期则转变为挤压性活动，东北向的挤压性断裂的脆弱部分为地热流体提供了通道，同时也形成了裂缝性储层，同时东矿—水波断裂是一条北西向的导水断裂，促进了地热水的流动，基底由太古宙和古元古代变质岩构成，为地热系统的形成提供了地质基

础。牟平—即墨断裂带 0.2km² 范围内的地热水矿化度在 2.5~10.8g/L 之间，温度范围为 48.2~89.5℃，从中部向东西两侧逐渐降低。从东到西，pH 值和氧化还原电位值（ORP）的变化趋势相反，体现了从酸性氧化环境（pH 值=4.19，ORP=157mV）向弱碱性还原环境（pH 值=7.48，ORP=-18.3mV）的过渡；溶解气体主要由氮气（83.8%~89.4%）和氢气（2.4%~12.5%）组成；中部区域地热水温度较高（>80℃），pH 值介于 6.78~6.93，负 ORP 值较小（-16.4~-7.1mV），该区域甲烷（1.7%~3.8%）和氦气（0.23%~0.53%）浓度最高，而二氧化碳（0.04%）和氢气（2.4%~8.7%）浓度相对较低；西部区域地热水温度较低（48.2~74.3℃），呈现弱碱性还原环境。该区域混合气体中氢气浓度最高（5.6%~12.5%）。东部区域环境为酸性（pH 值=4.19）和氧化性（ORP=157mV），温度与西部地热水相近，该地区的二氧化碳浓度是西部和中部地区的 7~47 倍，CH_4/CO_2 比值最低，仅为 0.4（Hao et al., 2020）。研究结果揭示了中国东部沿海地区独特的地热系统特征，为天然氢气资源的勘探和开发提供了重要的地质和地球化学依据。

地幔中含氧矿物和从玄武岩中提取的水的 δD 值通常在-80‰~-50‰之间。在地热系统中，氢同位素（δD）和水与氢气之间的实际同位素分馏因子（$αH_2O-H_2$）受到特定地质环境的影响；δD 值（-836‰~-372‰）和 $αH_2O-H_2$ 值（1.6~5.5）的范围与含蛇纹岩的热液系统温度相关；在以玄武岩和沉积物为主的深海底部，δD 值介于-635‰~-328‰，$αH_2O-H_2$ 值相对较低，大约在 1.5~2.7 之间；陆相火山气体的 δD 值为-675‰~-110‰，$αH_2O-H_2$ 值为 1.1~2.5；断裂带区域的 δD 值为-791‰~-242‰，$αH_2O-H_2$ 值为 1.2~4.4。在氢同位素研究的其他领域，也报道了不同的机制，例如微生物硫酸盐还原产生的气体，其 δD 值在-689‰~-646‰之间，$αH_2O-H_2$ 值为 2.8~3.2；海水样品中的 δD 值为-814‰~-763‰，$αH_2O-H_2$ 值为 4.4~5.1；此外，在马里元古代沉积地层钻遇的一口井中发现了大量 δD 值为-702‰的氢气聚集，其间夹有三叠纪辉绿岩岩床，氢气最有可能来自深部克拉通基底，并在浅部聚集。通过同位素数据范围，认为温泉内的气体存在三种潜在来源：一是水的还原和亚铁氧化作用；二是断层活动产生的自由基形成氢气；三是微生物活动产生的氢气。大气降水从周边山脉通过裂缝渗透至地下，这一过程在地热系统的西北约 2km 处的地层中尤为显著。在这里，水与玄武岩相互作用，通过水的还原和辉石、橄榄石中 Fe^{2+} 的氧化，在近地表条件下生成氢气，随后通过北西向的东矿—水波断裂迁移至砂岩热储层，与砂岩中有机质热解产生的甲烷和二氧化碳混合。深层的混合气体沿北东向和北西向断裂交汇形成的通道上升至浅层含水层，这一过程揭示了地热系统中氢气生成和迁移的复杂机制。

二、沉积盆地

三水盆地是晚白垩世至中新世在华南大陆边缘发育形成的裂谷盆地，位于现今中国大陆岩石圈最薄的地区。三水盆地受到多期构造演化的影响，经历了左旋压扭、右旋张扭和右旋走滑等三个构造幕次，形成了裂陷早期、中期和晚期的演化阶段，其中白垩纪是三水盆地裂陷形成的早期阶段。中国科研团队利用便携式气体分析仪在12条主要断层附近的采样点进行土壤渗漏气体检测，采样深度设为地表以下1m。土壤渗漏气体测试结果表明，在多个断裂带中出现了异常高浓度的氢气，其最大值为0.6948%（图5-16）。在盆地内所有12个断裂带附近氢气浓度异常高（>0.005%）。靠近10个断层的站点氢气浓度大于0.02%，靠近4个断层的站点氢气浓度大于0.1%。各断裂带二氧化碳含量一般大于0.2%，$^{222}Rn>10000bq/m^3$。在实验室中测定了土壤气体的化学成分和碳—氢同位素组成。实验室测得的氢气含量与田间测得的氢气含量基本一致。鉴于便携式气体分析仪对氢气的最高检测限为0.2%，对二氧化碳的最高检测限为0.5%，如果气体含量超过限值，则使用实验室结果。氢气和二氧化碳的最大浓度分别为0.6948%和7.4869%。氢气的δD值为-677‰~-858‰，二氧化碳的$\delta^{13}C$值为-9.8‰~-25.7‰。

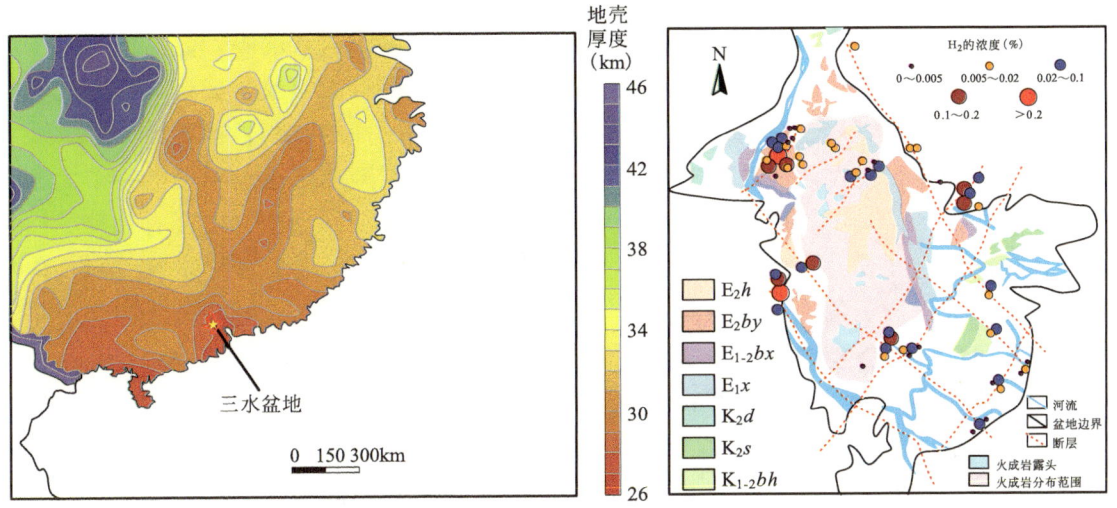

图5-16　华南地壳厚度等高线图（黄星代表三水盆地）与三水盆地土壤氢气渗漏部位及浓度

（据Jin et al., 2024，修改）

气体同位素结果表明氢气、二氧化碳和^{222}Rn的浓度在断层附近较高，远离断层处浓度逐渐降低，推断断层在地下氢气运移过程中起着重要的作用。依据三水盆地的地质背景和地球化学特征，研究人员认为三水盆地土壤渗漏氢气来源与成因可能存在三种。第一个潜在的来源是地幔的岩浆脱气，三水盆地在晚白垩世至古近纪期间经历了裂谷作用。裂谷期间强烈的火山活动将富含氢气和二氧化碳的岩浆从地幔带到地壳浅部。岩浆侵入上覆的沉积物或先前存在的火山岩，在冷却和压力下降的情况下岩浆中氢气和二氧化碳的溶解度降低，因此从岩浆中释放出来。这个过程使得氢气和二氧化碳通过裂缝进入周围的岩石并富集。三水盆地$\delta^{13}C_{CO_2}$（-9.8‰）、$^3He/^4He$（$1.6×10^{-6}$~$6.4×10^{-6}$）和R/Ra（1.14~4.56）数据均支持气体为地幔成因。第二个可能的来源是地壳深处的水岩反应（即基性和超基性岩石的蛇纹石化）。渗漏氢气的δD值（小于-650‰）可能代表着氢气来自地壳，并且与全球其他蛇纹石化区域的δD值近似。第三种可能的来源是土壤有机质热降解产生的氢气。

三水盆地的布新组三段主要由灰色泥岩、浅灰色砂岩、粉砂岩和盐层组成，其总厚度大约在 70~120m 之间。生物灰泥石灰岩的孔隙度范围为 3.9%~8.4%，平均值约为 5.6%；砂屑灰泥石灰岩的孔隙度介于 3.6%~5.6%，平均为 4.9%；而块状灰泥石灰岩的孔隙度在 3.2%~5.3%之间，平均孔隙度为 4.4%。值得注意的是，部分生物灰泥石灰岩中观察到了溶蚀孔的存在。与马里地区的碳酸盐岩和砂岩储层相比，三水盆地储层的孔隙度略低。与马里的致密辉绿岩盖层类似的是，三水盆地布新组蒸发岩具有低孔隙度、低渗透率和较高的韧性。这种岩性组合使得三水盆地埋深 1210~1450m 的古近系布新组三段中的盐层成为潜在的优质氢气盖层。三水盆地氢气的潜在运移路径包括北东—南西向的武川—四会断裂和恩平—新丰断裂，以及北西—南东向的三州—西角山断裂和西江断裂。同时，在盆地边缘的深部断裂和盆地内部的小断裂中检测到的高浓度氢气，表明氢气通过断裂从地下深处向地表迁移。三水盆地地下环境中可能存在一个完整的源—运输—捕获系统，该系统涵盖了氢气富集的三个关键要素：稳定且持续补充的氢源、连接形成氢气的岩石与储层的断裂通道和能够有效储集氢气的圈闭。盆地内高浓度氢气的逸散现象可能反映了地下存在显著的氢气积聚或持续的氢气生成过程。因此，与深断裂相连、被致密岩层覆盖的圈闭可能是氢气成藏和勘探的有利目标区域。

　　松辽盆地位于中国东北三省，是形成于印支运动末期至燕山运动早期的一个大型坳陷带内的凹陷区，是中国中东部最大的白垩纪陆相含油气沉积盆地，发育有完整的白垩纪陆相沉积，时间长达 86Ma，面积超过 $26×10^4km^2$，主要为湖相细粒碎屑沉积，构造背景复杂，盆地位于蒙古—鄂霍茨克洋、古亚洲洋和太平洋构造域的叠合区，经历了三个演化阶段：同裂谷期形成断陷盆地，后裂谷期发育厚重沉积，构造反转期受太平洋构造影响而快速萎缩消亡。受北部蒙古—鄂霍克茨洋和东部太平洋板块双重俯冲的影响，松辽盆地具有下断陷上坳陷的双层结构，盆地基底主要为石炭系—二叠系的浅变质花岗岩类，但越来越多的证据显示松辽盆地可能存在前寒武纪结晶基底。徐家围子断陷位于松辽盆地北部，是该盆地最大的含气断陷，勘探面积约 $5350km^2$，呈箕状结构，主要分为四个次级构造单元（Han et al., 2022）。其下白垩统的主要层系包括火石岭组、沙河子组、营城组和登娄库组，深部含气组合围绕沙河子组的烃源岩形成，储层主要由火山岩和砂砾岩构成。

　　在松辽盆地的多个区域，氢气的存在已被证实（图 5-17）。大庆油田的萨尔图、朝阳沟、葡萄花和扶余地区，深层天然气中氢气的含量变化范围为 0.07%~1.99%；北部浅层天然气中的氢气含量受到生物活动的影响，介于 0.001%~0.352%之间；而在南部的德惠断陷，与有机热成因天然气伴生的氢气含量则在 0.01%~0.1%之间；徐家围子断陷的氢气含量异常显著，变化范围广泛，部分井中的氢气含量甚至超过了 10%，其中芳深 7 井的氢气含量达到 10.744%，芳深 4 井的氢气含量更是高达 39.55%；在盆地北部各层位含氢天然气样品的氢气含量范围在 1.00%~85.54%之间，平均值为 9.88%，中位数为 4.63%；22 口井的氢气含量超过了 10%，其中 6 口井的氢气含量超过 30%，2 口井的氢气含量超过 50%，均属于深部含气组合；下部含油气组合中，氢气含量大于 1.0%的井共有 18 口，氢气含量范围为 1.07%~34.94%，平均值为 8.03%，其中 4 口井的氢气含量超过 10%。

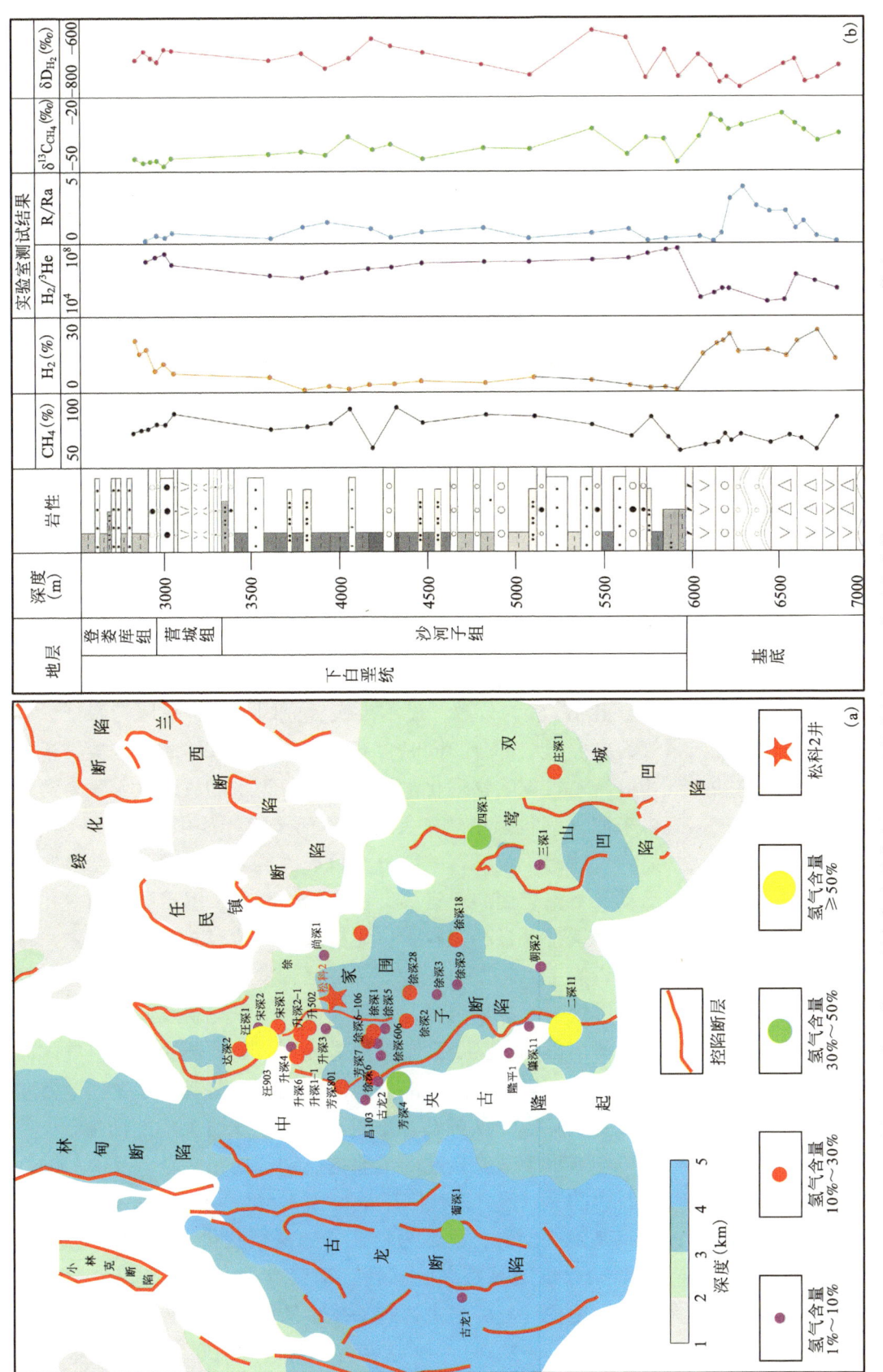

图 5-17 松辽盆地天然氢气含量分布（a）及柱状图（b）（据孙龙德等，2024；Han et al.，2022，修改）

富氢气的区域主要分布在控陷断裂附近，如宋西断裂带附近的升平—宋站隆起区，升深 1 井、宋深 1 井和升深 6 井的天然气含氢气量均超过 10%，最高达到 71.64%；在徐西断裂带上的芳深 4 井，天然气含氢量达到 39.55%，而肇州洼陷二深 1 井的天然气含氢量则高达 85.54%；古龙断陷控陷断裂带附近的葡深 1 井，天然气含氢量也达到了 38.71%（孙龙德等，2024）。研究结果揭示了松辽盆地内氢气分布的复杂性和多样性，以及与地质构造和生物活动的密切关系。

松辽盆地深部氢气的成因复杂，可以将其归纳为地幔脱气、水—岩相互作用、水的放射性分解以及有机质裂解四种主要来源。在松科 2 井大陆科学钻探中采集的天然气样品中，氢气的氢同位素值主要分布在 $-750‰ \sim -650‰$ 之间，通过分析 CH_4/H_2、$H_2/^3He$ 以及 R/Ra 的变化关系，可以识别氢气的成因。登娄库组的氢气含量相对较高，同位素值较重，$\ln(CH_4/H_2)$ 的范围为 $1.26 \sim 2.76$。样品的 δD_{H_2} 值重于 $-700‰$，且相对富集，集中在 $-750‰ \sim -650‰$ 之间。值得注意的是，$H_2/^3He$ 的比值大于幔源氢气的上限，这表明较浅层段中的氢气属于壳源成因，而非深部地球脱气的结果。自然伽马曲线的异常高值显示，氢气可能主要来源于壳源的水的放射性分解。沙河子组的氢气含量偏低，$\ln(CH_4/H_2)$ 的范围为 $2.74 \sim 4.10$。大部分样品的 δD_{H_2} 值重于 $-700‰$，小部分样品的 δD_{H_2} 值小于 $-700‰$，这表明部分氢气属于壳源成因，同时存在幔壳混源的特征。幔源富氢气流体进入沙河子组页岩地层，与沙河子组有机反应产生的氢气发生了混合作用。基底的氢气含量有所升高，$\ln(CH_4/H_2)$ 的范围为 $0.84 \sim 2.07$。部分样品的 δD_{H_2} 值大于 $-700‰$，部分小于 $-700‰$，R/Ra 较为分散，显示出幔源成因与混合成因的特征。登娄库组样品中，甲烷与氢气为主要组成部分，同时含有少量氮气。气体成因分析结果显示，无机来源气包括氢气和氮气，发生的物理化学作用复杂，为水的放射性分解与含氮岩石的高温变质生成。有机来源气则包括甲烷和氮气。沙河子组样品中，甲烷、氢气、氮气、二氧化碳均有实测显示。沙河子组赋存的部分无机成因气来自幔源，其受基底深大断裂影响，沿深部断裂活动及不整合面向上运移。在运移过程中，温压条件的变化导致大部分甲烷和氢气损失，最终氢气含量相对较少，无机来源气体以二氧化碳为主。基底地层以致密凝灰岩、沉凝灰岩为主，向下出现浅变质特征，发育蚀变安山岩，岩石孔隙空间较大。基底地层赋存的甲烷为幔源成因气，含量较低，二氧化碳及氮气为幔壳混合成因，说明既受到幔源脱气作用影响，又受到断裂通道控制，为上部沙河子组气体向下运移混合的结果。基底氢气部分为幔源成因，部分为混合成因。前者主要受到地幔脱气作用影响，后者则是深部含 Fe^{2+} 矿物（如辉石、角闪石）发生水岩反应的结果。

在松辽盆地北部，钻探工作揭示了基底岩性的主要构成，包括花岗岩以及中—酸性的安山岩和英安岩，同时岩石中的 Fe_2O_3 含量范围广泛，为 $2.40\% \sim 19.75\%$，平均含量为 6.30%。富含铁元素的中—基性火山岩，显然为松辽盆地深层提供了潜在的氢源岩。关于松辽盆地内部是否存在前寒武纪结晶基底的问题，尽管存在一定的争议，但近年来，随着松辽盆地国际大陆科学钻探计划的推进，越来越多的研究成果和数据支持了前寒武纪结晶基底的存在（Wang et al., 2014）。研究表明，富铁的前寒武纪结晶基底可能通过水的放射性分解和水的还原作用，也可能是松辽盆地氢气的一个重要来源。研究结果不仅丰富了对松辽盆地地质结构的理解，也为探索深层氢气资源提供了新的视角和方向。

松辽盆地的沙河子组页岩中，无机孔隙广泛发育，主要包括由黏土参与形成的粒间孔、粒内孔，以及长石和碳酸盐矿物中的溶蚀孔和铸膜孔，页岩中还发育了大量构造裂缝和溶蚀裂缝。从低温氮吸附曲线的形态来看，随着深度的增加，深层页岩的孔隙形态类型发生了显著变化，从以裂缝型孔隙为主逐渐转变为以墨水瓶状孔隙为主。研究人员通过高压压汞、核磁共振实验与氮吸附实验的结合，对页岩孔隙进行全尺寸孔径分布的定量表征（Han et al.，2022）。沙河子组页岩主要以中孔为主，微孔和大孔的发育程度较低。沙河子组页岩的孔隙度随深度显著下降，渗透率范围从 0.33~11.41mD，平均值为 2.35mD；沙河子组砂岩的孔喉大小分布范围广泛，分选性较差，孔径较小，喉道普遍狭窄，孔隙结构总体较差，平均孔隙半径主要在 0.004~0.400μm 之间，平均值为 0.120μm，储层孔喉连通性不佳。登娄库组的储集空间主要为原生粒间孔和粒间溶蚀孔，孔隙度在 5.0%~20.0% 之间，渗透率普遍高于 $1\times10^{-3}\mu m^2$。营城组的储层主要为砂砾岩，颗粒直径在 5~20mm 之间，主要储集空间为粒间溶蚀孔，孔隙度在 5.0%~15.0% 之间，渗透率一般小于 $1\times10^{-3}\mu m^2$。

氢气作为一种还原性气体，在地质储层中容易被矿物氧化，同时由于氢气的分子直径比水还小，更容易散失，这使得氢气藏的形成和保存时间通常只有 10~100a，与油气藏数百万年的形成和保存时间有显著差异（Zgonnik，2020）。因此，如果没有氢气持续生成与供给的机制，地质体中很难形成有效的氢气藏。汪深 1 井在 3245.0~3280.0m 井段的氢气含量高达 71.64%，而在 2989.0~2998.0m 井段几乎不含氢气，甲烷含量为 91.24%；此外，松辽盆地相同层位的富氢天然气主要集中在盆地下部，普遍为干层或水层，而上部主要为烷烃气工业气藏，氢气含量相对较低，说明天然气藏对氢气具有稀释和破坏作用。天然氢气藏的勘探应重点在与深部富铁质岩层沟通的深大断裂附近寻找，同时避开石油天然气充注的有利区，以提高勘探成功率和资源利用效率。松辽盆地天然氢气显著活跃，在盆地的不同构造区、不同含油气层均有发现。松辽盆地氢气形成机制的分析表明，在盆地深部存在的水岩反应作用可形成持续生氢和供氢的机制；该盆地氢气的空间分布特征表明，富氢气藏的形成受控陷断裂、深大断裂沟通基底及至地幔控制，有利区主要在徐家围子断陷和古龙断陷。因此，深化盆地深部壳—幔结构及无机地球化学作用过程的认识，对于松辽盆地天然氢气未来勘探工作具有重要意义。

第六章

天然氢气成藏理论与勘探开发前景展望

随着全球能源结构的转型与环境可持续性议题的日益突出，天然氢气作为一种具有巨大潜力的清洁能源，将逐渐引起科学界与产业界的广泛关注。近年来，随着对天然氢气成藏机理研究的深入，研究人员对其分布规律有了更为清晰的认识，并将在未来对其进行进一步研究，形成天然氢气成藏理论，为天然氢气勘探开发提供有力的理论指导。当前，天然氢气成藏理论研究与勘探开发正处于起步阶段，但其作为无碳能源的优势预示着它在未来能源市场上的重要地位。随着勘探技术的进步与成本的有效控制，预计天然氢气将成为全球能源供应体系中的一个重要组成部分。未来的发展趋势将更加注重对天然氢气成藏理论研究、天然氢气资源的高效勘探、安全开采以及经济可行性的评估，同时也将致力于解决相关法律法规框架建设、基础设施配套等问题，以确保这一新兴能源能够健康稳定地发展。随着这些领域的持续突破，天然氢气不仅有望缓解能源短缺问题，还将为实现低碳乃至零碳社会做出重要贡献。

第一节

天然氢气成藏理论

"从地质学的角度来看，氢气被忽视了"，这是奈杰尔·史密斯在2005年的一篇论文中写到的（Smith et al.，2005；Zgonnik，2020）。长时间以来受传统观念影响，认为氢气难以在地下存在或量太少而不具备勘探价值。造成这种固有观念的原因有二，首先是氢气自身的化学性质导致了难以检测和保存的问题。氢气活性强，在地下高温高压环境中容易与其他物质反应，如还原金属矿物或和氧结合生成水，使得氢气在地下很难保持自由气体的状态，在采样过程中也不易被完整保存下来，氢气分子也相对较小，扩散能力强，很难形成有效的封闭。其次是气体检测技术的局限性，在常规的气体成分分析中，氢气通常作为载气使用，即便样品中含有氢气，也很可能被忽视并未能检测到。如果检测到了微量的氢气，也往往被认为是检测误差。因此，长期以来，即使在全球一些地区检测到了氢气的存在，也并未把它作为主要的资源研究对象。

美国地质调查局能源地球化学数据库显示，在103000份气体样本中，仅有8份检测到氢气浓度超过10%（Guélard et al., 2017），其他国家油气渗漏数据集中也没有专门对氢气含量的记录。但是，随着天然氢气研究的深入，发现氢气在地质环境中的存在和分布可能远比以往认知的要广泛和丰富。天然氢气的分布似乎并不局限于某些特定的地质构造或岩性条件，而是可以在各种不同的地质环境中均有发现。即使在同一个采样点，氢气浓度的时空变化也可能很大，这暗示着地下存在着持续不断补充的氢气来源。如俄罗斯希比尼地区的矿山研究表明，富含氢气的可燃气体广泛分布于各种类型的矿石中，只是在20年的研究工作后才被发现（Nivin, 2019）。更有趣的是，即使在相距50km的不同监测点，氢气浓度也可能同时发生变化，这可能反映了某种全球尺度的过程，比如地震等地下构造活动。

自从马里天然氢气在2012年成功商业开发以来，人们对这种清洁能源的重视程度有了显著提升。这一发展不仅促进了天然氢气勘探活动的增加，也推动了人们对其成藏理论与模型的深入探究。全球范围内科学家们在不同的地质环境发现了含量各异的天然氢气，也引发了人们对其形成机理的广泛兴趣，促使众多研究人员尝试构建天然氢气富集成藏的概念性模型。值得注意的是，这些模型的建立大多借鉴了石油勘探领域成功应用的相关理论和方法（Lévy et al., 2023；Lodhia et al., 2024）。这种做法在研究初期确实有助于对天然氢气系统的理解，但并不完全适用于天然氢气。从现有研究成果来看，地下天然氢气系统通常可以被描述为包括氢源、运移、储盖层性质等要素。

一、氢气源

关于氢气的来源，普遍存在两种观点：一是非生物成因，包括水岩反应、地幔脱气和水的放射性分解等；二是生物成因，包括有机质热解和微生物作用等。对于高浓度天然氢气（体积分数大于10%）的形成机理，主流观点认为主要源于非生物作用中的自然放射性对水的分解，以及水—岩相互作用中含二价铁矿物的氧化分解，尤其是水—岩相互作用中的蛇纹石化反应受到了广泛关注（Mayhew et al., 2013）。在这一反应过程中，超镁铁质岩石中的橄榄石会被蛇纹石所取代，同时释放出铁离子。这些铁离子的耦合作用，最终导致磁铁矿和氢气的形成。可以说，对这一反应机理的深入理解，为认识天然氢气的富集成藏过程提供了重要依据，其氢气形成反应机理大致如下：

$$3Mg_2SiO_4(橄榄石)+SiO_2(液)+4H_2O \leftrightarrow 2Mg_3Si_2O_5(OH)_4(蛇纹石)$$

$$3Fe_2SiO_4(磁铁矿)+2H_2O \leftrightarrow 2Fe_3O_4(蛇纹石)+3SiO_2(液)+2H_2(液/气)$$

通过对实验条件下的数据分析，可以计算出蛇纹石化反应在标准温压下的氢气产生速率可达 188bcf/(km³·a)，而基于热力学模型，在水岩比为 1.0、温度 200℃ 的条件下，橄榄岩（以橄榄石为主）蛇纹石化的总产氢量可达 0.9bcf/km³（McCollom et al., 2016）。洋壳蛇纹石化可以产生氢气最高达 $22.4×10^9 m^3/a$（Worman et al., 2016），蛇绿岩体可以产生氢气 $(2～4)×10^9 m^3/a$（Zgonnik et al., 2019）。这些数据表明，蛇纹石化过程无疑是一种高效的天然氢气生产机制。但需要指出的是，这些模型推导出的数字并不能完全反映地下实际情况，因为地下环境中往往存在多种来源的氢气混合。尽管如此，这些数据仍然可以证明蛇纹石化作为一种氢气来源的相对速率和潜在商业开发价值。

蛇纹石化之所以如此高效，主要得益于其化学反应机理。根据反应方程式可知，二氧化硅和氢气在铁端元反应的同一侧，如果其他参数不变，则二氧化硅的减少会导致氢气的增加。也就是说，体系中二氧化硅含量越高，蛇纹石化反应就越受限制，产生的氢气就越少。反之，二氧化硅含量降低，蛇纹石化就能够更顺利地进行，从而产生更多的氢气。这种化学机理决定了蛇纹石化在地质条件下的发生过程。一般来说，在水—岩相互作用发生的区域，蛇纹石化事件会持续较长时间，持续时间估计在 $10×10^4 ～ 100×10^4 a$ 之间，在这个过程中，大量的氢气不断产生和积累。除了蛇纹石化之外，其他一些铁矿物的氧化还可能成为氢气的来源，比如菱铁矿矿床、黑云母和过碱性花岗岩以及铁地层。但这些来源的氢气产率还未被充分量化，而且与蛇纹石化相比，它们存在一些限制因素，如二氧化碳含量较高、氢气产量较低等。综上所述，蛇纹石化无疑是最有效的天然氢气生产过程，是未来天然氢气勘探开发一个极其重要的地下"点源"。

二、运移及扩散

（一）运移通道

已有研究表明地下氢气与断层和裂缝存在密切的联系，这些以裂缝为主的大型断裂构造可能是氢气主要的运移通道，并在俄罗斯、马里、美国等不同典型地区的研究中均发现了这种规律性。"仙女圈"的分布与这种地下断裂和断层的分布相吻合，澳大利亚北部的达令断层在空间分布上也与"仙女圈"这样的似圆形构造相关联（Frery et al., 2021）。美国加利福尼亚州和犹他州的研究显示土壤中氢气和氦气浓度与深部断裂带有明显的相关性，而在堪萨斯州中部大量测量的土壤氢气数据表明裂缝是游离氢气垂直运移的主要通道。在部分国家与地区的深部金伯利岩和玄武岩的裂缝中也检测到了相当浓度的富氢气体。总之，众多研究均支持了天然氢气的产出与深部断裂构造、地热梯度等因素之间的联系。这些发现对于未来解释地下氢气的形成和运移机制具有重要意义。

在天然氢气生成后，沿着其迁移路径，岩石的氢化作用可以形成多种化合物，包括水、碳氢化合物和酸等，这些化合物都容易被动员和迁移出反应区。在这个过程中，氢气的垂直运移可能会引起岩石孔隙度的增加，从而形成自身的垂直运移通道。所有这些相关的过程，如脱气、脱水和深度体积损失等最终都会在地表产生沉降，形成圆形或椭圆形的洼地。欧洲的现场研究表明这种释放氢气的海湾状特征有时会沿着构造走向发生，很可能与基底断层相对应（Zgonnik et al.，2015）。此外，许多研究都表明异常高浓度的氢气通常与断层有关，断层可以充当氢气的流体管道，这说明氢气的排放特征与结晶基底的构造特征存在遗传关系。氢气最初的圆形（等距）排放形状也会随着它通过岩石圈上层的上升而逐渐变成椭圆形。

（二）扩散机理

目前富氢或者含氢气体运移扩散机制主要有气相泄漏和溶液中的扩散泄漏两种，在前文已有提到。当储层内气相压力大于盖层的孔隙压力时，气体会以气泡的形式穿过密封性较差的岩层，在这种情况下，不同成分气体（如氢气、氦气、氮气和甲烷）不会发生分馏，因为它们都以相同的化学比例存在于气泡中。这种泄漏主要影响的是储层内气体的总量，而对剩余气体的化学成分没有太大影响。然而，在富氢气的动态系统中，如果持续有深部富氢气体源源不断补充，那么气相泄漏带走的气体在整体气体堆积中所占的比例就会相对较小，所以这种非分馏性的气相泄漏在很大程度上受到储层气体堆积的影响，气相泄漏的量级与气体堆积顶部的超压成正比。溶液中的扩散泄漏是溶解在盖层含水层中的气体化合物通过扩散而逸出，当储层气体溶解进入与储层接触的含水层后，会通过分子扩散行为在饱和的多孔介质中逸出。这种扩散过程可以近似为稳态过程，即当盖层厚度较小（如10m）时，气体扩散通常能在 $2.1 \times 10^4 a$ 内达到稳态。溶解气体的这种扩散损失也可以用菲克定律来描述，在较浅的深度，当最大溶解度被突破时，气体就从溶解状态转化为气相状态。此时，在浮力的驱动下，气相的平流成为最主要的运移机制。氢气由于其较低的密度，气相平流的流动性要高于甲烷，而气相中的平流是最有效的气体迁移机制，因为溶解相中的运移和随后的析出可能会由于氢气的低溶解度和低储层压力而受到限制，当气相平流由于孔喉大小的限制而停止时，溶解氢气的分子扩散将成为主要的迁移机制，扩散损失的大小通常取决于溶解气体浓度梯度的大小（Muhammed et al.，2022）。总之，上述两种气体泄漏机制，即气相平流和溶解相扩散，是地质气体迁移和损失的主要过程且符合达西定律和菲克定律，也将会是未来天然氢气在地质环境下扩散运移机理研究的重要方向。

氢气在沉积岩和地下水中的自然迁移在文献中鲜有报道，也没有得到很好的解释，但众所周知，它受到多种因素的影响。氢气的扩散率与其浓度梯度成正比（Brini et al.，2017），溶剂的分子大小和复杂性会影响氢气在碳氢化合物中的扩散速率。碳数越高的碳氢化合物与氢气的相互作用越强，导致其中溶解的氢气扩散速率越慢，但在高压条件下碳数对氢气在碳氢化合物中的扩散速率的影响会减弱。温度是影响氢气扩散的一个关键因素，在粉砂、黏土、煤、页岩和盐等不同岩性中，氢气扩散系数会随着温度的升高而显著增大，这主要是由于温度升高能提高氢气分子的动能，从而增强扩散过程中的布朗运动和分子间力。相比之下，压力对氢气扩散的影响则相对较小。此外，溶质浓度也是影响氢气扩散的一个重要因素，这可归因于高含水量和矿化度会改变氢气分子与盐水的接触状态，导致扩散系数显著降低，有时甚至下降5个数量级。需要指出的是，岩石的孔隙和裂缝特征也会对氢气扩散产生重要影响，相比于干样，含水量增加后会改变孔隙结构，进一步抑制氢气的扩散行为且这种效应在盐岩中最为显著。

氢气在扩散过程中还可能发生消耗作用，有机质演化会消耗氢气发生开环反应。金属还原剂（例如地质杆菌、希瓦氏菌）、硫酸盐还原剂（例如脱硫杆菌、脱磺酸菌）、同型乙酸菌（例如醋酸杆菌）、产甲烷菌（例如甲烷杆菌）等微生物会消耗氢气生成能量维持自身的生命活动（Gregory et al., 2019）。地下环境中氢气—水—矿物之间的共同作用也会消耗氢气并且形成新的气体，如黄铁矿的溶蚀反应中氢气会被消耗并生成硫化氢。这种反应的速率会随着温度和压力的升高而增大，产生的硫化氢不仅会降低氢气的纯度，还可能改变孔隙水的pH值，引发进一步的水岩反应。同时，一些碳酸盐矿物会在氢气—卤水条件下发生溶解，消耗大量氢气的同时改变储层的物理性质并且释放出一定含量甲烷。部分硫酸盐矿物消耗氢气的机理与碳酸盐矿物类似，区别在于消耗的氢气转化为硫化氢，消耗并稀释储层内氢气含量的同时，储层的稳定性也可能受到破坏。除了与矿物之间发生的反应，氢气也可能在地下环境中与其他气体发生反应而引起消耗。例如常见于煤层的氢气与氧气形成水，这是由于煤层中含有化学活性高的含氧官能团，容易捕捉到氢气的同时反应生成水。这个过程中会消耗一部分氢气，同时减少氧气的含量，使得氢气与氧气释放浓度表现出负相关关系。氢气的消耗过程并不只存在于扩散运移过程中，而是贯穿在天然氢气成藏的整个过程当中，但目前对于天然氢气消耗的研究依然较少，缺乏创新性方法及实验设备，是未来天然氢气成藏理论研究的重要方面。

三、储盖层

由于氢气本身特性，它通常不会在源岩处停留太久，而是会沿着断层或裂缝向上迁移。当氢气达到适合的储盖层时，会在原地形成动态富集的气藏。因此，氢气在沉积岩、变质岩、煤层、火成岩及矿体中都有发现。但目前对于天然氢气储层特征评价研究也相对较少，主要针对储层孔渗特征与物质组成进行了研究。

最为典型的例子在非洲马里（Maiga et al., 2023），天然氢气的碳酸岩储层孔隙度范围为0.20%~14.30%，平均值为4.27%，砂岩储层的孔隙度范围为4.50%~6.40%，平均值为5.50%。碳酸盐岩和砂岩储氢层的厚度分别为15~50m、330~390m和465~520m，碳酸盐岩整体呈层状，部分区域经历了岩溶作用，形成的空间中富含氢气。富含氢气的砂岩层则主要由富铁细砂岩及含有磁铁矿和赤铁矿的砂岩组成。辉绿岩可能是马里天然氢气藏的主要盖层，其厚度与氢气含量之间存在相关性，高含量氢气往往集中在辉绿岩较厚的区域。研究发现辉绿岩厚度低于20m时，对氢气的封闭效果较差，而厚度在20~55m之间的辉绿岩则显著提高了氢气的保留效果。辉绿岩主要由斜长石和辉石组成，并含有黑云母，上部矿物含量较少，而下部（接近富氢层）矿物含量较多，且下部明显发育裂缝系统，导致上下部的孔隙度差异接近 10 倍。在法国巴黎盆地（Lefeuvre et al.，2022），氢气的潜在储层主要包括 Lusitanian 含水层、三叠纪的 Saint Maur Red Clay 层、Dogger 含水层以及上泥盆统的石英岩和泥质岩。Lusitanian 含水层的石灰岩孔隙度分布范围为 7%~19.2%，渗透率为 0.1~12mD，深度分布在 988~1335m 之间。Dogger 含水层浅部主要由黏土岩与石灰岩组成，深部岩性则包括白云岩、黏土岩和蒸发岩，孔隙度范围为 7%~19%。有效储层厚度约为 9.5m，深度范围在 1159~1347m 之间。

在中国松辽盆地，登娄库组和营城组的游离氢气的储层主要由砂岩和泥岩等沉积岩组成，主储层的孔隙度为 0.39%，而其下方的白云岩储层孔隙度则达到 3.25%（Han et al.，2022）。盆地内的圈闭结构，如背斜、闭塞断层和地层夹角等能够有效阻止氢气的横向泄漏。随着氢气生成量的逐渐增加，氢气会取代地层中原有的水和碳氢化合物，并在浮力和压力梯度的作用下迁移。迁移过程中，底层流体会返回，分散的氢气泡在毛细管力的作用下被密封在孔隙空间。中国三水盆地的布新组三段主要由灰色泥岩、浅灰色砂岩、粉砂岩和盐层组成，总厚度在 70~120m 之间（Jin et al.，2024），不同类型石灰岩孔隙度平均为 4.4%。尽管该储层的孔隙度略低于马里的碳酸盐岩与砂岩储层，但与马里的致密辉绿岩盖层类似。三水盆地的蒸发岩具有低孔隙度、低渗透率和相对韧性的特点，因此，埋深在 1210~1450m 的布新组三段盐层可能会是良好的氢气盖层。

可见，不同地质环境条件下天然氢气储层特征差异也较为明显，天然氢气动态成藏机理明显不同，更加表明天然氢气成藏理论研究的复杂性与困难。未来天然氢气储层特征的研究将更加聚焦于多学科交叉融合，通过整合地质、地球物理及地球化学等数据，采用人工智能与大数据分析技术，以期发现天然氢气生成与富集规律。

四、发展趋势

天然氢气作为一个新兴的勘探领域，可能发展成为一门新的学科并经历与石油天然气类似的发展历程。石油勘探领域从对烃源岩、运移通道、成藏模式的一窍不通到对油气系统的系统性认知，经历了近百年，而氢气系统的建立将基于石油勘探领域已发展的技术和知识的基础上。虽然天然氢气成藏理论研究不同于经典油气成藏理论，具有相当高的复杂性，但仍有望在短时间内取得相应的成果。现阶段研究人员通过实践得到的认识，如"仙女圈"、断裂活动带与氢气渗漏的关联在天然氢气土壤渗漏检测活动中得到了很好的检验。但遗憾的是，尽管越来越多地区有关土壤渗漏的地下氢气系统模型通过理论推测得以提出，但是并没有相关的钻探活动进行验证。当下迫切需要除了马里以外的更多天然氢气钻井以提供给人们新的资料与认识。目前对于天然氢气在地下环境中消耗的途径与速率的相关研究也较少，对于氢气从深部沿着断裂运移机制理解较浅。

综上所述，当前对于天然氢气的源头已经了解颇为深入，下一阶段应重点放在氢气在不同储层中的渗流机理与消耗模式研究中，进而能够更好地把握氢气在储层中的赋存机理，同时将土壤地表氢气渗漏与地下断裂系统发育真正联系起来，为天然氢气藏的勘探活动提供指导作用。

第二节 天然氢气勘探开发前景展望

天然氢气，这种在地球深处孕育而生的清洁能源，其存在早已被人类所知，但直到近年才真正引起重视。随着技术的进步和地质科学的发展，天然氢气在一些地区的勘探与开发活动逐渐增多，尤其是在像美国、澳大利亚、俄罗斯、法国、南非以及中国的某些区域，已显示出其商业开采的潜力。然而，尽管如此，天然氢气的勘探开发仍处于初期阶段，面临诸多挑战。未来，随着相关研究和技术的不断进步，预计天然氢气将在能源结构中扮演更加重要的角色，成为满足日益增长的能源需求和实现减排目标的重要途径之一。此外，政策支持和国际合作也将是推动天然氢气产业向前发展的关键因素。

目前，全球已有美国、加拿大、巴西、哥伦比亚、玻利维亚、法国、德国、西班牙、俄罗斯、马来西亚、阿曼、澳大利亚、马里、摩洛哥及中国等数十个国家参与天然氢气资源的勘探开发，涵盖了各大洲。尽管在21世纪天然氢气勘探如火如荼，其相关扶持政策也逐渐增多，但仍缺少勘查开发靶区的广泛发现，尤其是钻探验证。

一、非洲

非洲是较晚开始专门天然氢气勘探的大陆之一，但非洲马里天然氢气成功的商业开发开启了探索天然氢气的浪潮，非洲也正逐渐成为全球能源市场上的新兴力量。马里、吉布提、纳米比亚及摩洛哥等多个国家目前的发现表明其拥有丰富的天然氢气资源，这些资源主要来源于深地幔源或沉积盆地内的自然过程。Hynat公司已在摩洛哥进行详细的天然氢气地质调查，使用了先进的遥感技术和地球化学方法来定位潜在的天然氢气富集区。加蓬则被认为是一个特别有前景的国家，该国政府已经批准了几项勘探项目，并且一些区域已经被证实含有天然氢气（Zgonnik，2020）。此外，塞内加尔似乎也正在开展相关的勘探工作，试图评估其国内的天然氢气储量。

非洲各国政府预计将进一步制定和完善相关政策，以促进天然氢气的勘探和开发。这些政策可能会包括提供税收优惠、简化审批流程以及鼓励国际合作等措施。政府可能会通过立法手段确保环境影响最小化，并鼓励企业采用绿色技术进行开采，从而实现可持续发展。考虑到天然氢气作为一种清洁能源的重要性，非洲国家还可能寻求与其他国家的技术合作，引进先进设备和技术，提升本土产业链的整体水平，如非洲马里天然氢气商业开发就是由加拿大的Hydroma公司进行的。随着技术的进步和成本的降低，天然氢气有望成为非洲经济发展的新引擎。它不仅能够帮助非洲国家减少对化石燃料的依赖，还能为当地创造就业机会，推动经济增长。

二、欧洲

欧洲有着先进的科学技术和坚实的经济基础，也早在 19 世纪 80 年代就有天然氢气发现，为天然氢气勘探开发与理论研究提供了非常良好的先决条件，虽然在天然氢气勘探开发领域中相比于美洲及澳大利亚仍处于起步阶段，但其发展潜力巨大，尤其是在推动绿色能源转型和实现气候目标方面。以法国为代表的欧洲多个国家正在积极开展天然氢气的勘探活动，并制定相关政策以促进这一新兴领域的健康发展。他们对天然氢气的兴趣主要集中在自然环境中天然氢气资源的发现与评估、通过理论研究来提高对天然氢气形成机制的理解。法国、土耳其、阿尔巴尼亚、法属新喀里多尼亚、俄罗斯和乌克兰等均已经发现了天然氢气的存在，并开始了初步的勘探工作。

在政策层面，欧盟及其成员国正逐步认识到天然氢气作为清洁能源的重要性，并开始采取行动支持其开发。欧盟委员会已将氢能纳入其长期战略规划之中，旨在通过投资研发、建设基础设施以及提供财政激励来加速氢经济的发展。具体到天然氢气领域，虽然专门针对天然氢气的政策尚处于萌芽状态，但可以预见的是，随着研究的深入和技术的进步，未来几年内可能会出台更多鼓励勘探和利用天然氢气的措施。此外，欧洲还致力于建立跨国合作框架，以便共享信息和技术，共同推进天然氢气的商业化进程。这种合作不仅限于欧盟内部，还包括与非欧盟国家的合作项目，目的是在全球范围内促进可持续能源解决方案的创新。

欧洲天然氢气产业的发展预计将受到多重因素的影响，一方面，技术进步将极大程度上决定天然氢气能否以经济可行的方式被大规模提取和利用；另一方面，政策环境的变化也将起到关键作用。随着全球对气候变化问题认识的加深以及脱碳目标的压力不断增加，预计天然氢气作为一种低碳甚至零碳的能源载体，将在欧洲能源结构转型中扮演越来越重要的角色。

总之，尽管目前欧洲在天然氢气领域的进展尚处于初级阶段，但凭借其丰富的地质多样性、先进的科研能力和积极的政策导向，天然氢气有可能成为欧洲实现能源多样化和减少温室气体排放的重要组成部分。随着更多勘探项目的启动和政策支持的加强，预计未来一段时间将是欧洲天然氢气发展的关键时期。

三、澳大利亚

澳大利亚作为全球能源市场中的重要参与者，在清洁能源转型的过程中，已经将目光转向天然氢气这一新兴领域。目前，澳大利亚正在进行多个天然氢气勘探开发项目，在全球天然氢气勘探开发中处于领导者地位。多个天然氢气相关研究项目展示了澳大利亚在天然氢气领域的技术进步。澳大利亚政府大量投资支持澳大利亚地区性氢气中心的发展，表明了其对于天然氢气产业发展的高度重视。其采取各种举措不仅能够促进当地经济增长，还能为澳大利亚在全球能源转型中占据有利地位打下坚实的基础。

预计未来澳大利亚对于天然氢气勘探的政策及方针主要集中在几个方面：首先，政府将继续加大对天然氢气勘探和开发的资金投入，鼓励私营部门参与，共同推动技术创新和成本降低；其次，制定完善的法规框架，确保天然氢气项目的环境可持续性，同时保护投资者利益；再次，加强国际合作，特别是在技术研发等方面，与国际伙伴共享经验，共同推进全球氢经济的发展；最后，澳大利亚将致力于构建完整的天然氢气产业链，从上游的勘探开发到中游的存储运输，再到下游的应用推广，形成闭环效应，提高整个行业的竞争力。澳大利亚的天然氢气勘探开发产业正处于如火如荼的阶段，凭借其丰富的自然资源、政府的支持以及技术创新，预计将在未来几年内迎来非常快速的发展。随着相关技术和基础设施的不断完善，天然氢气有望成为澳大利亚能源结构中的一个重要组成部分，助力其实现能源转型目标，并在全球清洁能源市场发挥重要作用。

四、美洲

美洲大陆的天然氢气勘探开发也正处于快速发展阶段，在以美国为代表的发达国家技术进步和环境需求的双重驱动下，该领域展现出蓬勃的生命力。美国、加拿大乃至南美的巴西、哥伦比亚，都在探索天然氢气的勘探与开发，以期在未来清洁能源转型中占据有利地位。

在美国，天然氢气的研究和开发活动正在逐步增多。随着页岩革命带来的天然气产量激增，美国已经成为世界上最大的天然气生产国之一，对于天然氢气这一新兴领域的兴趣也在增长。不论是创建地质氢联盟、全球第一个天然氢气委员会、钻探全球第一口天然氢气专探井，都表露了美国要在天然氢气勘探开发领域中占据领先地位的决心。美国鼓励清洁能源的发展所采取的各种举措为天然氢气的商业化应用提供了良好的政策环境。加拿大拥有丰富的自然资源，其中包括潜在的天然氢气资源，其在天然氢气领域同样有所行动。非洲马里天然氢气商业开发公司就坐落在加拿大，为加拿大天然氢气领域理论研究与勘探开发奠定了一定基础。加拿大政府一直以来都在致力于减少温室气体排放，并积极寻求替代能源解决方案。在艾伯塔省等地，已有企业和研究机构开始进行天然氢气的勘探工作，希望能够发现并开发新的天然氢气田。目前加拿大的政策倾向于支持绿色能源项目，预计未来将会有更多的激励措施出台，以促进天然氢气的商业化进程。至于巴西，作为南美洲的一个重要经济体，它的能源结构正在向更清洁的方向转变，而天然氢气作为一个新兴的能源选项，正受到越来越多的关注。巴西政府对可再生能源的支持政策可能为其天然氢气的开发提供了一个良好的开端，并且巴西圣弗朗西斯科盆地天然氢气的发现无疑会对其天然氢气勘探开发提供良好的发展前景和潜力。巴西国家石油公司（Petrobras）和其他一些公司已经开始进行相关的研究工作，以评估这些地区的天然氢气潜力。

展望未来，美洲各国政府可能会进一步加强对天然氢气的研究和开发的支持力度，通过制定更加具体的政策来引导产业的发展方向。跨国合作也可能成为推动天然氢气产业发展的关键因素之一，尤其是在技术共享、经验交流等方面。随着技术的进步和成本的降低，天然氢气未来或许成为美洲地区能源转型的重要组成部分，助力实现碳中和目标。

五、中国

随着对清洁能源需求的增长以及传统化石能源储量的逐渐减少，天然氢气作为一种潜在的可持续能源解决方案，在中国也受到了前所未有的关注。中国地质调查局油气资源调查中心于 2024 年 5 月在北京组织召开了全国天然氢气资源调查评价专题研讨会，会议中达成了形成天然氢气地质理论研究、加强天然氢气资源地质调查与评价、建立天然氢气勘探开发相关标准与进行天然氢气研究相关关键技术突破四点认识，预计将在未来开展全国性的天然氢气资源调查活动。同样是在 2024 年 5 月，自然资源部党组成员、中国地质调查局局长在北京与云南省人民政府副省长等进行了交谈。在未来，中国地质调查局统一部署，云南省人民政府大力支持，中国地质调查局航空物探遥感中心将联合中国地质科学院等单位全力开展楚雄盆地天然氢气综合调查评价，分析该盆地天然氢气资源优势和成藏潜力，这或许将是全国天然氢气勘探开发的第一步，也将会是关键性的一步。

2024 年 8 月，自然资源部发布了深地国家科技重大专项 2024 年度公开项目申报指南的通知。文件附件的重大专项科技攻关需求征集领域、方向及任务中包括了天然氢气富集与探测，属于探测资源征集领域中的深部清洁能源探测，这表明中国也已经从国家层面上开始注重天然氢气，但仍处于初步阶段。2024 年 10 月，在中国北京召开了由国际地质科学联合会（IUGS）大科学计划"深时数字地球"（Deep-time Digital Earth）组织的"DDE Geologic Hydrogen Task Group"研讨会。同时，由中国地质调查局、国家自然科学基金委主办的会议主题为"Natural hydrogen：New geological energy"的 DEEP2024 天然氢气专题国际研讨会也在中国北京顺利召开。这两次国际会议聚集了美国、英国、德国、法国、巴西、马里以及中国矿业大学（北京）、中国地质大学（北京）、中国石油大学（北京）、北京大学、中国石油、中国石化等单位的多位全球天然氢气领域内知名院士专家共计 100 余人。会议的召开为全球天然氢气领域科研人员提供了一个交流平台，不同国家的专家学者通过深入交流有利于建立长期合作关系，以期共同应对天然氢气理论研究与勘探所面临的挑战，最终实现共赢发展，对中国天然氢气领域发展具有重要的推动作用。

在中国以松辽盆地、三水盆地等为主的多个沉积盆地中发现了高含量的天然氢气，昭示着其有着较为丰富的天然氢气资源（Han et al.，2022；Jin et al.，2024）。已有多位学者对中国松辽盆地为主的天然氢气成因来源、赋存机理等进行了研究，在天然氢气成藏理论研究方面进行了探索（Han et al., 2024；孙龙德等, 2024），为未来天然氢气勘探开发奠定了一定基础。自然资源部、科研院所及高校对于天然氢气资源的开发在现阶段已经给予了高度重视，鼓励并支持相关的基础研究和技术研发，力求在天然氢气的勘探、提取以及应用方面取得突破。为了促进氢能产业健康发展，政府也在逐步完善相应的法律法规体系，为确保天然氢气资源合理有序开发提供了一定的政策参考。未来几年内，预计中国将加大对天然氢气资源勘探开发的投资力度，并进一步明确天然氢气在国家能源战略中的地位。随着技术的进步和成本的降低，天然氢气有望成为中国能源转型过程中的一个重要组成部分。

中国天然氢气领域正处于探索性的起步阶段，但其发展前景广阔。随着未来政策的扶持和相关技术水平的不断提升，天然氢气资源有望在未来能源供应中扮演越来越重要的角色，为中国乃至全球应对气候变化挑战提供有力支撑。

六、前景展望

人类对高效且相对清洁能源的追求从未停止，能源的历史就是从低效、肮脏、昂贵的燃料逐渐替代到更清洁、更便宜、性能更高的燃料的历史。磨坊和机器取代了体力劳动，煤油取代了鲸油用于照明，煤取代了木材用于工业和建筑物供暖，直到近半个世纪电力逐渐取代了煤油。但是气体呢？一个世纪以前，城镇煤气是通过燃烧煤炭，产生焦炭、甲烷和氢气的混合物来制造的，但同时也会产生 CO 等有毒气体和其他污染物。从钻木取火到煤炭、电力与石油天然气，能源革命不断推动着人类社会发展。

如今，土耳其奥林波斯山岩石缝隙中的千年不灭之火和世界各地不断发现的渗漏氢气，预示着一种全新清洁能源——天然氢气的巨大潜力。天然氢气燃烧时只产生水，不会排放温室气体，有望成为未来能源体系的重要组成部分。正如很久以前在河流中发现渗漏至地表的石油一样，今天土壤中渗漏的氢气或许在地下也存在巨大的潜力供人类所开发利用。越来越多的国家和组织将目光投向了这种清洁、可持续的能源，希望借此摆脱对化石燃料的依赖，实现能源转型。从 20 世纪初期的零星发现，到 21 世纪的蓬勃发展，天然氢气勘探与研究取得了长足进步。从事天然氢气勘探的公司也已经从 2020 年的仅有 3 家，发展到 2023 年的 40 家。

西方多个国家制定了天然氢气勘查开发规划，但天然氢气商业化开发之路注定不会是一帆风顺的。尽管在过去近一个世纪的时间里，天然氢气相关研究取得了飞速发展，但只有马里成功地实现了天然氢气的商业开发，这主要是因为目前绝大部分有关天然氢气的研究依然停留在土壤渗漏检测与现存石油天然气钻井资料，缺少与天然氢气相关的钻探实践活动，无法像天然气或者石油资源一样建立完善的勘探评价理论体系。虽然天然氢气带来了希望，但要真正开掘天然氢气能源，仍然需要开展进一步研究。为了推动全球天然氢气勘探开发进程，人们需要借助马里这唯一成功的实例利用地球物理、地球化学等方法进行全球天然氢气潜力区域性勘探，结合大量钻探验证以加强对天然氢气成藏机理的研究。只有深入了解天然氢气的形成、迁移、聚集过程，才能建立完善的勘探评价理论体系，指导勘探工作。要加强国际合作，各国可以共享天然氢气勘探经验和技术，共同推动天然氢气产业发展，加速天然氢气勘探甚至开发进程。天然氢气资源勘探开发需要多学科交叉融合，勇于对潜在靶区开展钻探活动，才能取得突破性进展。相信随着科学技术的进步，人们对天然氢气的认识将不断深化，未来将会有更多关于天然氢气的发现和应用，最终为人类社会实现清洁、可持续的能源未来。

参 考 文 献

窦立荣,刘化清,李博,等,2024. 全球天然氢气勘探开发利用进展及中国的勘探前景. 岩性油气藏,36(2),1-14.

韩双彪,唐致远,杨春龙,等,2021. 天然气中氢气成因及能源意义. 天然气地球科学,32(9),1270-1284.

韩双彪,王缙,黄劼,等. 2024. 煤岩吸附氢气特征及其地质意义. 煤炭学报,49(3),1501-1517.

黄瑞芳,孙卫东,丁兴,等. 2015. 橄榄岩蛇纹石化过程中氢气和烷烃的形成. 岩石学报,31(7),1901-1907.

金之钧,王璐. 2022. 自然界有氢气藏吗?. 地球科学,47(10),3858-3859.

金之钧,张刘平,杨雷,等. 2002. 沉积盆地深部流体的地球化学特征及油气成藏效应初探. 地球科学,27(6),659-665.

康健,徐岳仁,姜云爽,等. 2020. 依兰—伊通断裂北段断层氢气的地球化学特征分析. 地震地磁观测与研究,41(4),111-120.

刘斌. 1989. 深部甲烷气的演化和二氧化碳的成因. 石油实验地质,11(2),167-176.

刘全有,吴小奇,孟庆强,等. 2024. 天然氢气:一种潜在的零碳能源. 科学通报,69(17),2344-2350.

孟庆强,金之钧,刘全有,等,2024. 天然氢气研究的现状、进展及展望. 石油与天然气地质,45(5),1483-1501.

孟庆强,金之钧,刘文汇,等. 2014. 天然气中伴生氢气的资源意义及其分布. 石油实验地质,36(6),712-717+724.

潘松圻,邹才能,王杭州,等. 2023. 地下储氢库发展现状及气藏型储氢库高效建库十大技术挑战. 天然气工业,43(11),164-180.

上官志冠,白春华,孙明良. 2000. 腾冲热海地区现代幔源岩浆气体释放特征. 中国科学,30(4),407-414.

上官志冠,霍卫国. 2001. 腾冲热海地热区逸出 H_2 的 δD 值及其成因. 科学通报,46(15),1316-1320.

帅燕华,张水昌,陈建平,等. 2010. 深部生物圈层微生物营养底物来源机制及生物气源岩特征分析. 中国科学:地球科学,40(7),866-872.

孙龙德,冯子辉,江航,等. 2024. 松辽盆地富氢天然气地质调查与研究. 大庆石油地质与开发,43(3),7-16.

王晓锋,刘文汇,徐永昌,等. 2012. 水介质对气态烃形成演化过程氢同位素组成的影响. 中国科学:地球科学,42(1),103-110.

王晓梅,何坤,杨春龙,等,2025. 四川盆地深层天然氢气形成机制. 中国科学:地球科学，55（2），596-612.

魏琪钊，朱如凯，杨智，等，2024. 天然氢气藏地质特征、形成分布与资源前景［J］. 天然气地球科学，35（6），1113-1122.

吴嘉，何坤，孟庆强，等. 2023. 沉积盆地超深层有机—无机复合生烃机理及地质模式. 地质学报，97（3），961-972.

熊盛青，周伏洪，姚正煦，等. 2001. 青藏高原中西部航磁调查. 北京：地质出版社.

徐永昌，刘文汇，沈平，等 2003. 天然气地球化学的重要分支：稀有气体地球化学. 天然气地球科学，14（3），157-166.

杨经绥，熊发挥，郭国林，等. 2011. 东波超镁铁岩体：西藏雅鲁藏布江缝合带西段一个甚具铬铁矿前景的地幔橄榄岩体. 岩石学报，27（110），3207-3222.

杨晓勇，刘德良，陶士振. 1999. 中国东部典型地幔岩中包裹体成分研究及意义. 石油学报，20（1），27-31+105+4.

Abdillahi M M. 2015. Predicting output curves for deep wells in Asal Rift, Djibouti. United Nations University Geothermal Training Programme, 22.

Abrajano T A, Sturchio N C, Bohlke J K, et al. 1988. Methane-Hydrogen Gas Seeps, Zambales Ophiolite, Philippines, Deep or Shallow Origin?. Chemical Geology, 71（1-3），211-222.

Aimar L, Frery E, Strand J, et al. 2023. Natural hydrogen seeps or salt lakes: how to make a difference? Grass Patch example, Western Australia. Frontiers in Earth Science, 11, 1236673.

Al-yaser A, Al-mukainah H, Yekeen N, et al. 2023. Experimental investigation of hydrogen-carbonate reactions via computer-ized tomography, Implications for underground hydrogen storage. International Journal of Hydrogen Energy, 48（9），3583-3592.

Al-yaseri A, Wolff-boenisch D, Fauzlah C A, et al. 2021. Hydrogen wettability of clays, Implications for underground hydrogen storage. International Journal of Hydrogen Energy, 46（69），34356-34361.

Allard P, Tazieff H, Dajlevic D. 1979. Observations of seafloor spreading in Afar during the November 1978 fissure eruption. Nature, 279, 30-33.

Anderson R T, Chapelle F C, Lovley D R. 1998. Evidence against hydrogen-based microbial ecosystems in basalt aquifers. Science, 281, 976-977.

Apps J A, Van de Kamp P C. 1993. Energy gases of abiogenic origin in the Earth's crust. United States Geological Survey Professional Paper, 1570, 81-130.

Aquilina L, Dreuz D, Bour O, et al. 2024. Porosity and fluid velocities in the upper continental crust (2 to 4 km) inferred from injection tests at the Soultz-sous Forêts geothermal site. Geochim Cosmochim. Acta Astronautica, 68, 2405-2415.

Arrouvel C, Prinzhofer A. 2021. Genesis of natural hydrogen: New insights from thermodynamic simulations. International Journal of Hydrogen Energy, 46 (36), 18780-18794.

Arrowsmith J R, Zielke O. 2009. Tectonic geomorphology of the San Andreas fault zone from high resolution topography: An example from the Cholame segment. Geomor phology, 113 (1/2), 70-81.

Asahi I, Sugimoto S, Ninomiya H, et al. 2012. Remote sensing of hydrogen gas concentration distribution by Raman lidar. Proceedings of SPIE, 85260X.

Bach W, Edwards K J. 2003. Iron and sulfide oxidation within the basaltic ocean crust, implications for chemolithoautotrophic microbial biomass production. Geochimica et Cosmochimica Acta, 67, 3871-87.

Bade S O, Taiwo K, Ndulue U F, et al. 2024. A review of underground hydrogen storage systems, Current status, modeling approaches, challenges, and future prospective. International Journal of Hydrogen Energy, 80, 449-474.

Balk M, Bose M, Ertem G, et al. 2009. Oxidation of water to hydrogen peroxide at the rock-water interface due to stress-activated electric currents in rocks. Earth and Planetary Science Letters, 283 (1-4), 87-92.

Ballentine C J, Burgess R, Marty B, et al. 2002. Tracing Fluid Origin, Transport and Interaction in the Crust. Noble Gases In Geochemistry and Cosmochemistry, 47, 539-614.

Ballentine C J, O'nions R K, Coleman M L. 1996. Amagnusopus, Helium, neon, and argon isotopes in a North Sea oilfield. Geochimica et Cosmochimica Acta, 60 (5), 831-849.

Baptiste J. 2016. Cartographie structurale et lithologique du substratum du Bassin parisien et sa place dans la chaîne varisque de l'Europe de l'Ouest, approches combinées géophysiques, pétrophysiques, géochronologiques et modélisations 2D (PhD Thesis).

Batenburg A M, Walter S, Pieterse G, et al. 2011. Temporal and spatial variability of the stable isotopic composition of atmospheric molecular hydrogen: observations at six EUROHYDROS stations. Atmospheric Chemistry and Physics, 11 (14), 6985-6999.

Bayona G, Cortés M, Jaramillo C, et al. 2008. An integrated analysis of an orogen-sedimentary basin pair, Latest Cretaceous-Cenozoic evolution of the linked Eastern Cordillera orogen and the Llanos Foreland Basin of Colombia. Geological Society of America bulletin. 120 (9-10), 1171-1197.

Bendall B. 2022. Current perspectives on natural hydrogen: A synopsis. Energy and Mining, 96, 37-46.

Benemann J R, Berenson J A, Kaplan N O, et al. 1973. Hydrogen evolution by chloroplast-ferredoxin-hydrogenase system, Proceedings of the National Academy of Sciences of the United States of America, 70 (8), 2317-2320.

Bernard S, Horsfield B. 2014. Thermal maturation of gas shale systems. Annual Review Of Earth and Planetary Sciences, 42, 635-651.

Bird R B. 2002. Transport phenomena. Applied Mechanics Reviews, 55 (1), 1-4.

Bjornstad B N, McKinley J P, Stevens T O, et al. 1994. Generation of hydrogen gas as a result of drilling within the saturated zone. Groundwater Monitoring & Remediation, 14, 140-147.

Bo Z, Zeng L, Chen Y, et al. 2021. Geochemical reactions-induced hydrogen loss during underground hydrogen storage in sandstone reservoirs. International Journal of Hydrogen Energy, 46 (38), 19998-20009.

Bo Z K, Zeng L P, Chen Y Q, et al. 2021. Geochemical reactions-induced hydrogen loss during underground hydrogen storage in sandstone reservoirs. International Journal of Hydrogen Energy, 46 (38), 8026-8035.

Bonini M. 2012. Mud volcanoes, indicators of stress orientation and tectoniccontrols. Earth-Science Reviews, 115 (3), 121-152.

Boone D R, Johnson R L, Liu Y. 1989. Diffusion of the interspecies electron carriers H_2 and formate in methanogenic ecosystems and its implications in the measurement of km for H_2 or formate uptake. Applied and Environmental Microbiology, 55 (7), 1735-1741.

Boone W J, Jr. 1958. Helium-bearing natural gases of the United States: analyses and analytical methods. United States Bureau of Mines Bulletin, 576.

Boreham C, Edwards D, Czado K, et al. 2021. Hydrogen in Australian natural gas, occurrences, sources and resources. Australian Petroleum Production & Exploration Association, 61 (1), 163-191.

Boreham C J, Davies J B. 2020. Carbon and hydrogen isotopes of the wet gases produced by gamma-ray-induced polymerisation of methane: insights into radiogenic mechanism and natural gas formation. Radiation Physics and Chemistry, 168, 108546.

Boreham C J, Sohn J H, Cox N, et al. 2021. Hydrogen and hydrocarbons associated with the Neoarchean Frog's Leg Gold Camp, Yilgarn Craton, Western Australia. Chemical Geology, 575 (5), 120098.

Bourdet J, Piane C D, Wilske C, et al. 2023. Natural hydrogen in low temperature geofluids in a Precambrian granite, South Australia. Implications for hydrogen generation and movement in the upper crust. Chemical Geology, 638, 121698.

Briere D, Jerzykiewicz T. 2016. On generating a geological model for hydrogen gas in the southern Taoudeni Megabasin (Bourakebougou area, Mali). Society of Exploration Geophysicists and American Association of Petroleum Geologists; 342-342.

Bril H, Velde B, Meunier A, et al. 1994. Effects of the "pays de bray" fault on fluid paleocirculations in the Paris basin Dogger reservoir, France. Geothermics, 23 (3), 305-315.

Brini E, Fennell C J, Fernandez-Serra M, et. al. 2017. How water's properties are encoded in its molecular structure and energies. Chemical Reviews, 117 (19), 12385-12414.

Bruneton P. 1993. Geological environment of the Cigar Lake uranium deposit. Canadian Journal of Earth Sciences, 30 (4), 653-673.

Bullister J L, Guinasso N, Schink D R. 1982. Dissolved hydrogen, carbon monoxide, and methane at the CEPEX site. Journal of Geophysical Research, 87, 2022-2034.

Bultreys T, Boever W D, Cnudde V, et al. 2016. Imaging and image-based fluid transport modeling at the pore scale in geological materials: a practical introduction to the current state-of-the-art. Earth Sci Rev, 155, 93-128.

Burrett C, Tanner D. 1997. Great South Land Minerals Pty. Ltd. 1997 Annual Report. Mineral Resources Tasmania Report, 97-4088.

Butler J R. 1989. Review and classification of ultramafic bodies in the Piedmont of the Carolinas. In, Mittwede SK, Stoddard EF, editors. Ultramafic rocks of the Appalachian Piedmont. Geological Society of America Special Paper, 231, 19-31.

Byrne D J, Barry P H, Lawson M, et al. 2017. Noble gases in conventional and unconventional petroleum systems. Geological Society London Special Publications, 468 (1), 127-149.

Cai Q S, Hu M Y, Ngia N R, et al. 2017. Sequence stratigraphy, sedimentarysystems and implications for hydrocarbon exploration in the northern Xujiaweizi Fault Depression, Songliao Basin, NE China. Journal of Petroleum Science and Engineering, 152, 471-494.

Card K D. 1990. A review of the superior province of the Canadian shield, a product of archean accretion. Precambrian research, 48 (1-2), 99-156.

Card K D. 1994. Geology of the Levack Gneiss Complex, the Northern Footwall of the Sudbury Structure. Geological Survey of Canada.

Cardott B J, Landis C R, Curtis M E. 2015. Post-oil solid bitumen network in the Woodford Shale, USA-A potential primary migration pathway. International Journal of Coal Geology, 139, 106-113.

Castro M C, Jambon A, De Marsily G, et al. 1998. Noble gases as natural tracers of water circulation in the Paris Basin, 1. Measurements and discussion of their origin and mechanisms of vertical transport in the basin. Water Resources Research, 34 (10), 2443-2466.

Cathles L, Prinzhofer A. 2020. What Pulsating H_2 Emissions Suggest about the H_2 Resource in the São Francisco Basin of Brazil. Geosciences, 10 (4), 149.

Charlou J L, Donval J P, Fouquet Y, et al. 2002. Geochemistry of high H_2 and CH_4 vent fluids issuing from ultramafic rocks at the Rainbow hydrothermal field (36°14′ N, MAR). Chemical Geology, 191 (4), 345-359.

Chartrand F. 1994. "Synthèse des gisements métallifères dans le Nord-Ouest québécois," in Géologie du Québec (Québec, Ministère des Ressources naturelles), 40-46.

Cherry A R, Ehrig K, Kamenetsky V S, et al. 2018. Precise geochronological constraints on the origin, setting and incorporation of ca. 1.59 Ga surficial facies into the Olympic Dam Breccia Complex, South Australia. Precambrian research. 315, 162-178.

Cnudde V, Boone M N. 2013. High-resolution X-ray computed tomography in geosciences: a review of the current technology and applications. Earth Science Reviews 123, 1-17.

Conrad R, Seiler W. 1985. Influence of temperature, moisture, and organic carbon on the flux of H_2 and CO between soil and atmosphere: field studies in subtropical regions. Journal of Geophysical Research, 90, 5699.

Conrad R. 1996. Soil microorganisms as controllers of atmospheric trace gases (H_2, CO, CH_4, OCS, N_2O, and NO). Microbiological Reviews, 60 (4), 609-640.

Constant P, Chowdhury S P, Pratscher J, et al. 2010. Streptomycetes contributing to atmospheric molecular hydrogen soil uptake are widespread and encode a putative high-affinity-hydrogenase. Environmental Microbiology, 12, 821-829.

Couzin-Frankel J, Hand E, Langin K, et al. 2023. 2023 Breakthrough of the Year. Science, 382, 1228-1233.

Coveney R M, Goebel E D, Zeller E J, et al. 1987. Serpentinization and the origin of hydrogen gas in Kansas. Bulletin of the American Association of Petroleum Geologists, 71 (1), 39-48.

Cruikshank D P, Morrison D, Lennon K. 1973. Volcanic gases: hydrogen burning at Kilauea volcano, Hawaii. Science, 182, 277-279.

Cussler E L, Okubo A. 1984. Diffusion, Mass Transfer in Fluid Systems. Quarterly Review of Biology.

Dai J X, Song Y, Dai C S, et al. 2000. Conditions Governing the Formation of Abiogenic Gas and Gas Pools Eastern China. Science Press, Beijing and New York, 65-66.

Dai J X, Song Y, Dai C S, et al. 1996. Geochemistry and accumulation of carbon dioxide gases in China. Advancing the World of Petroleum Geosciences Bulletin, 80 (10), 1615-1626.

Dai J X, Zou C N, Dong D Z, et al. 2016. Geochemical characteristics of marine and terrestrial shale gas in China. Marine and Petroleum Geology, 76, 444-463.

Das D, Veziroglu T N. 2001. Hydrogen production by biological processes: a survey of literature, International Journal of Hydrogen Geology, 26 (1), 13-28.

Davies K, Esteban L, Keshanarz A, et al. 2024. Advancing natural hydrogen exploration: Headspace gas analysis in water-logged environments. Energy & Fuels, 38 (3), 2010-2017.

Davis D W. 2008. Sub-million-year age resolution of Precambrian igneous events by thermal extraction – thermal ionization mass spectrometer Pb dating of zircon, application to crystallization of the Sudbury impact melt sheet. Geology, 36 (5), 383-386.

DBl Gas-und Umwelttechnik GmbH. 2017. The effects of hydrogen injection in natural gas networks for the Dutch. The Hague, Netherlands Enterprise Agency, 1-66.

De I M, Pilz P, Lebscher A, et al. 2015. Measurements of H_2 solubility in saline solutions under reservoir conditions, preliminary results from project H_2 store. Energy Procedia, 76, 487-494.

Deronzier J-F, Giouse H. 2020. Vaux-en-Bugey (Ain, France), the first gas field produced in France, providing learning lessons for natural hydrogen in the sub-surface?. Nature, 191 (1), 7.

Deshaee A, Shakeria A, Taran Y, et al. 2020. Geochemistry of Bazman thermal springs, southeast Iran. Journal of Volcanology Geothermal Research, 390, 106676.

Deville E, Prinzhofer A, 2016. The origin of $N_2-H_2-CH_4$-rich natural gas seepages in ophiolitic context: A major and noble gases study of fluid seepages in New Caledonia. Chemical Geology, 440, 139-147.

Donzé F-V, Truche L, Namin P S, et al. 2020. Migration of Natural Hydrogen from Deep-Seated Sources in the São Francisco Basin, Brazil. Geosciences, 10 (9), 346.

Doubre C, Peltzer G. 2007. Fluid-controlled faulting process in the Asal Rift, Djibouti, from 8 yr of radar interferometry observations. Geology, 35, 69-72.

Drobner E, Huber H, Wachtershauser G, et al. 1990. Pyrite formation linked with hydrogen evolution under anaerobic conditions. Nature, 346, 742-744.

Du J G, Liu W H, Shao B. 1996. Geochmical charateristics of nitrogen in natural gases. Acta Sedimentologica Sinica, 14 (1), 143-147.

Dubessy J, Pagel M, Beny J M, et al. 1988. Radiolysis evidenced by H_2-O_2 and H_2-bearing fluid inclusions in three uranium deposits. Geochimica et Cosmochim Acta, 52, 1155-1167.

Ducoux M, Jolivet L, Cagnard F, Baudin T. 2021. Basement-cover decoupling during the inversion of a hyperextended basin, Insights from the Eastern Pyrenees. Tectonics, 40 (5), 1-23.

Edgoose C J. 2013. Amadeus basin. In, Ahmad, M., Munson, T. J. (Eds.), Geology and Mineral Resources of the Northern Territory, Northern Territory Geological Survey. 5, 23-70.

Ehhalt D H, Rohrer F. 2011. The dependence of soil H_2 uptake on temperature and moisture: a reanalysis of laboratory data. Tellus B: Chemical and Physical Meteorology, 63, 1040-1051.

Ehhalt D H, Rohrer F. 2009. The tropospheric cycle of H_2: A critical review. Tellus B: Chemical and Physical Meteorology, 61, 500-535.

Ellison E T, Templeton A S, Zeigler S D, et al. 2021. Low-temperature hydrogen formation during aqueous alteration of serpentinized peridotite in the samail ophiolite. Journal of Geophysical Research: Solid Earth, 126.

Emanuelle F, Laurent L, Jelena M. 2022. Natural hydrogen exploration in Australia-state of knowledge and presentation of a case study. Australian Petroleum Production and Exploration Association Journal, 62 (1), 223-234.

Esfandyari H, Sarmadivaleh M, Esmaellzadeh F, et al. 2022. Experimental evaluation of rock mineralogy on hydrogen wettability, Implications for hydrogen geo-storage. Journal of Energy storage, 52 (Part A), 104866.

Etiope G, Ehlmann B L, Schoel M, 2013. Low temperature production and exhalation of methane from serpentinized rocks on Earth: A potential analog for methane production on Mars. Icarus, 224, 276-285.

Etiope G. 2023. Massive release of natural hydrogen from a geological seep (Chimaera, Turkey): Gas advection as a proxy of subsurface gas migration and pressurised accumulations. International Journal of Hydrogen Energy, 48 (25), 9172-9184.

Fang Z, Liu Y W, Yang D X, et al. 2018. Real-time hydrogen mud logging during the Wenchuan earthquake fault scientific drilling project (WFSD), holes 2 and3 in SW China. Geosciences Journal, 22, 453-464.

Fedonkin M A. 2009. Eukaryotization of the early biosphere: A biogeochemical aspect. Geochemistry International, 47, 1265-1333.

Feitz A J, Tenthorey E, Coghlan R A. 2019. Prospective hydrogen production regions of Australia. Geoscience Australia, Canberra.

Flesch S, Pudlo D, Albrecht D, et al. 2018. Hydrogen under-ground storage-Petrographic and petrophysical variations in reservoir sandstones from laboratory experiments under simulated reser-voir conditions. Hydrogen Energy, 43 (45), 20822-20835.

Ford D, Williams P. 2007. Karst Hydrogeology and Geomorphology. John Wiley & Sons Ltd, Chichester, UK, 562.

Frery E, Langhi L, Maison M, et al. 2021. Natural hydrogen seeps identified in the North Perth Basin, Western Australia. International Journal of Hydrogen Energy, 46 (61), 31158-31173.

Frery E, Langhi L, Markov J. 2022. Natural hydrogen exploration in Australia - state of knowledge and presentation of a case study. Australian Petroleum Production & Exploration Association Journal, 62, 223-234.

Freund F T, Dickinson J T, Cash M. 2002. Hydrogen in rocks: an energy source for deep microbial communities. Astrobiology, 2 (1), 83-92.

Freund F T, Freund M M. 2015. Paradox of peroxy defects and positive holes in rocks. Part I: effect of temperature. Journal of Asian Earth Sciences, 114, 373-383.

Fukai Y, Suzuki T. 1986. Iron-water reaction under high pressure and its implication in the evolution of the Earth. Journal of Geophysical Research, 91 (B9), 9222-9230.

Fukai Y. 1984. The iron-water reaction and the evolution of the Earth. Nature, 308 (5955), 174-175.

Gallant R M., Von Damm K L. 2006. Geochemical controls on hydrothermal fluids from the

Kairei and Edmond vent fields, 23°–25° S, Central Indian Ridge. Geochemistry Geophysics Geosystems, 7 (6).

Gaucher E C. 2020. New perspectives in the industrial exploration for native hydrogen. Elements, 16 (1), 8-9.

Geymond U, Ramanaidou E, L'evy D, et al. 2020. Can weathering of banded iron formations generate natural hydrogen? Evidence from Australia, Brazil and South Africa. Minerals, 12 (2), 163.

Giardini A A, Subbarayudu G V, Melton C E. 1976. The emission of oc-luded gas from rocks as a function of stress, Its possible use as a tool for predicting earthquakes. Geophysical Research Letters, 3 (6), 355-358.

Gilat A, Vol A. 2005. Primordial hydrogen-helium degassing, an overlooked major energy source for internal terrestrial processes. HAIT Journal of Science and Engineering B, 2 (1/2), 125-167.

Gilat A L, Vol A. 2012. Degassing of primordial hydrogen and helium as the major energy source for internal terrestrial processes. Geoscience Frontiers, 3 (6), 911-921.

Giuseppe E. 2017. Abiotic methane in continental serpentinization sites: an overview. Procedia Earth and Planetary Science, 17, 9-12.

Goebel E D, Coveney R, Angino E E, et al. 1983. Naturally occurring hydrogen gas from a borehole on the western flank if Nemaha anticline in Kansas. American Assaciation of Petroleum Geologists Bulletin, 67 (8), 1324.

Gould K W, Hart G H, Smith J W. 1981. Carbon dioxide in the southern coal-fieldsda factor in the evaluation of natural gas potential? The Australasian Institute of Mining and Metallurgy Proceedings, 279, 41-42.

Gregory S P, Barnett M J, Field L P, et al. 2019. Subsurface microbial hydrogen cycling: Natural Occurrence and Implications for Industry. Microorganisms, 7 (2), 53.

Grosjean E, Boreham C, Jones A, et al. 2013. A reassessment of the petroleum systems in the offshore Northern Perth Basin. Association for Professional Employees in Australia, 53 (2), 427.

Gufeld I L. 2008. Physicochemical mechanisms of large crustal earthquakes. Jounal of Volcanology and Seismology, 2, 55-58.

Guillot L, Siitari-Kauppi M, Hellmuth K H, et al. 2000. Porosity changes in a granite close to quarry faces, quantification and distribution by 14C-MMA and Hg porosimeters. Applied Physics Letters, 9 (2), 137-146.

Guélard J, Beaumont V, Rouchon V, et al., 2017. Natural H_2 in Kansas: Deep or shallow origin? Geochemistry Geophysics Geosystems, 18 (5), 1841-1865.

Guélard J. 2016. Caractérisation des émanations de dihydrogène naturel en contexte intracratonique. Université Pierre et Marie Curie.

Hachikubo A, Minami H, Yamashita S, et al. 2020. Characteristics of hydrate-bound gas retrieved at the Kedr mud volcano (southern Lake Baikal). Scientific Reports, 10, 14747.

Halas P, Dupuy A, Franceschi M, et al. 2021. Hydrogen gas in circular depressions in South Gironde, France: flux, stock, or artefact? Applied Geochemistry, 127, 104928.

Hallenbeck P C, Benemann J R. 2002. Biological hydrogen production; fundamentals and limiting processes. International Journal of Hydrogen Energy, 27 (11-12), 1185-1193.

Han S B, Tang Z Y, Wang C S, et al. 2022. Hydrogen-rich gas discovery in continental scientific drilling project of Songliao Basin, Northeast China: new insights into deep Earth exploration. Science bulletin, 67 (10), 1003-1006.

Han S B, Xiang C H, Du X, et al. 2024. Geochemistry and origins of hydrogen-containing natural gases in deep Songliao basin, China: Insights from continental scientific drilling. Petroleum Science, 21 (2), 741-751.

Han S B, Xiang C H, Du X, et al. 2022. Logging evaluation of deep multi-type unconventional gas reservoirs in the Songliao basin, northeast China, Implications from continental scientific drilling. Geoscience Frontiers, 13 (6), 101451.

Han Y J, Horsfield B, Wirth R, et al. 2017. Oil retention and porosity evolution in organic-rich shales. American Assciation of Petroleum Geologists Bulletin, 101 (6), 807-827.

Hand E. 2023. Hidden hydrogen: Does Earth hold vast stores of a renewable, carbon-free fuel? Science, 379, 630-636.

Hanna R D, Ketcham R A. 2017. X-ray computed tomography of planetary materials: a primer and review of recent studies. Chemie der Erde-Geachemisty, 77 (4): 547-72.

Hanson J S, Hanson H H. Hydrogen's organic genesis. Unconventional Resources, 2024, 4, 100057.

Hao Y L, Pang Z H, Tian J, et al. 2020. Origin and evolution of hydrogen rich gas discharges from a hot spring in the eastern coastal area of China. Chemical Geology, 538 (5), 119477.

Hassannayebi N, Azizmohammadi S, De L M, et al. 2019. Underground hydrogen storage, application of geochemical modelling in a case study in the Molasse Basin, Upper Austria. Environ Earth Sciences-Basel, 78, 177.

Headlee A J W. 1962. Hydrogen sulfide, free hydrogen are vital exploration clues. World Oil, 78-83.

Heinemann N, Alcalde A, Mioclc J M, et al. 2021. Enabling large-scale hydrogen storage in porous media-the scientific challenges. Energy&Environmental Science, 14 (2), 853-864.

Hemme C, Van B W. 2018. Hydrogeochemical modeling to identify potential risks of underground hydrogen storage in depleted gas ffelds. Applied Sciences - Basel, 8

(11), 2282.

Henkel S, Pudlo D, Heubeck C. 2017. Laboratory experiments for safe underground hydrogen/energy storage in depleted natural gas reservoirs/Fourth Sustainable Earth Sciences Conference, Malmö, European Association of Geoscientists & Engineers, 1-5.

Henkel S, Pudlo D, Werner L, et al. 2014. Mineral Reactions in the Geological Underground Induced by H_2 and CO_2 Injections. Energy Procedia, 63, 8026-8035.

Hernández P, Pérez N, Salazar J, et al. 2000. Soil gas CO_2, CH_4, and H_2 distribution in and around Las Cañadas caldera, Tenerife, Canary Islands, Spain. Journal of Volcanology and Geothermal Research, 103 (1-4), 425-438.

Hirose T, Kawagucci S, Suzuki K. 2011. Mechanoradical H_2 generation during simulated faulting: implications for an earthquake-driven subsurface biosphere. Geophysical Research Letters, 38 (17), 17303.

Hofstra A H, Cline J S. 2000. Characteristics and models for Carlin-type gold deposits. Society of Economic Geologists, 13, 163-220.

Holland H D. 2002. Volcanic gases, black smokers, and the great oxidation event. Geochimica et Cosmochimica Acta, 66 (21), 3811-3826.

Holloway J R, O'Day P A. 2000. Production of CO_2 and H_2 by diking-eruptive events at mid-Ocean ridges: implications for abiotic organic synthesis and global geochemical cycling. International Geology Review, 42 (8), 673-683.

Horsfield B, Leistner F, Hall K. 2014. Microscale sealed vessel pyrolysis. The Royal Society of Chemistry, 209-250.

Horsfield B, Mahlstedt N, Weniger P, et al. 2022. Molecular hydrogen from organic sources in the deep Songliao Basin, P. R. China. International Journal of Hydrogen Energy, 47 (38), 16750-16774

Hosgormez H, Etiope G, Yalcin M N. 2008. New evidence for a mixed inorganic and organic origin of the Olympic Chimaera fire (Turkey): a large onshore seepage of abiogenic gas. Geofluids, 8 (4), 263-73.

Huete A R. 1988. A soil-adjusted vegetation index (SAVI). Remote Sensing of Environment, 25, 295-309.

Hwang J H, Kabra A N, Kim J R, et al. 2014. Photoheterotrophic microalgal hydrogen production using acetate- and butyrate-rich wastewater effluent. Energy, 78, 887-894.

Iizuka-Oku R, Yagi T, Gotou H, et al. 2017. Hydrogenation of iron in the early stage of Earth's evolution. Nature Communications, 8, 14096.

Ikuta D, Ohtani E, Sano-Furukawa A, et al. 2019. Interstitial hydrogen atoms in face-centered cubic iron in the Earth's core. Scientific Reports, 9, 7108.

Inan S, Badairy H A, Inan T, et al. 2018. Formation and occurrence of organic matter-hosted porosity in shales. International Journal of Coal Geology, 199, 39-51.

Ito T, Kawasaki K, Nagamine K, et al. 1998. Seismo geochemical observation at a deep borehole well of Nagashima spa in the Yoro-Ise Bay fault zone, central Japan. The Journal of Earth and Planetary Sciences, Nagoya University, 45, 1-15.

Jackson O, Lawrence S R, Hutchinson, I P, et al. 2024. Natural hydrogen: sources, systems and exploration plays. Geoenergy, 2 (1), 2.

Jacquemet N, Prinzhofer A. 2024. The association of natural hydrogen and nitrogen: The ammonium clue? International Journal of Hydrogen Energy, 50 (PB), 161-174.

Jefferson C W, Thomas D J, Gandhi S S, et al. 2007. Unconformity-associated uranium deposits of the Athabasca Basin, Saskatchewan and Alberta. Bulletin of the Geological Survey of Canada, 588 (588), 23-67.

Jenden P D, Kaplan I R, Poreda R J, et al. 1988. Origin of nitrogen-rich natural gases in the California Great Valley: Evidence from helium, carbon and nitrogen isotope ratios. Geochimica et Cosmochimica Acta, 52 (4), 851-861.

Jin Z J, Hu W X, Zhang L P, et al. 2017. Deep Fluid Activity and its Hydrocarbon Accumulation Effect. Sci Press, Beijing.

Jin Z J, Zhang P P, Liu R C, et al. 2024. Discovery of anomalous hydrogen leakage sites in the Sanshui Basin, South China. Science Bulletin, 69 (9), 1217-1220.

Jones A. 2011. New exploration opportunities in the offshore northern Perth Basin. Association for Professional Employees in Australia, 51 (1), 45-78.

Jähne B, Heinz G, Dietrich W. 1987. Measurement of the diffusion coefficients of sparingly soluble gases in water. Journal of Geophysical Research, 92 (C10), 10767-1077.

Kameda J, Saruwatari K, Tanaka H. 2003. H_2 generation in wet grinding of granite and single-crystal powders and implications for H_2 concentration on active faults. Geophysical Research Letters, 30 (20), 2063.

Katz B J, Arango I. 2018. Organic porosity: a geochemist's view of the current state of understanding. Organic Geochemistry, 123, 1-16.

Ketcham R A, Carlson W D. 2001. Acquisition, optimization and interpretation of x-ray computed tomographic imagery: applications to the geosciences. Computers & Geosciences, 27 (4), 381-400.

Kim D H, Lee J H, Kang S, et al. 2014. Enhanced photofermentative H_2 production using Rhodobacter sphaeroides by ethanol addition and analysis of soluble microbial products, Biotechnol. Biotechnology for Biofuels and Bioproducts, 7 (1), 79.

Kita I, Matsuo S, Wakita H, et al. 1980. D/H ratios of H_2 in soil gases as an indicator of fault movements. Geochemical Journal, 14, 317-320.

Kita I, Matsuo S, Wakita H. 1982. H_2 generation by reaction between H_2O and crushed rock:

an experimental study on H₂ degassing from the active fault zone. Journal of Geophysical Research, 87, 10789-10795.

Klein F, Bach W, McCollom T M. 2013. Compositional controls on hydrogen generation during serpentinization of ultramafic rocks. Lithos, 178, 55-69.

Klein F, Grozeva N G, Seewald J S. 2019. Abiotic methane synthesis and serpentinization in olivine-hosted fluid inclusions. Proceedings of the National Academy of Sciences, 116 (36), 17666-17672.

Klein F, Tarnas J D, Bach W. 2020. Abiotic sources of molecular hydrogen on earth. Elements, 16 (1), 19-24.

Klinger Y, Etchebes M, Tapponnier P, et al. 2011. Characteristic slip for five great earthquakes along the Fuyun fault in China. Nature Geoscience, 4 (6), 389-392.

Kubatko K-A H, Helean K B, Navrotsky A, et al. 2003. Stability of peroxide containing uranyl minerals. Science, 302 (5648), 1191-1193.

Kung Y, Drennan C L. 2011. A role for nickel-iron cofactors in biological carbon monoxide and carbon dioxide utilization. Current Opinion in Chemical Biology, 15 (2), 276-283.

Larin N, Zgonnik V, Rodina S, et al. 2014. Natural molecular hydrogen seepage associated with surficial, rounded depressions on the european craton in Russia. Natural Resources Research, 24 (3), 369-383.

Larin V N. 1993. Hydridic Earth: The New Geology of Our Primordially Hydrogen-Rich Planet. Polar publishing, Alberta.

Lazar C, Cooperdock E H G, Seymour B H T. 2021. A continental forearc serpentinite diapir with deep origins: elemental signatures of a mantle wedge protolith and slab derived fluids at New Idria, California. Lithos, 398-399, 106252.

Lazar C. 2020. Using silica activity to model redox-dependent fluid compositions in serpentinites from 100 to 700℃ and from 1 to 20 kbar. Journal of Petrology, 61, 461-499.

Lefeuvre N, Thomas E, Truche L, et al., 2024. Characterizing natural hydrogen occurrences in the Paris basin from historical drilling records. Geochemistry, Geophysics, Geosystems, 25 (5), 011501.

Lefeuvre N, Thomas E, Truche L, et al., 2022. Natural hydrogen migration along thrust faults in foothill basins: The North Pyrenean Frontal Thrust case study. Geochemistry, Geophysics, Geosystems, 145, 105396.

Lefeuvre N, Truche L, Donzé F-V, et al. 2021. Native H₂ exploration in the western Pyrenean foothills. Applied Geochemistry, 22 (8), 1-24.

Leila M, Loiseau K, Moretti I. 2022. Controls on generation and accumulation of blended gases ($CH_4/H_2/He$) in the Neoproterozoic Amadeus Basin, Australia. Marine and Petroleum Geology, 140, 105643.

Leong J A, Nielsen M, McQueen N, et al. 2023. H_2 and CH_4 outgassing rates in the Samail ophiolite, Oman: implications for low-temperature, continental serpentinization rates. Geochimica et Cosmochimica Acta, 347, 1-15.

Letnikov F A, Narseev A V. 1991. Use of fluid inclusion gas surveys for the assessment of lode deposits (with reference to gold and tungsten deposits). Journal of Geochemical Exploration, 42, 133-142.

Levshounova S P. 1991. Hydrogen in petroleum geochemistry. Terra Nova, 3, 579-585.

Levy D, Roche V, Pasquet G, et al. 2023. Natural H_2 exploration: tools and workflows to characterize a play. Science and Technology for Energy Transition, 78, 27

Lewan M D, Roy S. 2012. Role of water in hydro-carbon generation from Type-I kerogen in Mahogany oil shaleof the Green River Formation. Organic Geochemistry, 42 (1), 31-41.

Lewan M. 1997. Experiments on the role of water in petroleum formation. Geochimica et Cosmochimica Acta, 61, 3691-3723.

Li J, Li Z S, Wang X B, et al. 2017. New indexes and charts for genesis identification of multiple natural gases. Petroleum Exploration and Development, 44 (4), 535-543.

Li X, Krooss B M, Weniger P, et al. 2017. Molecular hydrogen (H_2) and light hydrocarbon gases generation from marine and lacustrine source rocks during closed-system laboratory pyrolysis experiments. Journal of Analytical and Applied Pyrolysis, 126, 275-287.

Lin H T, Cowen J P, Olson E J, et al. 2014. Dissolved hydrogen and methane in theoceanic basaltic biosphere. Earth and Planetary Science Letters, 405, 62-73.

Lin L H, Hall J, Lippmann-Pipke J, et al. 2005. Radiolytic H_2 in continental crust, Nuclear power for deep subsurface microbial communities. Geochemistry Geophys Geosystems, 6, 1-13.

Lin L H, Hall J, Lippmann-Pipke J, et al. 2005. Radiolytic H_2 in continental crust: nuclear power for deep subsurface microbial communities. Geochemistry Geophysics Geosystems, 6 (7), 7003.

Lin L H, Slater G F, Lollar B S, et al. 2005. The yield and isotopic composition of radiolytic H_2, a potential energy source for the deep subsurface biosphere. Geochim et Cosmochimica Acta, 69 (4), 893-903.

Liu Q Y, Jin Z J, Meng Q Q, et al. 2015. Genetic types of natural gas and filling patterns in Daniudi gas field, Ordos Basin, China. Journal of Asian Earth Sciences, 107, 1-11.

Lodhia B H, Peeters L, Frery E. 2024. A review of the migration of hydrogen from the planetary to basin scale. Journal of Geophysical Research: Solid Earth, 129, e2024JB028715.

Lodhia B H, Clark S R. 2022. Computation of vertical fluid mobility of CO_2, methane, hydrogen and hydrocarbons through sandstones and carbonates. Scientific Reports, 12,

Lorant F, Behar F. 2002. Late generation of methane from mature kerogens. Energy Fuels, 16, 412-427.

Lord A S, Kobos P H, Borns D J. 2014. Geologic storage of hydrogen, scaling up to meet city transportation demands. International Journal of Hydrogen Energy, 39 (28), 15570-15582.

Loucks R G, Reed R M, Ruppel S C, et al. 2009. Morphology, genesis, and distribution of nanometer-scale pores in siliceous mudstones of the Mississippian Barnett shale. Journal of Sedimentary Research, 79 (12), 848-861.

Lu Z Q, Zhu Y H, Zhang Y Q, et al. 2011. Gas hydrate occurrences in the Qilian Mountain permafrost, Qinghai Province, China. Cold Regions Science and Technology, 66 (2-3), 93-104.

Luo Y, Zhou X. 2006. "Controlling factors," in Soil respiration and the environment. 79-105.

Léo A, Emanuelle F, Julian S, et al. 2023. Natural hydrogen seeps or salt lakes, how to make a difference? Grass Patch example, Western Australia. Frontiers in Earth Science, 11, 2296-6463.

Lévy D, Boka-Mene M, Meshi A, et al. 2023a. Looking for natural hydrogen in Albania and Kosova. Frontiers in Earth Science, 11, 1167634.

Lévy D, Roche V, Pasquet G, et al. 2023b. Natural H_2 exploration: Tools and workflows to characterize a play. Science and Technology for Energy Transition (STET), 78, 27.

Mahlstedt N, Horsfield B, Weniger P, et al. 2022. Molecular hydrogen from organic sources in geological systems. Journal of Natural Gas Science and Engineering, 105, 104704.

Mahlstedt N, Horsfield B, Wilkes H, et al. 2016. Tracing the impact of fluid retention on bulk petroleum properties using nitrogen-containing compounds. Energy&Fuel, 30, 6290-6305.

Mahlstedt N. 2018. Thermogenic formation of hydrocarbons in sedimentary basins. Hydrocarbons, Oils and Lipids: Diversity, Origin, Chemistry and Fate. Springer International Publishing, Cham, 1-30.

Maiga O, Deville E, Laval J, et al., 2023. Characterization of the spontaneously recharging natural hydrogen reservoirs of Bourakebougou in Mali. Scientific Reports, 13, 11876.

Maiga O, Deville E, Laval J, et al. 2024. Trapping processes of large volumes of natural hydrogen in the subsurface, The emblematic case of the Bourakebougou H_2 field in Mali. International Journal of Hydrogen Energy, 50 (2), 640-647.

Malki M L, Chellal H, Mao S W, et al. 2024. A critical review of underground hydrogen storage, From fundamentals to applications, unveiling future frontiers in energy storage. International Journal of Hydrogen Energy, 79, 1365-1394.

Mao H K, Hu Q Y, Yang L X, et al. 2017. When water meets iron at Earth's core-mantle boundary. National Science Review, 4 (6), 870-878.

Marshall T R. 2005. A Review of Source Rocks in the Amadeus Basin. Northern Territory Geological Survey.

Mascini A, Boone M, Van Offenwert S, et al. 2021. Fluid invasion dynamics in porous media with complex wettability and connectivity. Geophysical Research Letters, 48 (22), 095185.

Massmann J, Farrier D F. 1992. Effects of atmospheric pressures on gas transport in the vadose zone. Water Resources Research. 28 (3), 777-791.

Mayhew E L, Ellison T E, McCollom M T, et al. 2013. Hydrogen generation from low-temperature water-rock reactions. Nature Geoscience, 6 (6), 478-484.

Mayhew L E, Ellison E T, Miller H M, et al. 2018. Iron transformations during low temperature alteration of variably serpentinized rocks from the Samail ophiolite, Oman. Geochimica et Cosmochimica Acta, 222, 704-728.

McCollom M T, Bach W. 2009. Thermodynamic constraints on hydrogen generation during serpentinization of ultramafic rocks. Geochimica et Cosmochimica Acta, 73 (3), 856-875.

McCollom M T, Klein F, Robbins M, et al. 2016. Temperature trends for reaction rates, hydrogen generation, and partitioning of iron during experimental serpentinization of olivine. Geochimica et Cosmochimica Acta, 181, 175-200.

McCollom M T, Klein F, Ramba, M. 2022. Hydrogen generation from serpentinization of iron-rich olivine on Mars, icy moons, and other planetary bodies. Icarus, 372, 114754.

Melcher F, Grum W, Simon G, et al. 1997. Petrogenesis of the Ophiolitic Giant Chromite Deposits of Kempirsai, Kazakhstan, a Study of Solid and Fluid Inclusions in Chromite. Journal of Petrology, 38, 1419-1458.

Meneghini F, Kisters A, Buick I, et al. 2014. Fingerprints of late Neoproterozoic ridge subduction in the Pan-African Damara belt, Namibia. Geology, 42 (10), 903-906.

Meng Q Q, Sun Y H, Tong J Y, et al. 2015. Distribution and geochemical characteristics of hydrogen in natural gas from the Jiyang Depression, Eastern China. Acta Geologica Sinica (English Edition), 89 (5), 1616-1624.

Milkov A V, 2022. Molecular hydrogen in surface and subsurface natural gases: Abundance, origins and ideas for deliberate exploration. Earth-Science Reviews, 230, 104063.

Milkov A V, Etiope G, 2018. Revised genetic diagrams for natural gases based on a global dataset of >20,000 samples. Organic Geochemistry, 125, 109-120.

Moore J G, Batchelder J N, Cunningham C G. 1977. CO_2-filled vesicles in midocean basalt. Journal of Volcanology and Geothermal Research, 2 (4), 309-327.

Moore M T, Phillips S C, Cook A E, et al. 2022. Integrated geochemical approach to determine the source of methane in gas hydrate from Green Canyon Block 955 in the Gulf of Mexico. American Association of Petroleum Geologists Bulletin, 106 (5), 949-980.

Moretti I, Geymond U, Pasquet G, et al. 2022. Natural hydrogen emanations in Namibia: Field acquisition and vegetation indexes from multispectral satellite image analysis. International Journal of Hydrogen Energy, 47 (84), 35588-35607.

Moretti I, Prinzhofer I, Françolin J, et al. 2021. Long-term monitoring of natural hydrogen superficial emissions in a brazilian cratonic environment. Sporadic large pulses versus daily periodic emissions. International Journal of Hydrogen Energy, 46 (5), 3615-3628.

Morita R Y. 1999. Is H_2 the universal energy source for long-term survival? Microbial Ecology, 38, 307-320.

Morrill P L, Kuenen J G, Johnson O J, et al. 2013. Geochemistry and geobiology of a present-day serpentinization site in California, The Cedars. Geochim Cosmochim Acta, 109, 222-40.

Mory A J, Iasky R P. 1996. Stratigraphy and structure of the onshore Northern Perth basin, Western Australia. Geological Survey of Western Australia, 46.

Muhammed N S, Haq B, Al Shehri D, et al. 2022. A review on underground hydrogen storage: insight into geological sites, influencing factors and future outlook. Energy Reports, 8, 461-499.

Murphy C A. 2015. Hydrogen in the Earth's core: review of the structural, elastic, and thermodynamic properties of iron-hydrogen alloys. In: Deep Earth Phys. Chem. Low. Mantle Core, 253-264.

Murray J, Clément A, Fritz B, et al. 2020. Abiotic hydrogen generation from biotite-rich granite, A case study of the Soultz-sous-Forêts geothermal site, France. Applied Geochemistry, 119, 104631.

Myagkiy A, Brunet F, Popov C, et al. 2020. H_2 dynamics in the soil of a H_2-emitting zone (São francisco basin, Brazil), microbial uptake quantification and reactive transport modelling. Applied Geochemistry, 112, 104474.

Myagkiy A, Moretti I, Brunet F. 2020. Space and time distribution of subsurface H_2 concentration in so-called "fairy circles": insight from a conceptual 2-D transport model. BSGF - Earth Sciences Bulletin, 191, 13.

Neal C, Stanger G. 1983. Hydrogen generation from mantle source rocks in Oman. Earth amd Planetary Seoemce Leters, 66, 315-320.

Nesmelova Z N, Travnikova L G. 1973. Radiogenic gases in ancient salt deposits. Geochemistry International, 10, 554-559.

Neubeck A, Duc N T, Bastviken D, et al. 2011. Formation of H_2 and CH_4 by weathering of olivine at temperatures between 30 and 70℃. Geochemistry: Translations and Transactions, 12 (1), 6.

Newell K D, Doveton J H, Merriam D F, et al. 2007. H_2-rich and Hydrocarbon Gas Recovered in a Deep Precambrian Well in Northeastern Kansas. Natural Resources Research16, 277-92.

Nivin V A. 2019. Occurrence forms, composition, distribution, origin and potential hazard of natural hydrogen-hydrocarbon gases in Ore Deposits of the Khibiny and Lovozero Massifs, A review. Minerals, 9, 535-563.

Nobu M K, Nakai R, Tamazawa S, et al. 2023. Unique H_2-utilizing lithotrophy in serpentinite-hosted systems. The International Society for Microbial Ecology, 17, 95-104.

Ntaikou I. 2021. 10 - microbial production of hydrogen. Sustainable Fuel Technologies Handbook, Academic Press, 315-337.

Okland I, Huang S, Thorseth I H, et al. 2014. Formation of H_2, CH_4 and N-species during low-temperature experimental alteration of ultramafic rocks. Chemical Geology, 387, 22-34.

Okuchi T. 1997. Hydrogen partitioning into molten iron at high pressure: Implications for the Earth's core. Science, 278 (5344), 1781-1784.

Oliver W, Thomas G, Christopher J, et al. 2005. Mechanisms and rates of ^4He, ^{40}Ar, and H_2 production and accumulation in fracture fluids in Precambrian Shield environments. Applied Physics Letters, 71 (9), 5511-5522.

Owain J, Steve R L, Ian P, et. al. 2024. Natural hydrogen, sources, systems and exploration plays. Geoenergy, 2 (1), geoenergy2024-002.

Palmer A N. 2007. Cave Geology, Cave Research Foundation. Kansas City, KS, USA, 454.

Parnell J, Blamey N. 2017. Global hydrogen reservoirs in basement and basin. Geochemical Transactions, 18 (1), 41-49.

Parnell J, Blamey N. 2017. Hydrogen from radiolysis of aqueous fluid inclusions during diagenesis. Minerals, 7 (8), 130.

Pasquet G, Hassan R H, Sissmann O, et al. 2022. An Attempt to Study Natural H_2 Resources across an Oceanic Ridge Penetrating a Continent: The Asal-Ghoubbet Rift (Republic of Djibouti). Geosciences, 12 (1), 16.

Pasquet G, Idriss A M, Ronjon-Magand L, et al. 2023. Natural hydrogen potential and basaltic alteration in the Asal-Ghoubbet rift, Republic of Djibouti. BSGF-Earth Sciences Bulletin, 194, (1), 9.

Pastina B, LaVerne J. 2001. Effect of molecular hydrogen on hydrogen peroxide in water radiolysis. The Journal of Physical Chemistry A, 105, 9316-9322.

Perera M S A. 2023. A review of underground hydrogen storage in depleted gas reservoirs, Insights into various rock-fluid interaction mechanisms and their impact on the process integrity. Fuel, 334, 126677.

Piche-Choquette S, Tremblay J, Tringe S G, et al. 2016. H_2-saturation of high affinity H_2-oxidizing bacteria alters the ecological niche of soil microorganisms unevenly among taxonomic groups. PeerJ, 4, 1782.

Pinet N, Lavoie D, Keating P, et al. 2008. Gaspé belt subsurface geometry in the northern Québec Appalachians as revealed by an integrated geophysical and geological study, 1 - potential field mapping. Tectonophysics, 460 (1-4), 34-54.

Pinti D L, Marty B. 1998. The origin of helium in deep sedimentary aquifers and the problem of dating very old groundwaters. Geological Society, London, Special Publications, 144 (1), 53-68.

Poetz S, Horsfield B, Wilkes H. 2014. Maturity-driven generation and transformation of acidic compounds in the organic-rich Posidonia shale as revealed by electrospray ionization fourier transform ion cyclotron resonance mass spectrometry. Energy & Fuel, 28 (8), 4877-4888.

Potter J, Rankin A H, Treloar P J. 2004. Abiogenic Fischer-Tropsch synthesis of hydrocarbons in alkaline igneous rocks: fluid inclusion, textural and isotopic evidence from the Lovozero complex, N. W. Russia. Lithos, 75, 311-30.

Potter J, Salvi S, Longstaffe F J. 2013. Abiogenic hydrocarbon isotopic signatures in granitic rocks: Identifying pathways of formation. Lithos, 182-183, 114-124.

Prinzhofer A, Cacas-Stentz M-C. 2023. Natural hydrogen and blend gas, a dynamic model of accumulation. International Journal of Hydrogen Energy, 48 (57), 21610-21623.

Prinzhofer A, Moretti I, Francolin J, et al. 2019. Natural hydrogen continuous emission from sedimentary basins: the example of a Brazilian H_2-emitting structure. Inernational Journal of Hydrogen Energy, 44 (12), 5676-5685.

Prinzhofer A, Rigollet C, Lefeuvre N, et al. 2024. Maricá (Brazil), the new natural hydrogen play which changes the paradigm of hydrogen exploration. International Journal of Hydrogen Energy, 62, 91-98.

Prinzhofer A, Tahara Cissé C S, Diallo A B, et al. 2018. 2023 Discovery of a large accumulation of natural hydrogen in Bourakebougou (Mali). International Journal of Hydrogen Energy, 43 (42), 19315-19326.

Ramirez C A, Penagos G F, Rodriguez G, et al. 2023. Natural H_2 Emissions in Colombian Ophiolites: First Findings. Geosciences, 13 (12), 358.

Ray, T W. 1994. Vegetation in remote sensing FAQs Application. ER Mapper, Ltd, Perth, Unpaginated CDROM.

Reslewic S, Zhou S, Place M, et al. 2005. Whole-genome shotgun optical mapping of rhodospirillum rubrum. Applied and Environmental Microbiology, 71 (9), 5511-5522.

Roche V, Geymond U, Boka-Mene M, et al. 2024. A new continental hydrogen play in Damara Belt (Namibia). Scientific Reports, 14 (1), 11655.

Roumejon S, Cannat M, Agrinier P, et. al. 2015. Serpentinization and fluid pathways in tectonically exhumed peridotites from the Southwest Indian Ridge (62~65°E). Journal of Petrology, 56, 703-734.

Rumyantsev V N. 2016. Hydrogen in the Earth's outer core, and its role in the deep Earth geodynamics. Geodynamics Tectonophysics, 7 (1), 119-135.

Salvi S, Williams-Jones A E. 1997. Fischer-Tropsch synthesis of hydrocarbons during sub-solidus alteration of the Strange Lake peralkaline granite, Quebec/Labrador,

Canada. Geochimica et Cosmochimica Acta, 61 (1), 83-99.

Sarda P, Graham D. 1990. Mid-ocean ridge popping rocks: Implications for degassing at ridge crests. Earth and Planetary Science Letters, 97, 268-289.

Sassen R, Sweet S T, DeFreitas, D. A., et al. 2000. Exclusion of 2 - methylbutane (isopentane) during crystallization of structure II gas hydrate in sea-floor sediment, Gulf of Mexico. Organic Geochemistry, 31 (11), 1257-1262.

Sato M, McGee K A. 1981. Continious monitoring of hydrogen on the south flank of Mount St. Helens. In, Lipman P. W., Mullineaux D. R., editors. 1980 eruptions Mt. St. Helens, Washingt., Washington, D. C., U. S. Dept. of the Interior, U. S. Geological Survey, 209-19.

Sato M, Sutton A, McGee K 1984. Anomalous hydrogen emissions from the San Andreas fault observed at the Cienega Winery, central California. Pure and Applied Geophysics PAGEOPH, 122, 376-391.

Sato M, Sutton A J, Mcgee K A, et al. 1986. Monitoring of hydrogen along the san andreas and calaveras faults in central california in 1980-1984. Journal of Geophysical Research Solid Earth, 91 (B12), 12315-12326.

Savchenko V P. 1958. The formation of free hydrogen in the Earth's crust as determined by the reducing action of the products of radioactive transformations of isotopes. Geochemistry, 1, 16-25.

Schimmelmann A, Sauer P E. 2017. Hydrogen isotopes. In: White, W. M. (Ed.), Encyclopedia of Geochemistry. Springer, 696-701.

Schoell, M. 1983. Genetic characterization of natural gases. AAPG Bulletin, 67 (12), 2225-2238.

Scoville J, Sornette J, Freund F T. 2015. Paradox of peroxy defects and positive holes in rocks PartII: outflow of electric currents from stressed rocks. Journal of Asian Earth Sciences, 114, 338-351.

Seewald J S, Benitez-nelson B C, Whelan J K. 1998. Laboratory and theoretical constraints on the generation and composition of natural gas. Geochimica et Cosmochimica Acta, 62 (9), 1599-1617.

Shahriar M F, Khanal A, Khan M I., et. al. 2024. Current status of underground hydrogen storage, Perspective from storage loss, infrastructure, economic aspects, and hydrogen economy targets. Journal of Energy Storage, 97, 112773.

Shcherbakov A V, Kozlova N D. 1986. Occurrence of Hydrogen in Subsurface Fluids and the relationship of Anomalous Concentrations to Deep Faults in the USSR. Geotectonics, 20, 120-8.

Sherwood Lollar B, Onstott T C, Lacrampe-Couloume G, et al. 2014. The contribution of the Precambrian continental lithosphere to global H_2 production. Nature, 516, 379-382

Sherwood Lollar B, Voglesonger K, Lin L H, et al., 2007. Hydrogeologic controls on episodic H_2 release from precambrian fractured rocks−−energy for deep subsurface life on earth and mars. Astrobiology, 7, 971-86.

Sherwood L B, Frape S K, Weise S M., et al. 1993. Abiogenic methanogenesis in crystalline rocks. Geochim Cosmochim Acta, 57, 5087-5097.

Sherwood L B, Fritz P, Frape S K, et al. 1988. Methane occurrences in the Canadian Shield. . Chemical Geology, 71, 223-236.

Sherwood L B, Lacrampe-Couloume G, Slater G F, et al. 2006. Unravelling abiogenic and biogenic sources of methane in the Earth's deep subsurface. Chemical Geology, 226, 328-39.

Sherwood L B, Onstott T C, Lacrampe-Couloume G, et al. 2014. The contribution of the Precambrian continental lithosphere to global H_2 production. Nature, 516, 379-382.

Sherwood L B, Voglesonger K, Lin L-H, et al. 2007. Hydrogeologic controls on episodic H_2 release from precambrian fractured rocks−−energy for deep subsurface life on earth and mars. Astrobiology, 7, 971-986.

Sherwood P, Fritz S K, Frape B, et al. 1988. Methane occurrences in the Canadian Shield. Chemical Geology, 71 (1-3), 223-236.

Shuai Y H, Zhang S C, Su A G, et al. 2010. Geochemical evidence for strong ongoing methanogenesis in Sanhu region of Qaidam Basin. Science China Earth Sciences, 53 (1), 84-90

Sleep N H, Bird D K. 2007. Niches of the pre-photosynthetic biosphere and geologic preservation of Earth's earliest ecology. Geobiology, 5 (2), 101-117.

Sm I G, Greksak M, Kozankovaj, et al. 1990. Methanogenic bacteria as a key factor involved in changes of town gas stored in an underground reservoir. Fems Microbiology Letters, 73 (3), 221-224.

Smith N J P, Shepherd T J, Styles M T, et al. 2005. Hydrogen exploration, a review of global hydrogen accumulations and implications for prospective areas in NW Europe. Geological Society, 349-358.

Smith N J P. 2002. It's time for explorationists to take hydrogen more seriously. First Break, 20 (4), 246-253.

Song H, Ou X W, Han B, et al. 2021. An overlooked natural hydrogen evolution pathway, Ni^{2+} boosting H_2O reduction by Fe(OH)$_2$ oxidation during low, Temperature serpentinization. Angewandte Chemie International Edition, 60 (45), 24054-24058.

Song H Q, Lao J M, Zhang L Y, et al. 2023. Underground hydrogen storage in reservoirs, Pore-scale mechanisms and optimization of storage capacity and efficiency. Applied Energy, 337, 120901.

Soule S A, Fornari D J, Perfit M R, et al. 2006. Incorporation of seawater into mid-ocean ridge lavaflows during emplacement. Earth and Planetary Science Letters, 252 (3-4),

289-307.

Stephan S, Comeau F-A, Maria Luisa M D S, et al. 2024. Potential for natural hydrogen in Quebec (Canada), a first review. Frontiers in Geochemistry, 2, 2813-5962.

Stieltjes L, Joron J L, Treuil M, et al. 1976. Le rift d'Asal, segmentde dorsale émerge; discussion pétrologique et géochimique. Bulletin de la Société géologique de FranceS7 - XVIII, 851-862.

Sugisaki R, Ido M, Takeda H, et al. 1983. Origin of hydrogen and carbon dioxide in fault gases and its relation to fault activity. The Journal of Geology, 91 (3), 239-258.

Sutton K A J, McGee A. 1984. Monitoring of hydrogen along the San Andreas and Calaveras faults in central California in 1980 - 1984. Geophysical Research Letters, 91 (B12), 12315-12326.

Suzuki K, Shibuya T, Yoshizaki M, et al. 2014. Experimental hydrogen production in hydrothermal and fault systems: significance for habitability of subseafloor H_2 chemoautotroph microbial ecosystems. Subseafloor Biosphere Linked to Hydrothermal Systems, 87-94.

Suzuki N, Saito H, Hoshino T. 2017. Hydrogen gas of organic origin in shales and metapelites. International journal of coal geology, 173, 227-236.

Symonds R B, Poreda R J, Evans W C, et al. 2003. Mantle and crustal sources of carbon, nitrogen, and noble gases in cascaderange and Aleutian - arc volcanic gases. Open - File Report, 436, 1-26.

Takehiro H, Shinsuke K, Katsuhiko S. 2011. Mechanoradical H_2 generation during simulated faulting: Implications for an earthquake-driven subsurface biosphere. Geophysical Research Letters, 38, L17303.

Tarapoanca M, Andriessen P, Broto K, et al. 2010. Forward kinematic modelling of a regional transect in the Northern Emirates using geological and apatite fission track age constraints on paleo-burial history. Arabian Journal of Geosciences, 3 (4), 395-411.

Tarkowski R. 2019. Underground hydrogen storage, Characteristics and prospects. Renewable and Sustainable Energy Reviews, 105, 86-94.

Telling J, Boyd E S, Bone N, et al. 2015. Rock comminution as a source of hydrogen for subglacial ecosystems. Nature Geoscience, 8, 851-855.

Thiel J, Byrne J M, Kappler A, et al. 2019. Pyrite formation from FeS and H_2S is mediated through microbial redox activity. Proceedings of the National Academy of Sciences, 116 (14), 6897-6902.

Thiyagarajan S R, Emadi H, Hussain A, et. al. 2022. A comprehensive review of the mechanisms and efficiency of underground hydrogen storage. Journal of Energy Storage, 51, 104490.

Tian F, Toon O B, Pavlov A, et al. 2005. A hydrogen-rich early earth atmosphere. Science,

308 (5724), 1014-1017.

Tissot B P, Welte D H. 1984. Petroleum Formation and Occurrence. Springer Verlag Berlin Heidelberg Gmbh, 1-702.

Toft P B, Arkani-Hamed J, Haggerty S E. 1990. The effects ofserpentinization on density and magnetic susceptibility: a petrophysical model. Physics of the Earth and Planetary Interiors, 65 (1-2), 137-157,

Toulhoat H, Zgonnik V. 2022. Chemical differentiation of planets: A core issue. The Astrophysical Journal, 924 (2), 83-101.

Truche L, Berger G, Albrecht A, et al. 2013. Engineered materials as potential geocatalysts in deep geological nuclear waste repositories: a case study of the stainless-steel catalytic effect on nitrate reduction by hydrogen. Applied Geochemistry, 35, 279-288.

Truche L, Donz F-V, Goskolli E, et al. 2024. A deep reservoir for hydrogen drives intense degassing in the Bulqizë ophiolite. Science, 383 (6683), 618-621.

Truche L, Donze F-V, Dusseaux N, et al. 2022. The quest for native hydrogen: new directions for exploration. Geologues geosciences et societe, 68-73.

Truche L, Jodin-Caumon M-C, Lerouge C, et al. 2013. Sulphide mineral reactions in clay-rich rock induced by high hydrogen pressure. Application to disturbed or natural settings up to 250℃ and 30bar. Chemical Geology, 351, 217-228.

Truche L, Joubert G, Dargent M, et al. 2018. Clay minerals trap hydrogen in the Earth's crust, Evidence from the Cigar Lake uranium deposit, Athabasca. Earth and Planetary Science Letters, 493, 186-197.

Turk J, Haizlip J, Mohamed J, et al. 2019. A comparison of alteration mineralogy and measured temperatures from three exploration wells in the Fiale Caldera, Djibouti. GRC Transactions, 43, 11.

Vacquand C, Deville E, Beaumont V, et al., 2018. Reduced gas seepages in ophiolitic complexes: evidences for multiple origins of the $H_2-CH_4-N_2$ gas mixtures. Geochimica et Cosmochimica Acta, 223 (15), 437-461.

Vacquand C. 2011. Genèse et mobilité de l'hydrogène dans les roches sédimentaires, source d'énergie naturelle ou vecteur énergétique stockable?. IFP Energies nouvelles and Institut de Physique du Globe de Paris.

Vivian J E, King C J. 1964. The mechanism of liquid-phase resistance to gas absorption in a packed column. AIChE Journal, 10 (2), 221-227.

Vovk I F. 1987. Radiolytic salt enrichment and brines in the crystalline basement of the East European Platform. Geological Association of Canada Special Paper, 33, 197-210.

Wakita H, Nakamura Y, Kita, I., et al. 1980. Hydrogen release: New indicator of fault activity. Science, 210, 188-190.

Walshe J L, Hobbs B, Ord A, et al. 2005. Mineral systems, hydridic fluids, the Earth's core, mass extinction events and related phenomena. Mineral Deposit Research: Meeting the Global Challenge, 65-68.

Walshe J L. 2006. Degassing of hydrogen from the Earth's core and related phenomena of system Earth. Geochmica et Cosmochimica Acta, 70 (18), A684.

Walter S, Kock A, Steinhoff T., et al. 2016. Isotopic evidence for biogenic molecular hydrogen production in the Atlantic Ocean. Biogeosciences, 13 (1), 323-340.

Wang F, Xu W L, Gao F H, et al. 2014. Precambrian terrane within the Songnen - Zhangguangcai Range Massif, NE China, Evidence from U-Pb ages of detrital zircons from the Dongfengshan and Tadong groups. Gondwana Research, 26 (1), 402-413.

Wang L Jin Z J, Liu Q Y, et al. 2024. The occurrence pattern of natural hydrogen in the Songliao Basin, P. R. China: Insights on natural hydrogen exploration. International Journal of Hydrogen Energy, 50, 261-275.

Wang L, Jin Z J, Chen X, et al. 2023. The origin and occurrence of natural hydrogen. Energies, 16 (5), 2400.

Wang S, Zhou T, Pan Z, et al. 2023. Diffusion coefficients of N_2O and H_2 in water at temperatures between 298.15 and 423.15 K with pressures up to 30 MPa. Journal of Chemical and Engineering Data, 68 (6), 1313-9.

Wang W Q, Liu C Y, Zhang D D, et al. 2019. Ra dioactive genesis of hydrogen gas under geological condition: An experimental study. Acta Geologica Sinica, 93 (4), 341-350, 1125-1134.

Ward L K. 1917. Report on the prospects of obtaining supplies of petroleum by boring in the vicinity of Robe and elsewhere in the south-eastern portion of South Australia. A Review of Mining Operations in the State of South Australia during the half-year ended December 31st, 1916, 25, 45-53

Ward L K. 1931. The search for oil - Notes by the Government geologist. South Australian Department of Mines Mining Review for the half-year ended December 31st 1931, 55, 39-44.

Ward L K. 1933. Inflammable gases occluded in the Pre - Paleozoic rocks of South Australia. Transactions and Proceedings of the Royal Society of South Australia 57, 42-47.

Ward L K. 1944. The search for oil in South Australia. Geological Survey of South Australia Bulletin 22, 1-41.

Warr O, Giunta T, Ballentine C J, et al. 2019. Mechanisms and rates of $^{4}He, ^{40}Ar$, and H_2 production and accumulation in fracture fluids in Precambrian Shield environments. Chemical Geology, 530, 119322-119322.

Wiersberg T, Erzinger J. 2008. Origin and spatial distribution of gas at seismogenic depths of the San Andreas Fault from drill-mud gas analysis. Applied Geochemistry, 23 (6), 1675-1690.

Williams Q, Hemley R J. 2001. Hydrogen in the deep earth. Annual Review Earth and Planetary Sciences, 29, 365-418.

Woolnough W G. 1934. Natural Gas in Australia and New Guinea. Am Assoc Pet Geol Bull, 18, 226-42.

Worman S L, Pratson L F, Karson J A, et al. 2016. Global rate and distribution of H_2 gas produced by serpentinization within oceanic lithosphere. Geophysical Research Letters, 43, 6435-6443.

Yagi T, Hishinuma T. 1995. Iron hydride formed by the reaction of iron, silicate, and water: implications for the light element of the Earth's core. Geophysical Research Letters, 22, 1933.

Yang J. 2006. Full 3-D numerical simulation of hydrothermal fluid flow in faulted sedimentary basins, example of the McArthur Basin, Northern Australia. Journal of Geochemical Exploration, 89, 440-444,

Yekta A E, Pichavant M, Audigane P. 2018. Evaluation of geochemical reactivity of hydrogen in sandstone, application to geological storage. Applied Geochemistry, 95, 182-194.

Zeng L P, Keshavarz A, Xie Q, et al. 2022. Hydrogen storage in Majiagou carbonate reservoir in China, geochemical modelling on carbonate dissolution and hydrogen loss. International Journal of Hydrogen Energy, 47 (59), 24861-24870.

Zgonnik V, 2020. The occurrence and geoscience of natural hydrogen: A comprehensive review. Earth Science Reviews, 203, 103140.

Zgonnik V, 2020. Beaumont V, Deville E, et al. 2015. Evidence for natural molecular hydrogen seepage associated with Carolina bays (surficial, ovoid depressions on the Atlantic Coastal Plain, Province of the USA). Progress in Earth and Planetary Science, 2 (1), 31.

Zgonnik V, Beaumont V, Larin N, et al. 2019. Diffused flow of molecular hydrogen through the Western Hajar mountains, Northern Oman. Arabian Journal of Geosciences, 12, 71.

Zgonnik V, 2020. The occurrence and geoscience of natural hydrogen, A comprehensive review. Earth Science Reviews, 203, 103140.

Zhang M J, Hu P Q, Wang X B, et al. 2005. The fluid compositions of lherzolite xenoliths in Eastern China and Western American. Geochimica et Cosmochimica Acta, 69: 146.

Zhao X, Jin H. 2019. Investigation of hydrogen diffusion in supercritical water, a molecular dynamics simulation study. International Journal of Heat And Mass Transfer, 133, 718-28.

Zhu Y N. 1999. Genesis and identification of molecular nitrogen in natural gases. Journal of China University of Petroleum, 23 (2): 23-26.

Ziegs V, Noah M, Poetz S, et al. 2018. Unravelling maturity-and migration-related carbazole and phenol distributions in Central Graben crude oils. Marine and Petroleum Geology, 94, 114-130.

Zimmerman P R, Greenberg J P, Wandiga S O, et al. 1982. Termites, a potentially large source of atmospheric methane, carbon dioxide, and molecular hydrogen. Science, 218 (4572), 563-565.

Zumberge J E, Ferworn K A, Curtis J B. 2009. Gas character anomalies found in highly productive shale gas wells. Geochmica et Cosmochimica Acta, 73 (13), A1539.

Árnason B. 1983. Methanol from urban refuse: a liquid fuel from a renewable resource. Proceedings of Condensed Papers-Miami International Conference on Alternative Energy Sources, 43-49.

Зингер А. 1962. Молекулярный водород в составе газа, растворенного в водах газонефтяных месторождений Нижнего Поволжья. Геохимия, 10, 890-898.

Менделеев Д. 1888. Выписка из протокола заседания отделения химии русского физико-химического общества. Журнал Русского Физико-Химического Общества, 20, 536.

Молчанов В. 1981. Генерация водород а влитогенезе. Наука, Новосибирск.

Фридман А. И. 1970. Природные газы рудных месторождений. Москва: Недра.

Богомолов А. 1976. Органичесвое вещество осадочных пород как один из источников водорода в природных газах стратисферы. In: Исследования органичесвого вещества современных и ископаемых осадков. Наука, Москва, 79-80.

Войтов Г, Осика Д. 1982. Водородное дыхание Земли как отражение особенностей геологического строения и тектонического развития ее мегаструктур. Труды Геологического Института Махачкалы, 7-29.

Голосов С, Долгов Ю, Молчанов В., Шугурова, Н. 1966. О выделении водорода при тонком измельчении минералов. In: Материалы по генетической и экспериментальной минералогии, Т4. Наука, Новосибирск, 220-226.

Гресов А, Обжиров, А., Яцук, А. 2010. К вопросу водородоносности угольных бассейнов Дальнего Востока. Вестник Краунц Науки о Земле, 1, 19-32.

Гуфельд И. 2007. Физико-химическая механика сильных коровых землетрясений. Сценарии развития сейсмотектонического процесса. Уральский Геофизический Вестник, 4 (13), 12-19.

Ларин В. 2005. Наша Земля (происхождение, состав, строение и развитие изначально гидридной Земли). Москва Агар.

Ларин В. 1991. Земля: состав, строение и развитие (альтернативная глобальная концепция). Диссертация. Геологический Институт АН СССР. Москва.

Молчанов В. 1968. Осадконакопление и свободный водород. Доклады АН СССР, 182, 445-448.

Молчанов В. И. 1981. Генерация водорода в литогенезе. Сериальное издание: Труды ИГиГ СО АН СССР, 24-31.

Кононов В. 1983. Геохимия термальных вод областей современного вулканизма (рифтовых зон и островных дуг). Наука, Москва.

Сывороткин В. 2002. Глубинная дегазация Земли и глобальные катастрофы. ООО "Геоинформцентр", Москва.

Хитаров Н, Войтов Г. 1985. Об одной особенности процесса дегазации Земли. Природные газы Земли и их роль в формировании земной коры и месторождений природных ископаемых. Naukova Dumka, Kiev, 25-33.

Богомолов А. 1976. Органичесвое вещество осадочных пород как один из источников водорода в природных газах стратисферы. In, Исследования органичесвого вещества современных и ископаемых осадков. Наука, Москва, 79-80.

Войтов Г И, Осика Д Г. 1982. Водородное дыхание Земли как отражение особенностей геологического строения и тектонического развития ее мегаструктур. Труды Геологического Института Махачкалы, 7-29.

Гресов А И, Обжиров А И, Яцук А В. 2010. К вопросу водородоносности угольных бассейнов Дальнего Востока. Вестник Краунц Науки о Земле, 1, 19-32.

Нечаева О Л. 1968. К вопросу о водороде в газах, растворенных в водах Западно-Сибирской низменности. Доклады Академии наук СССР, 179, 961-2.

Онохин Ф М. 1959. Горючие газы Хибинского щелочного массива. Советская Геология 109-18.

Соколов В А. 1966. Газы земли. Москва, Наука.

Соколов В А. 1966. Геохимия газов земной коры и атмосферы. Москва, Недра.

Стадник Е В. 1970. О содержании водорода в газах, растворенных в подземных водах северо-западного обрамления Прикаспийской впадины. Труды ВНИИГаза, 306-16.

Фридман А И, 1970. Природные газы рудных месторождений. Москва, Недра.

Черепенников А А, Рогозина Е А. 1964. О газах старобинского месторождения калийных солей. Труды ВНИИ Галургии Материалы По Геологии Районов Соленакопления, 277-281.